城乡建设发展系列丛书

本书获得河南省科技攻关项目“碟形弹簧自复位耗能连接的RC框架-摇摆墙结构抗震机理与设计方法研究”（项目编号：242102321010）资助

新型钢筋混凝土框架—摇摆墙式减震结构抗震性能与设计方法研究

STUDY ON SEISMIC PERFORMANCE AND DESIGN METHOD OF NEW REINFORCED CONCRETE FRAME-ROCKING WALL DAMPING STRUCTURE

聂 伟◎著

图书在版编目（CIP）数据

新型钢筋混凝土框架—摇摆墙式减震结构抗震性能与设计方法研究 / 聂伟著. -- 北京 ：经济管理出版社，2024. -- ISBN 978-7-5096-9824-2

Ⅰ. TU375.4

中国国家版本馆 CIP 数据核字第 2024S5H537 号

组稿编辑：付姝怡
责任编辑：付姝怡
责任印制：张莉琼
责任校对：陈 颖

出版发行：经济管理出版社
（北京市海淀区北蜂窝 8 号中雅大厦 A 座 11 层 100038）
网 址：www.E-mp.com.cn
电 话：（010）51915602
印 刷：北京晨旭印刷厂
经 销：新华书店
开 本：720mm×1000mm/16
印 张：14.75
字 数：242 千字
版 次：2024 年 8 月第 1 版 2024 年 8 月第 1 次印刷
书 号：ISBN 978-7-5096-9824-2
定 价：78.00 元

前 言

党的二十大报告指出，坚持安全第一、预防为主，建立大安全大应急框架，完善公共安全体系，推动公共安全治理模式向事前预防转型，提高防灾减灾救灾和重大突发公共事件处置保障能力，加强国家区域应急力量建设。地震是破坏性最强的自然灾害之一，其随机性强、破坏性大的特点给人类社会造成大量的人员伤亡以及难以估量的经济损失。而我国是强震频发的国家之一，大量震害结果表明钢筋混凝土框架结构在地震中易出现层屈服破坏模式，耗能能力较差，容易导致结构整体倒塌，为了控制框架结构的破坏失效，不同的振动控制技术应运而生。虽然这些振动控制技术实现了对结构地震损伤程度的控制，但是在控制结构变形模式、减少结构残余变形、提高震后修复速度等方面的效果却十分有限，因此如何保证建筑物在地震作用下实现预期的损伤模式一直是专家学者不断探索的研究方向。

摇摆结构作为一种新型的抗震结构体系，近年来在结构工程领域受到了广泛关注。摇摆结构通过放松某些部位的约束，降低了地震作用下相应部位的内力需求，有效地避免了框架结构“强柱弱梁”引起的变形集中与破坏。同时，摇摆增加地震作用下某些部位的相对位移，为安装耗能元件、增加结构耗能提供了可能。摇摆结构实现了结构构件的功能分类，某些构件作为承载力主体，在地震中不受损伤或者损伤较小；而在另一些部位安装耗能构件，在地震中发生集中损伤变形并消耗能量，并能在地震后实现快速拆卸和替换，恢复结构的使用功能。框架—摇摆墙结构是摇摆结构体系中的一种，通过放松墙体底部的部分约束，使墙体能够绕着底部支座在面内发生转动（摇摆）。摇摆墙与框架之间，采用抗剪力连接构件在每个楼层处连接，传递楼层剪力。鉴于框架与摇摆墙变形模式的差异，两者之间可加入耗能元件。相比框架，摇摆墙通常具有较大的抗弯刚度，能够作为主体框架的附属部分，控制结构变形模式，防止框架的损伤集中。基于此，国内外的专家学者通过大量的理论分析、构造设计、试验研究及有限元分析证明了框架—摇摆墙结构在地震作用下提高结构整体变形能力和延性的有效性。

目前，现有研究主要聚焦于摇摆墙对钢筋混凝土框架部分的变形控制效果，以及改进其构造提升结构整体抗震性能等方面。然而摇摆墙与基础的连接，以及摇摆墙与框架相连的节点构造是实现该结构体系的关键技术。虽然摇摆墙结构已有不同形式的连接构造，但目前仅有个别工程实例，尚未形成成熟的设计和建造方法，而且工程实例中所用的连接形式，大多数价格昂贵且工作效率较低，主要原因有四个方面：第一，摇摆墙与主结构之间常采用大量的位移型阻尼器来增加耗能，但是由于摇摆墙与框架主结构之间的相对位移较小，从而导致阻尼器屈曲耗能较小，利用率偏低，且其造价较高，因此阻尼器的特性在一定程度上限制了其在实际工程中的应用。第二，刚性杆作为连接件时，其塑性铰屈服程度相对其他部位较为严重，在消耗地震能量过程中，会伴随裂缝的产生，甚至可能导致混凝土被压碎破坏。第三，预应力筋连接可以使摇摆墙具有较好的自复位能力，并且震后残余变形较小，但是当摇摆墙的位移过大或者预应力损失严重，均会造成摇摆墙无法回位，而无法复位的墙体会产生额外的倾覆力矩，加剧框架的损伤程度，使框架结构震后的残余变形难以消除。第四，我国框架结构量大面广，框架与摇摆墙之间连接结构设计的复杂性及繁琐性，使摇摆墙结构在实际工程中普适性较低。因此，有必要依据损失与经济均衡的原则，不断改善框架与摇摆墙的连接构件，设计具有耗能能力及震后可替换且适用于工程所需的连接构件，研究其对摇摆墙抗震加固方面应用的可行性。并且框架—铰支摇摆结构整体呈现一阶模态主导的侧向位移模式，但是摇摆墙体自身并没有消耗地震能量以及自复位能力，在地震作用下铰支墙绕底部铰支座发生摇摆并强迫框架与之协同变形，发挥着调节框架层间刚度和削弱框架不均匀层间变形的作用，然而具有“摇摆”模态特征的残余变形始终存在，因此需要与其他消能减震构件以及减震技术进行结合来提高整体结构的耗能能力，控制体系的侧向变形，减少摇摆墙 P-△效应产生倾覆弯矩对结构残余变形的影响。目前，关于摇摆墙结构体系的理论分析方法大部分采用的是分布参数模型，借助此模型来探究框架—铰支墙铰接体系（无阻尼器）的传力机理。由于分布参数模型主要用于结构弹性阶段的静力分析，且基于结构主要受力特性的简化与假设对模型进行推导，无可避免地引入分析误差；若假设结构的层间抗推刚度、框架柱轴向刚度及框架梁抗弯刚度并非无穷大时，连续化参数模型对摇摆墙的内力预测误差会发生显著变化，且实际离散结构与连续化参数模型假设的差异会进一步引入分析误差，降低连续化参数模型的预测精度。另外，由于地震动的随机性、动态性和三要素（峰值、频谱特征与持续时间）的差异性，按照静力分析设计的承载力、刚度和延性需求，不能考虑结构的非线性响应和地震失效模式，使结构在强震下出现不可控和非预期的失效模式，且结构在地震作用下易出现不可修复的损伤，弹性地震响应分析方法的适用性受限。

基于此，本书以我国量大面广的钢筋混凝土框架结构消能减震技术发展的重大需求和学科前沿为导向，针对摇摆墙结构特殊性能要求使该减震结构在工程运用中陷入施工工艺、摇摆幅度和成本控制等方面的瓶颈问题，开展了三方面研究：一是基于消能减震以及可更换构件理念，研制连接框架与摇摆墙的耗能楼层连接装置及避免与基础发生碰撞损伤的铰接底座，利用摇摆墙一阶模态主控的侧向变形模式及被动控制技术的减震原理，提出新型的钢筋混凝土框架—摇摆墙式减震结构；二是采用物理模型试验、数值模拟及理论分析相结合的方法，识别结构的失效路径，分析结构的失效模式和破坏机理，评估可更换的摇摆墙减震系统对框架结构减震的损伤抑制机制以及侧向变形模式的控制效果；三是利用拉格朗日方程建立考虑动荷载作用下的新型减震系统的力学模型，推导单自由度体系及多自由度体系下的运动微分方程，揭示框架、摇摆墙装置之间的相互作用机理，讨论框架—摇摆墙式减震结构与调谐质量阻尼器在不同阻尼比以及质量比下的减震效果异同性。基于以上研究，本书从交叉组合减震视角对摇摆墙结构运用受限困局这一核心关键问题展开研究，通过试验研究、数值模拟及理论分析证明了新型减震结构的减震有效性，使钢筋混凝土框架结构的层屈服破坏机制有所改善，提高了结构的整体抗震能力和建筑物安全性能，减少了建筑物的倒塌破坏，对保障人民生命和财产安全，以及维护社会稳定和城市安全具有重大意义，有助于工程结构在不同减震控制领域内的交叉融合，为提高建筑物防灾减灾研究提供新思路，且预制的摇摆墙体减震连接构件在解除机械连接后可以随时检修或者更换，不仅降低了节点设计成本，而且提高了结构的可恢复性，极大地丰富了摇摆墙减震结构在实际工程中的运用范围，为新型减震结构的推广运用提供重要的参考价值，有助于深入贯彻落实习近平总书记关于防灾减灾救灾和提高自然灾害防治能力，最大限度减轻地震灾害风险和损失，努力推动防震减灾事业高质量发展的要求，也有利于新型城镇化战略的实施。

在本书的编写过程中，笔者参阅了国内外同行专家的相关研究成果和文献，在此特向结构防灾减灾、工程抗震领域的师友、专家及学者表示感谢！

由于笔者水平有限，编写时间仓促，书中不足和欠缺之处在所难免，恳请广大读者批评指正。

聂伟

2024 年 1 月

目　录

第一章　绪论 …… 1
第一节　研究背景与问题的提出 …… 1
第二节　结构振动控制研究应用现状 …… 4
一、被动控制 …… 5
二、半主动控制 …… 14
三、主动控制 …… 15
四、混合控制 …… 16
五、智能控制 …… 17
第三节　结构分灾抗震设计 …… 18
一、结构分灾抗震设计原则 …… 19
二、结构分灾抗震设计 …… 20
三、结构分灾抗震设计与结构控制的关系 …… 23
第四节　摇摆结构研究综述 …… 25
一、摇摆机制的概念 …… 25
二、摇摆结构的分类 …… 26
三、框架—摇摆墙结构的介绍 …… 28
四、摇摆墙结构体系国内外研究现状 …… 29
五、摇摆墙结构在实际工程中的运用 …… 32
第五节　研究意义 …… 35
一、理论意义 …… 35
二、现实意义 …… 37
第六节　研究方法和内容 …… 39

一、研究方法 …… 39
二、研究内容 …… 39
第七节　技术路线 …… 40

第二章　相似理论在振动台试验中的应用 …… 42
第一节　引言 …… 42
第二节　相似理论 …… 42
一、相似第一定理 …… 43
二、相似第二定理 …… 45
三、相似第三定理 …… 46
第三节　相似系数设计 …… 46
一、方程式分析法 …… 46
二、量纲分析法 …… 48
三、似量纲分析法 …… 51
第四节　相似存在的问题 …… 56
第五节　模型失真的解决方法 …… 57
一、忽略重力模型 …… 59
二、人工质量模型 …… 59
三、欠人工质量模型 …… 60
第六节　本章小结 …… 62

第三章　钢筋混凝土框架—摇摆墙式减震结构振动台试验研究 …… 64
第一节　地震模拟振动台系统 …… 64
第二节　模型结构的设计与制作 …… 65
一、钢筋混凝土框架原型结构设计 …… 66
二、缩尺模型可控相似常数的确定 …… 66
三、缩尺模型的设计 …… 67
四、模型材料 …… 70
五、摇摆墙结构尺寸的设计 …… 73
六、框架主体结构设计中的难点问题 …… 74

七、摇摆墙结构设计中的难点问题 …………………………………… 79
八、配重计算与布置 ………………………………………………… 83
第三节 地震模拟振动台试验方案设计 ………………………………… 84
一、试验目的与研究内容 …………………………………………… 85
二、地震波的选取 …………………………………………………… 86
三、试验测点布置及采集系统 ……………………………………… 89
四、试验工况 ………………………………………………………… 92
第四节 本章小结 …………………………………………………… 94

第四章 钢筋混凝土框架—摇摆墙式减震结构抗震性能试验研究 ……… 97
第一节 试验数据处理方法 ………………………………………… 97
一、分析各测点传递函数 …………………………………………… 98
二、滤波与消除趋势项 ……………………………………………… 99
三、试验数据积分处理 ……………………………………………… 100
第二节 模型的宏观破坏状况及机理分析 …………………………… 102
第三节 模型结构的动力特性分析 …………………………………… 104
第四节 加速度反应分析 …………………………………………… 108
一、加速度时程曲线 ………………………………………………… 108
二、楼层加速度峰值减幅分析 ……………………………………… 113
三、加速度放大系数 ………………………………………………… 115
第五节 位移响应分析 ……………………………………………… 117
一、位移时程响应分析 ……………………………………………… 117
二、相对位移响应分析 ……………………………………………… 120
三、层间位移角分析 ………………………………………………… 122
第六节 楼层剪力分析 ……………………………………………… 124
第七节 本章小结 …………………………………………………… 127

第五章 新型钢筋混凝土框架—摇摆墙式减震结构非线性动力分析……… 130
第一节 概述 ………………………………………………………… 130
第二节 有限元法 …………………………………………………… 132

第三节 显式算法 …… 133
一、显式算法与隐式算法的对比分析 …… 133
二、框架结构模型的动力显式有限元方程求解 …… 135
三、有限元模型稳定时间极限的确定 …… 139
第四节 动力分析模型的精度控制 …… 141
一、剪切自锁 …… 141
二、沙漏现象 …… 142
三、沙漏控制 …… 142
第五节 材料本构关系 …… 145
一、混凝土的本构关系 …… 145
二、钢筋的本构关系 …… 145
第六节 动力分析模型的建立 …… 146
一、框架结构模型的建立 …… 147
二、钢筋混凝土框架—摇摆墙式减震结构模型的建立 …… 148
第七节 仿真分析与试验结果动力特性对比 …… 150
一、动力特性 …… 150
二、加速度响应分析 …… 151
三、位移响应对比 …… 158
四、动力破坏形态对比分析 …… 167
第八节 本章小结 …… 172

第六章 钢筋混凝土框架—摇摆墙式减震结构减震机理分析 …… 175
第一节 拉格朗日方程简介 …… 176
第二节 基于单自由度的钢筋混凝土框架—摇摆墙式减震系统运动方程建立 …… 177
一、摇摆墙式减震系统附加刚度计算 …… 177
二、无阻尼钢筋混凝土框架—摇摆墙式减震子结构的减震机理分析 …… 179
三、有阻尼钢筋混凝土框架—摇摆墙式减震子结构的减震机理分析 …… 184

四、阻尼比对摇摆墙式减震系统减震机理的影响 …………… 186
第三节 基于多自由度的钢筋混凝土框架—摇摆墙式减震系统运动方程建立 …………………………………………… 190
第四节 本章小结 ………………………………………………… 196

第七章 研究结论与未来展望 ………………………………… 198
第一节 主要结论 ………………………………………………… 198
第二节 创新点 …………………………………………………… 200
第三节 未来展望 ………………………………………………… 202

参考文献 …………………………………………………………… 204

第一章
绪　论

第一节　研究背景与问题的提出

我国是一个地震多发的国家，地震活动具有强烈的随机性、破坏性、不可控性及范围广等特征。历次震害表明，钢筋混凝土框架结构在地震作用下的震损率较高，而大量建筑物的破坏和坍塌是威胁人们生命安全的主要因素，也是导致震后修复成本高及经济损失惨重的主要原因（清华大学土木工程结构专家组等，2008；陈肇元和钱稼茹，2008），因此，提高结构的整体安全储备，增强结构的鲁棒性、整体安全性和韧性是实现结构倒塌控制的重要手段，有必要对建筑物采取相应的加固措施来提高建筑物的抗震能力。

传统的抗震设计方法通常采用增加强度的方式来控制，但是其在强震下的失效模式可控性较差，因此对钢筋混凝土框架结构进行合理的抗震设防及振动控制是减轻结构震害的有效措施。震害经验和试验研究表明，在随机的地震作用下，钢筋混凝土框架结构存在着多种可能的失效模式，如局部机制、薄弱层机制和整体机制，如图 1-1 所示。其中如图 1-1（a）与图 1-1（b）所示的两种结构失效模式是按照目前规范设计时最容易出现的破坏模式，破坏特征均是局部构件发生屈服，未充分发挥建筑材料的性能，最终破坏时的延性和承载力较小。而结构易发生层屈服破坏机制的关键原因在于结构设计时采用弹性分析方法获得的结构内力不能很好地预测结构在强震作用下非线性状态的内力需求，柱端弯矩仅是通过“强柱弱梁”系数来进行局部放大，这种设计方法未能从结构体系角度去考虑（叶列平，2009），使地震动输入结构中的能量不能很好地分散，只能通过结构自身的滞回耗能进行耗散，导致结构损伤累积，出现层屈服破坏致使整体结构倒塌现象频繁，如同拉锁式破坏，最容易发生破坏的环节往往发生在端口（徐格宁等，2003）。而图 1-1（c）为可以实现梁端耗能机制的“强柱弱梁”

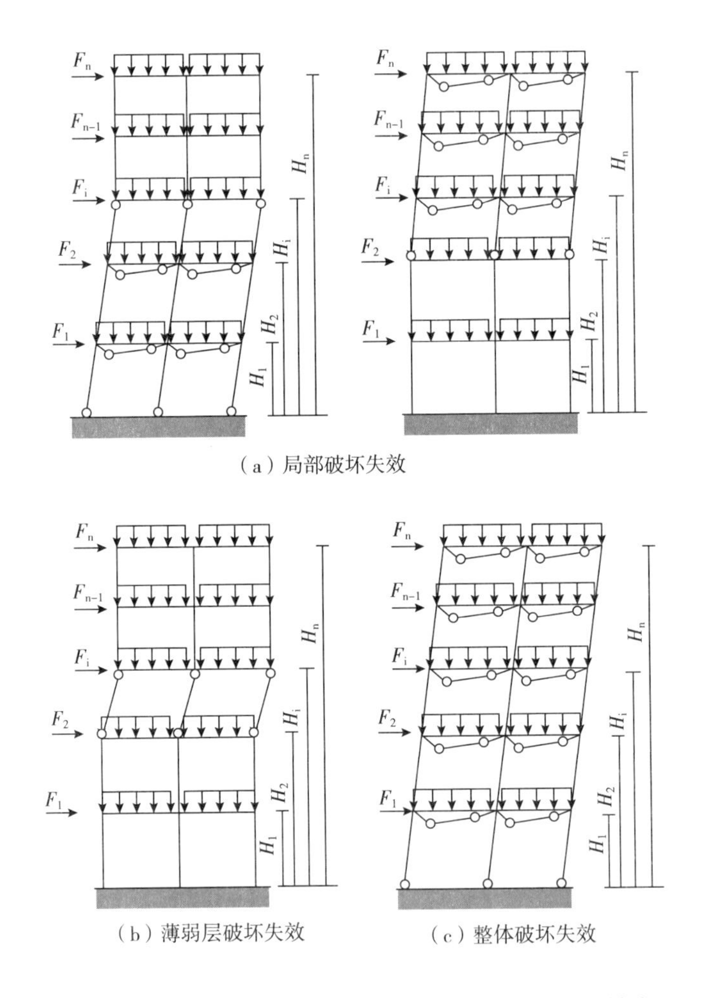

（a）局部破坏失效

（b）薄弱层破坏失效　　（c）整体破坏失效

图 1-1　地震作用下钢筋混凝土框架结构常见的失效模式

失效模式，也即是理想的整体屈服机制，由于在该失效模式下，建筑结构各层构件的抗震能力得以有效发挥，使结构的承载能力、变形能力及延性性能达到最佳状态，各层的水平侧移相等，实现了理想的破坏机制，因此这也是设计师们所希望的破坏机制，但是按照现有的抗震规范设计的建筑结构，由于种种因素导致其在强震作用下的整体型失效模式难以保证（白久林，2015）。

由工程结构可靠性原理可知（Thoft-Christensen and Murotsu，2012），结构自身性能（如材料特性、构件的几何参数等）的随机性和外荷载激励的偶然性是导致结构在地震作用下失效模式不确定的两个主要因素，相比于结构自身的不确定性，地震动的随机性更加难以控制，因此对于以上两个影响结构地震破坏模式的因素，主要考虑地震动输入的不确定性。但是大量震害结果表明，由于地震荷载的偶然性、破坏性及不可控性，加上建筑物结构自身的复杂性，导致工程结构抗震效果不理想。比如2008年汶川地震中大多数框架结构表现出层屈服或者薄弱层破坏特征（叶列平等，2009），导致整个建筑物坍塌，未充分发挥各层构件的抗震性能。由于汶川地震造成震区大面积建筑损坏和倒塌，导致人员伤亡严重，经济损失惨重，因此在地震发生后，相关部门要求中小学和其他重要建筑物的加固标准要高于普通建筑物，这对传统抗震设计方法而言无疑是一个挑战。

为了减少建筑物在地震作用下的倒塌破坏，有必要增加结构自身的整体稳定性，提高结构在随机荷载作用下的鲁棒性，并且需要为结构布置合理的抗震设防措施来提高其整体的安全储备能力（胡庆昌，2007；叶列平等，2008）。故而，为了提高结构在地震作用下的整体稳定性，各种振动控制方法应运而生，消能减震结构便是实现结构倒塌控制的措施之一，其利用结构抗震控制的理念，将一些如支撑、剪力墙等非承载构件作为消能构件，或者在诸如顶层、节点等部位安装如调谐质量（液体）阻尼器、摩擦阻尼器、粘弹阻尼器、金属阻尼器等消能元件，以增加结构的阻尼，降低结构在风和地震等灾害荷载作用下的动力响应，耗散灾害荷载的输入。而隔震技术作为振动控制技术的一种，是在建筑物的底层和基础之间或者楼层之间设置隔震层，以减少地震输入的能量对上部楼层的影响，降低结构的动力响应和损伤程度（周颖等，2019）。消能减震技术和隔震技术由于具有简单有效且不需要额外的能源供应等优势已经被纳入我国现行的抗震设计标准（GB 50011-2010）及相关的设计规程（JGJ 297-2013）中。除了这两种振动控制技术外，还有多种减震措施可有效提高结构的抗震性能，比如不同的设计方法、新型的结构形式，以及近几年研究较多的自复位结构和可更换结构形式等构造措施不断得以发展。

第二节　结构振动控制研究应用现状

由于地震的随机性及破坏性，对建筑物的损伤是不可避免的，损伤程度也是难以控制的。为了提高结构的抗震能力，结构振动控制的研究是很有必要的。

最早运用此设计理念的是 Hermann（1909），随后 Yao 于 1972 年提出工程结构减震体系这一概念，并将减震控制技术引入土木工程领域，为深入研究建筑结构的振动控制技术及其在工程实际的推广应用奠定了基础。20 世纪 70 年代以来，结构振动控制理论得到了建筑结构领域研究人员广泛的关注，并自此在工程实践中实现了大规模成功应用，因此结构振动控制理论是有效改善地震和风荷载作用下结构形态、提高结构安全性和舒适性的重要手段之一（周福霖，1997；欧进萍，2003）。自此以后，不同的结构振动控制技术得到迅速发展。

基于现代或经典的振动控制原理可知，结构的振动控制是利用安装在结构某些部位的消能装置（如主动或被动消能装置）来改变结构的阻尼及刚度，通过消能装置的能量吸收机理或消能材料的非线性变形消耗结构在振动过程中的能量，从而减少结构在动力载荷（如强风、地震、海浪等）下的振动响应，提高了结构整体的安全性能，可以实现更高的功能性需求（尤婷，2020）。较传统的抗震理论而言，结构振动控制是一种积极主动的做法，实现了结构设计概念的重大突破发展。

减震控制在工程结构中是属于跨学科的新技术，它涉及机械、船舶等行业，目前仍处于不断发展阶段。由于结构振动控制技术对建筑物的性能要求低且影响很小，因此该方法既适用于新建建筑物，也适用于已有建筑物的抗震和抗风等振动控制中，应用领域十分广泛（龙泽武，2019）。此外，与传统的抗震加固即增大结构自身刚度的方法相比，振动控制是通过在结构上添加子结构的方式来消减或转移地震输入结构中的能量，这与减震装置的目的是相似的，都是属于一种积极主动的抗震做法，突破了传统的结构设计理念，即仅通过增加结构的刚度、加大构件截面尺寸、增加结构配筋等提高结构强度的方法来“硬抗”外界环境的激励（李爱群，2007），是结构抗震设计概念的一种新方法，并且对于韧性城市的发展和建设及多灾害下建筑物的减震控制具有重要意义。随着振动控制领域的不断发展，各种不同形式的振动控制技术应运而生，而且每一种振动控制方法均有其不同的分类方式，具体如图 1-2 所示。

（1）从控制实施的技术来分，可以分为耗能减震技术、隔震技术、参数控制技术、调谐减震技术、主动控制技术和混合控制技术等。

（2）从有无外部能源的输入来分，可以分为主动控制、半主动控制、被动控制、混合控制四类（Housner et al.，1997）。

（3）从结构是否含有智能材料来分，可以分为智能结构与非智能结构等。

（4）按与结构频率相关性来分，可以分为频率相关控制和频率无关控制。

一、被动控制

被动控制（吴波和李惠，1997；周锡元等，2002）是一种不需要外部能源的结构控制技术，其控制力是因控制装置随结构一起振动时自身运动而被动产生的。因为技术简单、造价低廉、性能可靠、无需外部能源，以及易于维护等优点，被动控制引起了广泛的关注，成为了应用开发的热门方向。根据减震原理的不同，可以将被动控制方法分为三类，分别为基础隔震、消能减震及调谐减震，如图 1-2 所示，其中从建筑物的损伤机制控制角度发现，摇摆墙与隔震建筑物具有相似之处，即隔震结构设计的目的是通过在结构中的某一预设楼层——隔震层内布置消能减震装置来吸收地震能量，使结构的变形尽量都集中在此隔震层内，而摇摆墙结构的设计理念是使各个楼层的变形与损伤均匀地分布在结构各个楼层的接触界面（曲哲，2010）。另外，耗能减震与吸振减震也有一定的相似之处，图 1-2

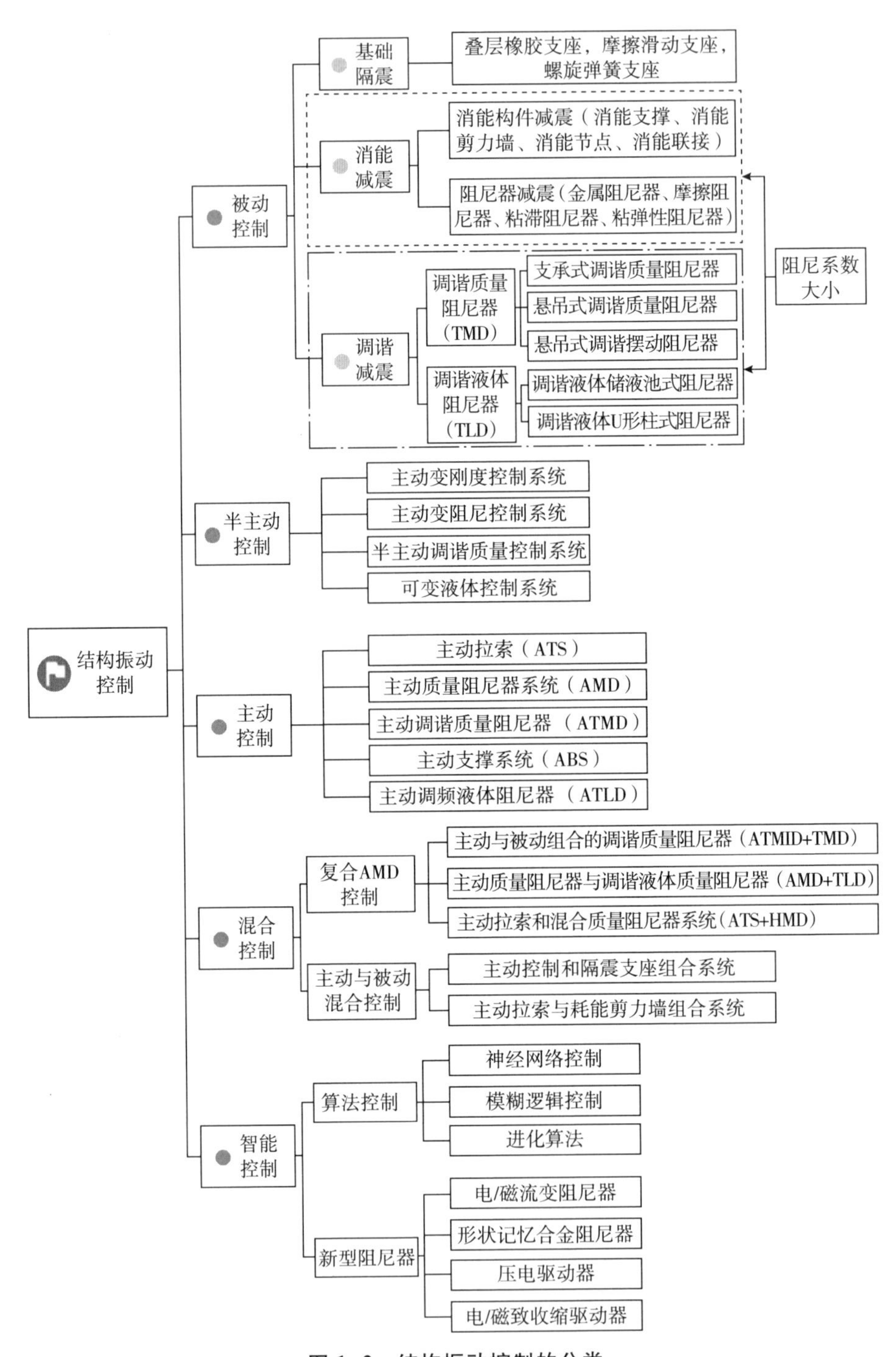

图 1-2　结构振动控制的分类

中子结构阻尼的大小是两者之间的根本区别。而本部分则着重介绍振动控制中经典的调谐质量阻尼器及摇摆墙式的消能减震结构的应用特性。

（一）隔震技术

隔震技术（欧进萍，2003；日本建筑学会，2006）是在基础结构和上部结构之间设置隔离层，使上部结构与水平地震成分绝缘，减少了传递到上部结构的地震能量，从而减小结构在水平地震作用下的加速度反应；同时，结构的大位移主要由隔震系统提供，而结构自身不产生较大的相对位移。通常所说的隔震指的是基底隔震，它包括上部结构、隔震装置和下部结构三部分。目前隔震技术可分为三类：叠层橡胶支座（Kelly and Konstantinidis，2011）、滑动摩擦支座（Feng et al.，1993）和滚动支座（Harvey and Kelly，2016）。隔震技术的基本原理是延长上部结构的侧向振动基本周期，所以主要应用于频率较高周期较短的低矮结构及桥梁结构（Zhou，2001；Xiang，Alam，and Li，2019），合理的结构隔震设计可使结构的水平地震加速度反应大幅降低，从而提高结构的安全性，有效地减轻结构的地震破坏。隔震装置要求材料具有较大的变形能力、足够的刚度和强度、较大的阻尼及耗能能力，这是因为结构的大位移主要由隔震系统提供，并且使上部结构不产生较大的相对位移。采用基础隔震体系，可以增加结构的周期，但对于已经具有较长周期的结构，这种方法是无效的（Bekdaş and Nigdeli，2013）。

（二）消能减震技术

消能减震技术（Soong and Dargush，1997；林新阳和周福霖，2002）是把结构中的一些构件设计成耗能杆件，或在结构中的某些位置安装耗能装置，由附加的耗能元件消耗掉结构中地震运动输入的能量，而主体结构只吸收或存储一小部分能量，从而保证主体结构的安全。在小震时，这些耗能构件或装置处于弹性状态；当出现中震、大震时，随着结构侧向变形增大，耗能构件或装置率先进入非弹性状态，产生较大的阻尼力，从而大量消耗输入结构的地震能量，避免主体结构出现明显的弹塑性变形，使结构的地震响应迅速衰减，主体结构和构件在中震、大震中免遭破坏，提高其安全性。目前消能减震技术可分为四类：粘弹性阻尼器（Shukla and Datta，1999）、黏滞阻尼器（De Domenico et al.，2019）、摩擦阻尼器

（Bhaskararao and Jangid，2006）和金属阻尼器（黄镇和李爱群，2015），前两类为速度相关型阻尼器，后两类为位移相关型阻尼器。

（三）调谐减震技术

调谐减震技术（Soong and Dargush，1997）是在主体结构上附加一个由质量、刚度和阻尼组成的子结构，通过调谐子结构的质量和刚度来调谐其自振频率，使其与主结构的基本频率或激振频率接近，从而在主结构受迫振动时，产生一个与之相反的惯性力作用在主结构上，使主结构的振动响应衰减并受到控制。结构调谐减震技术已经成功应用于多高层结构、高耸结构、大跨度桥梁和海洋平台等的地震控制、风振控制和波浪引起的振动控制。目前常见的吸能减振技术有调谐质量阻尼器（TMD）（Rana and Soong，1998）和调谐液体阻尼器（Gao et al.，1997）：前者主要通过将输入结构的部分振动能量传递至子结构中，随后子结构将存储的能量一部分以阻尼耗能的方式耗散，另一部分转换为子结构的动能；而后者的控制力来自液体对阻尼器箱壁在振动过程中产生的动压力差，通过液体不断晃动过程的阻尼耗能耗散地震能量实现减震效果（何慧慧，2020）。具体表现为，当主结构受到外力（如风荷载、地震、海浪等）的冲击作用发生振动时，由于子结构与主结构之间的振动方向相反，因此会产生一个作用于主结构的惯性反力来抑制主结构的动力反应。此外，由于调谐减震的过程中不依赖外部能量的供应，而是通过调节子结构的动力特征来实现减震，因此称作被动调谐减震控制，也可称作动力消震（周福霖，1997）。其中作为被动控制减震技术之一的调谐质量阻尼器，由于其安装简单，发展较为成熟，且减震效果易于控制而得到广泛运用。并且调谐质量阻尼器系统由质量块、弹簧及阻尼材料组成，可以通过调节子结构的自振频率使其与外激励频率或者主结构的基本频率接近或保持一致，实现调谐减震的效果。

1. 调谐质量阻尼器的研究现状

TMD 系统的原型来自 Frahm（1909）所提出的动力吸振器，其主要构造由一个质量块和一个弹簧组成，与现在的 TMD 系统相比，未加入阻尼，其原理是利用质量块在共振的条件下转移外界输入的能量，从而显著减小结构的振动（Carotti and Turci，1999）。早在 20 世纪 20 年代，Den Hartog

等（1947）在研究单自由度无阻尼结构—TMD 参数优化时，发现当改变 TMD 阻尼比时，主结构的响应曲线总是经过两个固定的不动点，并基于这一发现对 TMD 最优参数的解析解进行了严密的理论推导，给出 TMD 系统最优阻尼比、频率比及质量比的表达式。Warburton（1980）和 Warburton 等（1982）根据外部荷载激励情况的不同，推导出了一定质量比下的 TMD 系统最优频率比、最优阻尼比的优化值计算公式，并用列表的形式记录，进一步推广 TMD 在实际工程的应用。Rana 和 Soong（1998）在研究最优参数失调对 TMD 系统减振控制效果影响时，发现最优频率比的失调对减振效果的削弱比最优阻尼比更大；同时，仿真分析结果显示，适当增大质量比和阻尼比能减小其参数失调对减振效果的影响。卜国雄（2010）以广州塔为数值仿真算例，区别于以往 TMD 系统振动控制研究中将被控结构振动响应作为主要的评价指标的做法，首次提出基于能量观点的 TMD/AMD 参数优化思路，把能量作为主要评价指标，以整个地震动过程中输入主结构能量值最小作为优化目标，分析了 TMD 参数与输入主结构能量之间的对应关系。

由于地震是典型的冲击载荷，通常在很短的时间内达到峰值，而在这么短的时间内 TMD 常常还没来得及达到需要的速度和位移，不能充分发挥其调谐的作用，导致 TMD 在特定地震激励下的减震效果有限（Kayania et al.，1981；Sladek and Klinger，1983）。鉴于此，Abe 等（1996）提出了带初位移 TMD 的设想，在一定程度上解决了 TMD 启动慢的问题。秦丽（2008）提出了调速型 TMD，其思路是在适当的时候给予 TMD 一定的冲量，调整其速度使 TMD 在短时间内具有所需的运动幅值，从而改善 TMD 启动速度慢的缺点。梅真等（2017）为解决随机激励作用下结构控制系统中控制器参数优化与作动器优化配置问题，基于改进的遗传算法同时考虑减振装置数目和位置等因素，并结合算例予以验证，数值分析结果表明，文中建议方法具有较高的搜索精度和收敛速度，为结构控制系统一体化优化提供了新的思路。谭平等（2009）考虑到 TMD 系统在实际工程应用过程中，被控结构空间有限，质量块系统行程受限的情况下可靠度问题，以随机风荷载激励下的高耸结构——TMD 系统为工程算例，基于首次破坏准则，研究 TMD 系统在一定位移限值范围内质量块的动力可靠度。Han 和 Li

（2008）在子 TMD 阻尼比相同的试验条件设定下，研究子 TMD 调谐频率等间距分布的多重调谐质量阻尼器（MTMD）系统对结构的振动控制效果，实验仿真结果显示该类型 MTMD 对结构振动有着更好的控制效果，同时频率控制范围更广。学者们针对多重调谐质量阻尼（MTMD）的控制策略、参数优化及在实际工程中的应用做出许多富有成效的研究（韩兵廉和李春祥，2007；李春祥和杜冬，2003，2004；李春祥等，2001；李春祥和张静怡，2008；李春祥，2005）。然而，MTMD 也存在自身的缺陷：第一，系统较为复杂，可维护性较差；第二，各个子结构质量块调谐的频段分散，调谐频率距离主结构自振频率较远的质量块实际起到的调谐吸能作用十分有限，即由于多重调频子结构有效调频质量减小而导致其有效性有时甚至不如单调频子结构的 TMD 系统。尽管 TMD 对结构振动控制的有效性存在不少缺陷，但是由于其理论成熟、结构简单、制作方便、经济实用，研制周期费用低，并且可靠性较高，近几十年来在土木建筑行业得到了相当广泛的应用。

2. 调谐质量阻尼器的应用现状

TMD 的具体应用，在全世界范围内已经有很多工程实例，并取得了良好的控制效果，具体如表 1-1 所示。早在 20 世纪 50 年代，为减小高耸结构风荷载作用下的风致振动，苏联的研究人员通过在电视塔及烟囱等高耸结构上安装撞击式摆锤，使被控结构位移、加速度响应得到了较大幅度的削减，实现了良好的振动控制效果。20 世纪 70 年代美国在波士顿的约翰·汉考克大厦（John Hancock Building，244 米）和纽约的花旗集团中心（Citicorp Center，274 米）上安装了两个由铅制成的重达 300 吨的 TMD 装置，有效地降低了结构的振动响应，两栋建筑物在风荷载下的加速度反应可衰减 40%。澳大利亚的悉尼电视塔是建立在 16 层的 Centerpoint 钢筋混凝土大楼上的，塔总高 250 米，塔上设置了一个塔楼，塔楼顶部和塔的中部分别安装了一个 TMD，在 TMD 安装后，对塔的风振反应进行了实测，结果表明，TMD 对该电视塔风振反应的控制效果极好。在这之后，加拿大多伦多电视塔也安装了两个小型 TMD 以控制其风振反应，减振效果也是令人十分满意的。德国柏林一座人行天桥共安装了 10 个 TMD，其中 6 个 TMD 用以抵抗水平振动，其余 4 个用来抵抗垂直振动。阿联酋迪拜的七星级大酒店在其顶部安装了12个TMD用来控制结构的振动。

表 1-1 TMD的应用案例

结构名称	国家	地点	年份	TMD数量	单个TMD质量（吨）
广州塔	中国	广州	2009	4	600
上海环球金融中心	中国	上海	2008	2	150
台北101大楼	中国	台北	2004	1	660
花旗集团中心	美国	纽约	1978	1	370
千叶港塔	日本	千叶	1986	2	115
奇夫利大厦	澳大利亚	悉尼	1993	1	400
特朗普大楼	美国	纽约	2001	1	600
水晶塔	日本	大阪	1990	2	180
Hyatt Park Tower	美国	芝加哥	2000	1	300
悉尼塔	澳大利亚	悉尼	1981	1	220
Rokka Island P&G	日本	神户	1993	1	270
约翰·汉考克大厦	美国	波士顿	1977	2	300
加拿大国家电视台	加拿大	多伦多	1975	2	200

资料来源：滕军（2009）。

日本从20世纪80年代至今，对被动TMD开展了多方面的开发应用研究。1986年在千叶港塔（Chiba Port Tower，125米）上设置了支承式TMD装置，这是日本第一座设置TMD的塔，该塔经历了1987年12月17日的8级近海地震的考验，随后大阪Funade桥的桥塔上也安装了TMD，而且世界第一长的悬索桥——明石海峡大桥（Akashi Kaikyo Bridge）同样采用了TMD来控制其300米高的主桥塔的风振反应。日本秩父桥悬臂架设阶段、名港西大桥、来岛大桥、横滨港湾大桥、东神户大桥、荒津大桥等多座大跨度悬索桥、斜拉桥的施工架设，都采用了TMD装置，并有一些沿用到成桥运营期。另外采用TMD减振装置的还有英国的Kessock斜拉桥，以及法国诺曼底大桥的悬臂施工阶段等。

TMD装置在我国也有很多应用，如九江长江大桥的吊杆、杨浦大桥、北京太平桥大街两座人行天桥、黄山太平湖大桥的主塔、虎门大桥辅航道桥悬臂施工阶段等。在高层建筑中，台北101大楼共101层，层顶高448米，塔尖高508米，由于台北位于高地震区和台风区，为降低该建筑在风振和地震激励下的侧向加速度响应，满足舒适性要求，设计人员在结构第88~92层设置一个重达662吨的悬摆式TMD惯性质量，大楼的减振效率达到40%，这是利用摆式TMD实现结构振动控制的典型案例。广州新电视塔高600米，作为典型复杂高柔结构，小阻尼高耸结构对风荷载作用十分敏感。为了减少结构的风致振动，进一步提升结构的舒适度及结构整体性能要求，研究人员在广州塔主体结构的顶部安装了两个600吨的消防水箱作为TMD减振装置来控制结构的振动（吴玖荣等，2018）。虽然大量研究结果表明，调谐质量阻尼器在高层建筑减震方面效果显著，且已经成功地运用在各个领域的振动控制中，但是其缺点也不断得以显现。

3. 调谐质量阻尼器的优越性与不足

TMD是一种能够有效控制结构振动的装置。在高层结构、高耸结构的抗风和抗震等方面都具有良好的应用前景。

TMD具有以下优越性：一是结构附加TMD后，在地震动作用下，子结构把产生的惯性力反作用于主结构来进行减震控制，并且子结构自身的运动也消耗了部分的地震能量，同时子结构的阻尼元件起到了一定的耗能作用，减小了主结构的动力反应，从而能够减小主结构构件的截面及配筋等，达到降低造价的目的（Xu et al.，1992）。在合理选择子结构的各个调谐参数时，能够很好地控制主结构的振动，特别是在风荷载的作用下，能确保主结构的安全。二是安装TMD属于一次性安装，在装设完成后可以永久使用，无须调换，相对而言比较简单方便，也有利于施工（周福霖等，1997）。三是TMD不仅适用于新建结构的振动控制，还适用于旧楼的改造、加固，而且在改造过程中只需架设子结构质量块，对主体结构的构造使用方面没有影响，这对旧楼的加固维修具有重要的意义。所以，调谐质量阻尼器得到了结构专家和科研人员的认可，不仅在大型的建筑工程中，在桥梁、天桥、隧道等各种具体的建筑物和构筑物中也得到了广泛的运用（Tsai，1995）。

尽管调谐质量阻尼器具有较多的优点且得到了广泛的应用，但在设计方面仍然存在一些不足之处（李宏男等，2005）。Villaverde（1994）通过理论与试验对比研究了调谐质量阻尼器在地震作用下的有效性，结果表明，传统的调谐质量阻尼器大多是针对某一固有频率或者较窄频率范围进行设计，能够得到较好的减振效果。当外在激励的频率范围较宽时，其减振效果就会降低（孙健杰，2017），这使调谐质量阻尼器实际控制效果不易控制。因此，实际工程中存在大量由于调谐质量阻尼器最优参数的误差导致目标函数优化损失的现象。此外，Chen 和 Huang（2004）研究得到调谐质量阻尼器的质量比存在一个上限，建议取值 15%，如果调谐质量阻尼器的质量比超过此限值，则认为设计失败，而较大的调谐质量阻尼器惯性质量不仅增加了结构重力负担，而且加大了地震作用及重力二阶效应（P-△效应）的概率，不利于结构的安全（李杰，2004）；而且在结构顶层悬挂的质量块系统在服役期内遭受大震或大风下可能会发生破坏失效的风险。额外安置大型质量块往往需要足够的空间，并有某些特定的条件限制，这也使在选定 TMD 安装位置方面存在一定的难度。此外，调谐质量阻尼器比较适用于固有频率较小的高柔结构，且控制效果比较明显，比如高耸结构、高层建筑、大跨度桥梁等。对于固有频率较大的刚性结构，其控制效果就比较差。调谐质量阻尼器的弹簧和阻尼特性是固定不变的，从而对各种外在激励的适应能力相对较差。一般地震动会在很短的时间内达到峰值，然而在如此短的时间内，调谐质量阻尼器往往不会达到最佳的调谐作用，因此 TMD 的作用未能得到充分的发挥（胡聿贤，2006）。

因此，为了解决调谐质量阻尼器子系统窄频带，而地震频带相对较宽的问题，如设置多个调谐质量阻尼器形成多重调谐质量阻尼器（MTMD）系统（Varadarajan and Satish Nagarajaiah，2004），或是引入主动、半主动控制装置与调谐质量阻尼器结合（Eason et al.，2013；Weber et al.，2011）等改进方法，来改善调谐质量阻尼器对频率的敏感程度。但是大量研究结果表明，由于地震作用的随机性，每个调谐质量阻尼器系统频率敏感性及建筑结构设计的复杂性等导致最大振幅相对应的位置不能快速精确地确定，加之由于调谐质量阻尼器的添加改变了原结构的振型形状，因此多重调谐质量阻尼器中调谐质量阻尼器的数量对结构响应的影响也是无法确定的。然而在实际工程中如果忽略这些不确定性，会导致调谐质量阻尼器失调而影响结构的性能（Dehghan-Niri et al.，2010）。另外，多重调谐质量阻尼器在实际运用时所需要的调谐质量阻尼器的个数一般比理论数量多（Elias and Matsagar，2017）。而且 Wong 和 Johnson（2009）基于能量原理对多重调谐质量阻尼器在地震作用下对非线性结构的减震情况进行了相关研究，结果表明多重调谐质量阻尼器可以有效地消耗地震输入能量，实现对主结构的振动控制；但是对上部薄弱层的动力响应衰减程度较小，不能改善薄弱层的变形特征，且地震动参数的变化对多重调谐质量阻尼器的消能减震影响较大。张耀庭等（1999）对新型的调谐质量阻尼器系统即悬浮顶层减震结构体系进行振动台试验，结果表明，与主结构各楼层的加速度响应相比，组合结构中顶层的最大加速度得到不同程度的衰减；但是下面楼层的减震效果欠佳，甚至出现楼层加速度响应增大的现象。值得注意的是，大部分研究主要是为了解决调谐质量阻尼器对频率的敏感性而进行各种不同形式的改进，但是重点仍集中在顶层大质量块的调整上，整体减震效果尚未体现。而摇摆结构作为一种新型结构，由于放松了结构与基础间的约束，可以释放两者在接触面处的弯矩和受拉能力，在地震作用下通过摇摆变形来消耗地震能量，并且震后通过自重实现结构复位，而且可与消能减震装置结合（曲哲等，2011），因此摇摆结构的未来发展趋势将更强调整体结构抗震的概念设计（周颖和吕西林，2011）。江志伟（2013）将摇摆墙运用在海洋平台建筑物的振动控制中，研究结果表明：利用摇摆墙体系和调谐质量阻尼器可以实现对海洋平台建筑物的高阶模态和低阶模态的振动控制，充分发挥两种体系的优势，显著降低海洋平台建筑物的地震反应。

二、半主动控制

半主动控制既克服了主动控制需要大量外部能源提供直接控制力的不足，又基本沿用被动控制措施，与主动控制的原理基本相同，通过使用计算机测量结构的动力信息，事先改变结构参数，仅需少量的能量便可调节实施控制力的作动器，而且由于是受限输入和受限输出，所以不存在控制失稳的问题（Fisco and Adeli，2011）。半主动控制是根据结构的反应，通过改变结构的刚度或阻尼，自适应调整结构的动力特性来达到减振控制的目的，并且省去了大量施加能源和控制力的装置，具有易于实现的优点，是目前性价比最高、最具有工程应用前景的方法（Yang et al.，2000）。近年来，半主动控制已越来越多地进入人们的视野，特别是在如何减小风和地震的结构反应等方面（Kobori et al.，1993）。因为半主动控制是通过改变结构参数达到控制效果，其本质上是一种参数控制，常见的半主动控制装置有：主动变刚度控制系统（Kobori，1990）、主动变阻尼控制系统（Hrovat et al.，1983）和主动变刚度/变阻尼控制系统（周福霖等，2002）。半主动控制最具有代表性的控制装置主要有主动变刚度系统（AVS）、主动变阻尼系统（AVD）、磁流变阻尼器、压电摩擦阻尼器及电流变阻尼器等。

三、主动控制

与被动控制不同，主动控制是需要外部提供能源，结构物在外部激励作用下发生减震的过程中，外部瞬时施加力或瞬时改变结构的动力特性，以迅速衰减和控制结构的减震反应。主动控制的主要特点是应用外部能源和现代控制技术对结构施加主动控制力，即主动控制系统主要通过传感器监测结构的响应或者环境的干扰；使用计算机控制系统处理监测到的信息，并根据给定的算法给出施加控制力的大小；最后由外部能源驱动的主动驱动系统（作动器）产生所需控制力并施加在主结构上。主动控制按照控制器的工作方式可分为：开环控制、闭环控制和开闭环控制三种，如图 1-3 所示。由于控制力大小可以随输入激励而改变，故控制的效果基本上不依赖于外部激励的特性。主动控制在提高建筑物抵抗不确定性地面运动的能力，直接减少输入的干扰力，以及在地震发生时连续、自动调整结构动力特性等方面均优于被动控制，特别适用于结构的风振控制，然而主动控制存在技术复杂、造价昂贵、维护要求高，且工作稳定性无法保证等诸多缺陷。但对于高层建筑或抗震设防要求高的建筑来说，主动控制比被动控制具有更优的控制效果。常见的主动控制系统包括：主动质量阻尼器（Cao et al.，1998）、主动锚索（拉索）系统（Spencer et al.，1998）和主动支撑系统（Loh，Lin，and Chung，1999）。

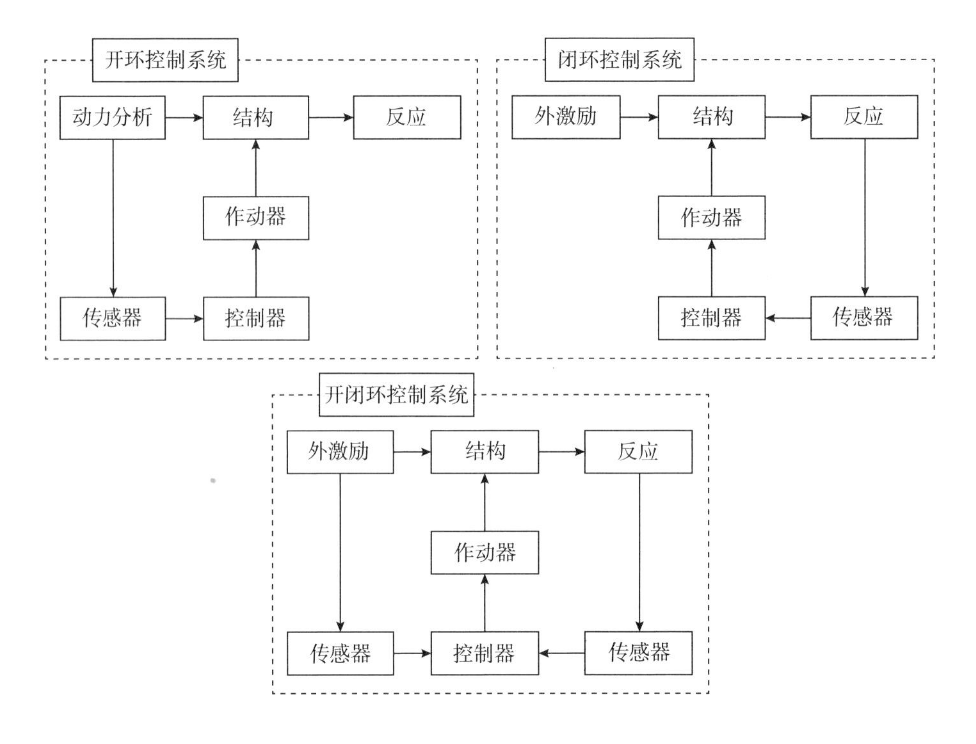

图 1-3　主动控制工作原理

四、混合控制

混合控制（Yang et al.，1991）是将主动控制与被动控制联合应用的结构振动控制方式，兼备了主动控制和被动控制各自的优点，可以减少单独使用两种控制方法的局限。从控制效果上来看，被动控制有其无法克服的缺陷，而从技术和经济等因素来考虑，主动控制也具有一定的局限性，因此，混合控制将会是振动控制研究的一个方向。混合控制既可以在多遇地震作用下通过被动控制耗散大量振动能量实现结构减震，又可以在罕遇地震作用下利用主动控制提高系统的控制效果。混合控制同时依靠两种系统共同运作，达到最佳的振动控制效果，比单纯的主动控制节省了大量的能量，因此有着良好的工程应用价值。它们具有一定的可靠性和鲁棒性，并具有低能耗和易维护的优点。世界上第一个安装混合质量阻尼器（HMD）控制系统的建筑是日本东京清水公司技术研究所的七层建筑。我国南京电视塔采用了主动质量阻尼器系统（AMD）与调谐液体阻尼器（TLD）相结合的混合控制体系来控制结构的风振反应。常见的混合形式有两种：

（1）主从混合形式，即以某一控制系统为主，另一控制系统为辅。

（2）并列混合形式，即两种控制系统独立工作，对结构实施矫正作用。

目前，混合控制装置系统主要有：AMD 和 TMD 组成的混合质量阻尼控制系统、主动控制和基础隔振组成的混合基础隔振系统及主动质量阻尼系统与液体质量控制系统等。

五、智能控制

智能结构（Intelligent Structure or Smart Structure）是利用机敏材料特性、计算机技术、微电子和现代控制理论等对结构进行智能控制，使结构可以感知环境和自身特性，从而采取最优或近优控制策略以作出合理响应的一类结构（Sladek and Klinger，1983）。智能结构控制是智能结构系统的一个关键环节。智能结构系统可以解决当前工程上一些难以解决的实际问题，而且将推动许多学科和技术的发展，它代表着先进的新型材料与传统的土木工程结构相结合这一重大的学科研究发展方向，具有巨大的发展潜力，已经取得了初步的研究成果（Lukkunaprasit and Wanitkorkul，2001）。智能结构控制不同于经典控制理论和现代控制理论的处理方法，它研究的主要目标不再是被控对象，而是控制器本身，其从系统的功能和整体优化的角度来分析，以实现预定的目标。为此，智能结构控制应具备学习功能、适应功能和组织功能。智能结构控制的研究方法很多，其主要途径有：

（1）基于专家系统的专家控制；

（2）基于模糊推理和计算的模糊控制；

（3）基于人工神经网络的神经网络控制；

（4）基于信息论、遗传算法和以上三种方法的集成型智能控制。

神经网络是在土木工程结构控制中应用最成功的方法之一。神经网络在振动控制中的第一个应用是在 20 世纪 60 年代，用一个简单的神经控制器控制倒立摆的运动。在智能结构控制中，使用径向基函数神经网络模拟和控制结构的反应是比较成功的。此外，土木工程中主要利用模糊控制理论和模糊逻辑中的模糊推理功能，来实现结构的智能控制（何玉敖和李忠献，1990）。模糊控制准则和隶属函数的建立与参数的选取，是控制结果好坏的关键（Lin et al.，2001）。因此，在当前结构振动控制领域，利用模糊逻辑技术的研究成果，大多数属于理论研究方面，还有一些属于实验研究方面，而在实际工程中的应用并不多见。另外，在土木工程结构控制中，以模糊逻辑为基础的模糊控制器的研究和应用，也取得了很大的成功。模糊控制经常和神经网络联合使用，发挥彼此的特长，明显提高了结构控制的效果。

第三节　结构分灾抗震设计

从结构体系和局部构造上来讲，常采用附加结构构件以提高强度、刚度、延性与设置隔振装置和消能构件来提高结构的耗能能力等方面来控制结构的失效模式（白久林，2015）。李刚和程耿东（2004）提出了结构防灾减灾设计的分灾模式概念，并在结构抗震设计中，将整个结构系统设计为两个部分：主要功能部分（即主体结构，满足结构的各种正常使用功能，具有较高的可靠度）和分灾功能部分（即分灾元件，包括分灾构件、分灾子结构和分灾构造措施，其破坏不影响结构主要功能，引起的损失相对较小，易于迅速修复），在非灾害荷载下，结构体系的主体结构和分灾元件共同发挥作用，保证结构的各种正常使用功能；在灾害荷载下，结构的分灾元件开始发挥分灾作用，通过一定的分灾模式（如降低耗能、改变隔震方式、改变结构特性以减少地震输入等）来保证主体结构的安全，尽量使其变形状态维持在弹性阶段，从而维护整个结构体系的各种正常使用功能。分灾抗震设计的概念如图 1-4 所示，分灾模式主要通过构件的消能方式的转变、结构动力特性的改变，从而改变整个结构体系的力学性能和传力路径，达到减少主体结构地震反应的目的。

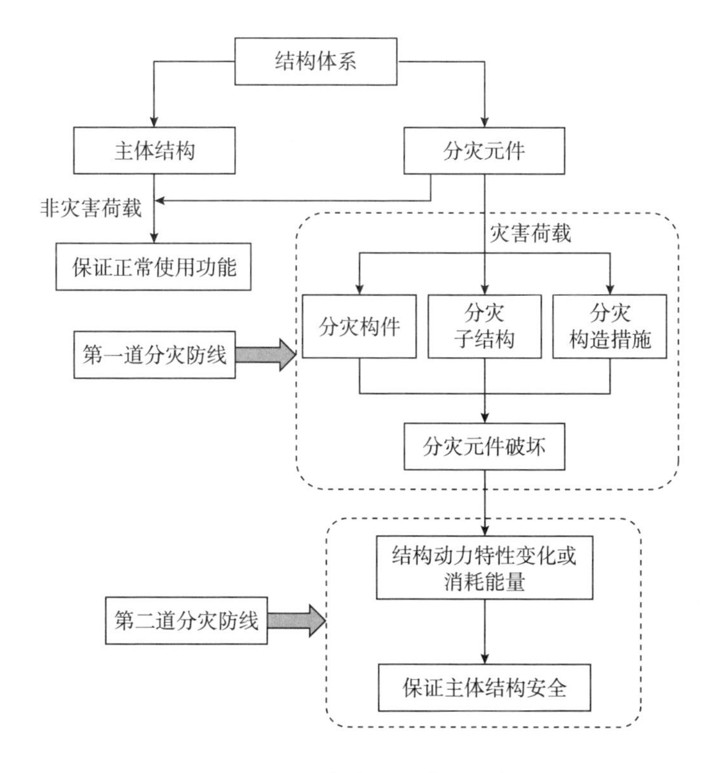

图 1-4 分灾抗震设计的概念

一、结构分灾抗震设计原则

分灾抗震设计是从投资—效益准则出发，以结构寿命周期内的总费用为目标函数，考虑了结构设计面临的不确定性，得到的优化设计不是等强度的设计，而是有意识地布置了低强度或低刚度的部分，用这些部分的破坏来保护主体结构，进行抗震设计时应遵循以下基本原则（李刚和程耿东，1998）：

（一）一体化的结构优化设计

根据结构总体性概念设计原则，利用优化设计理论，将结构体系的主体结构和分灾元件作为一个整体进行优化设计，同时确定出它们各自的设计参数，并且要考虑非灾害荷载与灾害荷载两种荷载工况。

（二）投资—效益准则

结构抗震设计应考虑结构的初始造价（包括主要功能部分和分灾功能

部分）、维修费用和损失期望（包括直接损失和间接损失）这三个以经济指标来衡量的目标函数，根据投资—效益准则，结合具体实际情况，找到一个使结构的初始造价、维修费用和损失期望协调起来的设计方案。

（三）结构可靠度理论的应用

充分考虑结构抗震设计中的各种不确定因素。设计中应使结构的分灾模式成为结构失效概率最大、失效损失较小的局部失效模式，即分灾元件通过自身的变形耗能能力，消耗输入到结构的能量，保证结构的安全（第一道防线）；该失效模式的实现使原结构体系迁移为一个主要稳定构形，其动力特性与原结构有较大差别，即当分灾元件达到其耗能极限后发生破坏，使结构的动力特性发生变化（一般情况下，结构变柔，自振周期变长），减少了外界能量输入，有利于结构的主要功能部分继续抵御灾害作用（第二道防线）。这样，分灾元件通过不同的分灾模式，为结构提供了两道抗震防线。

二、结构分灾抗震设计

结构分灾设计是在分析基于投资—效益准则的结构抗震设计模型的基础上，对工程实践中一些成功经验提炼和概括而形成的设计方法。工程领域中一些现行设计方法和措施就是结构分灾设计的具体应用，同时利用分灾设计方法能够实现设计创新。

（一）分灾构件

结构体系的分灾功能部分由分灾元件构成，一般由普通构件附加阻尼耗能装置组成的具有良好阻尼特性的耗能构件。在非灾害荷载作用下，分灾耗能构件和普通构件一样，起支撑或连接作用；在灾害荷载作用下，分灾耗能构件通过自身的非弹性变形来耗散能量。比如，结构设计中广泛使用的耗能阻尼器支撑和基础隔震支座等被动控制元件，可以看作是良好的分灾构件，如图 1-5 所示。在风荷载和小地震作用下，这些分灾构件和普通构件一样起支撑或连接作用；在大震作用下，耗能支撑发生非弹性变形耗散地震能量，常用的有 4 种耗能机制：粘性耗能、粘弹性耗能、金属耗能和摩擦耗能，如纽约世界贸易中心就采用了 2 万个粘弹性阻尼器（Ou et al.，1996）；如第二节中介绍的隔震支座则主要通过自身柔性水平刚度，进入大变形阶段，延长上部主体结构的自振周期，避开地震动卓越周期，达到减震目的，并且上部结构的变形基本上可以维持在弹性状态。并且这些耗能支撑和隔震支座都是预先设置好的、在灾害地震作用下需要进入塑性变形状态的构件，可以认为它们是事先确定的用于保护主体结构的分灾元件。图 1-5（c）是将耗能分灾连接构件应用于可分解为内外双框架的单一高层结构，在顶层将内外结构用耗能阻尼器相连，并根据一定的准则，确定出最优阻尼系数和最优刚度（Kageyama，1994）。分灾构件也可以用符合这些分灾特征的形状记忆合金、压电陶瓷等智能材料元件制成。

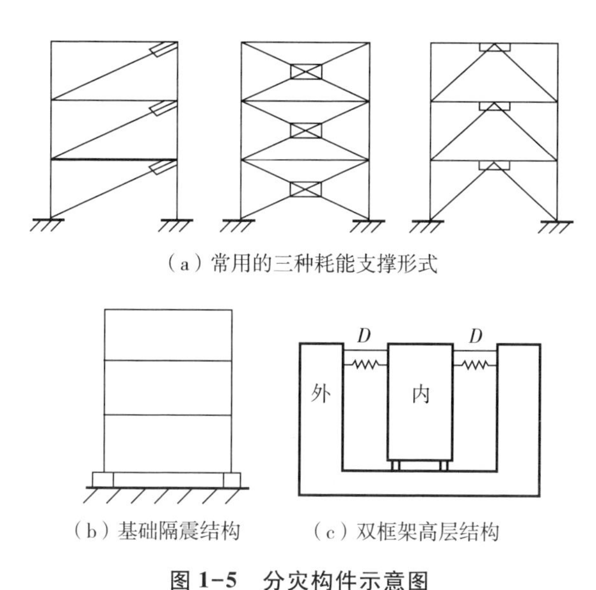

（a）常用的三种耗能支撑形式

（b）基础隔震结构　　（c）双框架高层结构

图 1-5　分灾构件示意图

（二）分灾子结构

分灾子结构可以由耗能构件组成，或者就是由具有一定的分灾构造措施组成的子结构，是整个结构体系的附属子结构。在非灾害荷载作用下，分灾子结构协同主结构一起，维护整个结构体系的正常使用功能；在灾害荷载作用下，通过分灾子结构进入塑性状态直至失效破坏，外界输入到主结构的能量的相当一部分被传递、转移到分灾子结构，并由子结构破坏而耗尽，从而减少了输入主体结构的能量，保证主体结构的功能。图 1-6（a）是两种带竖缝的耗能剪力墙，非灾害荷载作用下，带缝剪力墙能够满足正常使用要求；强震作用下，一方面，竖缝剪力墙的缝隙联结面材料或连接键进行耗能，另一方面，联结面开裂或连接键断裂，刚度降低，结构动力特性发生变化，自振周期变长，减小地震反应（吕西林和孟良，1995）。图 1-6（b）的框—桁结构中的桁架代替剪力墙也可以作为分灾子结构（邓秀泰和李天，1994）。框—桁结构具有受力明确、计算简单、可人为控制破坏顺序（弱腹杆→中强梁→强柱）、结构全部由杆件组成而不会出现刚度突变、可人为控制刚度、不易造成材料浪费等优点。在各杆件先后失效破坏的过程中，结构体系的动力特性发生变化，输入能量逐渐耗散。图 1-6（c）是针对超高层巨型结构提出的一种分灾设想。利用主—子控制系统（Mega-Sub Control System），由外界输入的风载或地震能量由主结构传递到子结构，而在子结构中，又可以采用一些常规的控制措施进行耗能（Mita and Kaneko，1994），实现消能减震的效果。

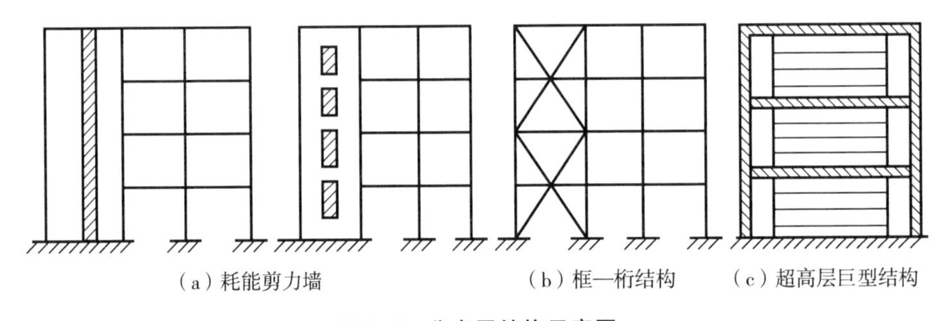

图 1-6　分灾子结构示意图

（三）分灾构造措施

有些结构体系的分灾功能部分是一种分灾构造措施。在非灾害荷载作用下，该构造措施不发挥作用；在灾害荷载作用下，该构造措施开始发挥分灾作用。杨迪雄和李刚（2007）描述了几个分灾构造措施，如图 1-7 所示。在大震作用下，这些分灾构造措施首先产生塑性铰，实现变形耗能，可以理解为分灾构件率先失效，从而保护了主体结构的安全。如图 1-7（a）所示，尼加拉瓜美洲银行大楼属于筒中筒结构体系，在小震及常遇风载作用下，由于 4 个小筒联结的作用，构成了一个具有较大刚度的核心筒，从而减小结构的侧向位移，而在大震作用下，允许结构的联系梁发生破坏，使较刚的核心筒变为 4 个独立的较柔的小筒，有效减小地震能量的输入，保证结构的安全。美洲银行大楼正是通过这种构造措施，成功抵御了 1972 年的马拉瓜大地震（地震强度超过设计水平 6 倍之多）（Lin and Stotesbury，1981），这就是典型的分灾构造措施抵抗地震灾害的成功案例。动接触减振法通过将结构切缝分割成几个部分（李刚和程耿东，1998），以图 1-7（b）为例，结构 A 被划分为四个部分，在风载和地震等动荷载作用下，由于这四部分的振动状况不同，动力反应不同，这样各子结构之间发生相互制约、摩擦、碰撞和能量传递，大大降低了整个结构的反应水平。图 1-7（c）为钢框架偏心斜撑结构体系，只将原来的中心支撑偏离节点一段距离，就使非弹性变形首先主要发生在弯曲耗能的连梁上，改变了整个体系的受力性质和传力路径，有力地保护了主体结构。钢结构的狗骨式节点，也被称为削弱的梁截面（Reduced Beam Section）（Kitjasateanphun et al.，2001），它是一种有效的分灾构造措施，如图 1-7（d）所示。在这种方法中，合理地削弱节点附近梁的上下翼缘截面，确保对节点的刚度和强度影响很小，但是，削弱的翼缘在大震下会先于节点和柱屈服，形成强柱弱梁破坏机制，很好地改善了节点性能。

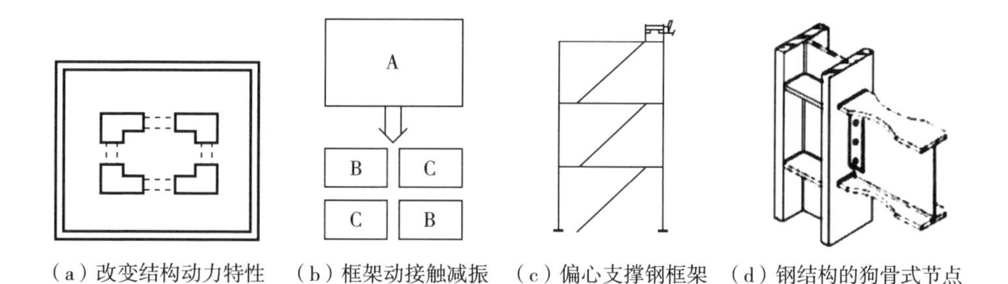

（a）改变结构动力特性　（b）框架动接触减振　（c）偏心支撑钢框架　（d）钢结构的狗骨式节点

图 1-7　分灾构造措施

三、结构分灾抗震设计与结构控制的关系

分灾抗震设计对地震动的良好适应性、明确清晰的抗震表现、操作和实现简便的特点，使其成为基于性能设计的有效手段。事实上，基础隔震、支撑耗能等结构分灾抗震设计已经证实了这一点，并且结构分灾设计与结

构延性设计、振动控制设计有着密切联系，但又有区别，如图 1-8 所示（李刚和程耿东，1998）。

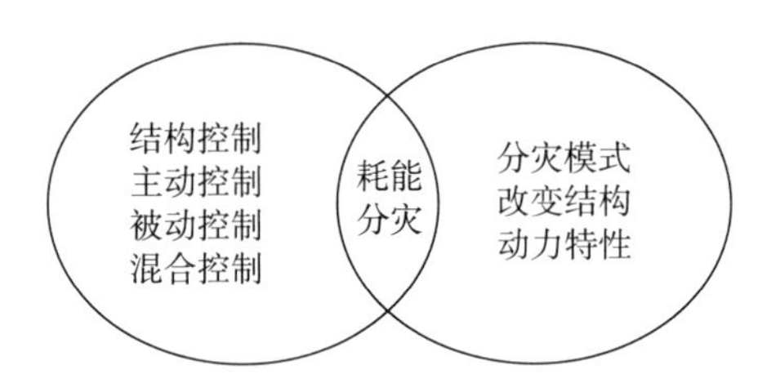

图 1-8　分灾模式与结构控制的关系

（1）分灾模式主要是通过分灾耗能构件、分灾子结构或分灾构造措施，实现结构的防灾减灾目的，而结构振动控制如第二节介绍，主要包括主动控制、被动控制和混合控制等多种控制措施。

（2）分灾模式的设计概念着眼于结构在灾害荷载下的防灾减灾功能，同时兼顾结构在非灾害荷载下的各种正常使用功能；而目前许多的结构控制措施在非灾害荷载作用下提高舒适度效果较好，在灾害荷载作用下的防灾减灾效果却不理想。

（3）分灾模式设计从本质上讲属于被动的措施，不需要外部能源去启动。当灾害发生时，分灾元件会根据灾害荷载的强度，通过变形直至破坏，自动启动第一道和第二道防线（耗能和改变结构动力特性）。在利用耗能减灾这一点上，分灾模式与被动控制的阻尼耗能有着共性。

（4）对于分灾元件的分灾子结构，为了更好地达到分灾目的，除阻尼耗能外，有时还可以采用一些其他的简单被动控制措施。

总体而言，分灾抗震设计既是一种概念，也是一种设计方法。当地震作用存在随机性和不确定性或需要提高工程结构的抗震性能时，分灾设计为工程师提供了一种可能选用的设计理念，可以帮助工程师提出创新的结构体系。分灾抗震设计理念通过灾害荷载作用下分灾元件的有意布设和提前失效并与主体结构实现解耦保护主体结构的安全，而在正常荷载作用下它们又联为一体共同工作，因此结构工程领域中应用的分灾元件就是结构抗震的保险丝（杨迪雄和李刚，2007），而这种设计理念与目前的摇摆结构及自复位结构相似，该结构是在地震作用或风荷载作用下通过耗能部件来耗散输入结构的能量，以减轻结构的动力反应，从而更好地保护主体结构的安全，并且将损伤集中于专门的耗能构件中，结构在经受强烈地震作用之后只需更换这些耗能构件即可修复，具有更高的可修复性，是一种有效、安全、经济且日渐成熟的工程减震技术，也是分灾抗震设计的体现。

第四节 摇摆结构研究综述

一、摇摆机制的概念

Housner（1956）在对加利福尼亚州的地震调研中发现，由于地脚螺栓的拉伸变形导致石油裂解塔在其基础垫层上发生摇摆振动，而使结构的损伤程度显著降低。Housner（1963）在对智利地震进行震害研究时同样发现，由于地基质量问题，基础薄弱的瘦高型高位水槽在地震作用下也发生了摇摆运动。根据以上地震灾害调研结果，Housner 于 1963 年首次提出了“摇摆结构”的概念，即通过放松基础或构件之间的约束，允许结构或构件在地震作用下发生摇摆，随后建立了经典的摇摆刚体模型，如图 1-9 所示，并对其在不同水平载荷下的摆动反应进行了分析。

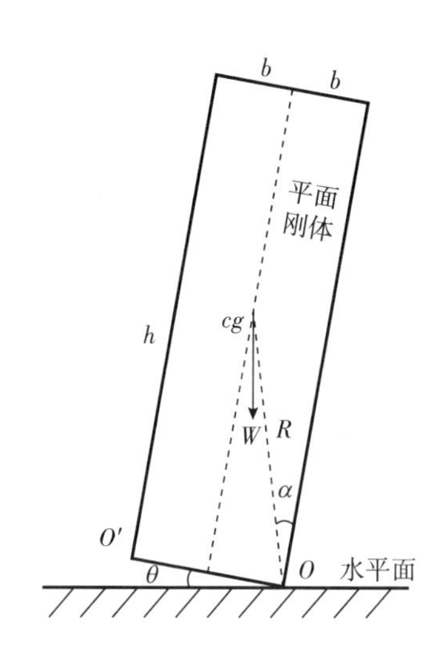

图 1-9 刚体摇摆质量块

资料来源：Housner（1963）。

摇摆结构是目前广受关注的一种消能减震措施，由于减少了摇摆结构与地基之间的约束，摇摆结构在外荷载作用下可以从底部抬起与基础分离，发生摇摆运动，而在这过程中结构的变形将集中在摇摆界面，因此可以分散输入结构中的地震能量，减少结构中其他部位的损伤程度，保证对结构振动响应控制的效果（Midorikawa et al.，2002）。赵子翔和苏小卒（2019）指出，摇摆结构最显著的特点是摇摆结构在地震作用下可以利用其摇摆振动过程中的碰撞耗能降低地震输入能量，不仅减小了摇摆结构的损伤，而且可以实现主结构无损伤。其中摇摆结构的“摆动”振动是指在地震激励或者初始位移作用下，摇摆结构在地基的顶面或者地基上产生的一种摇摆运动。研究结果表明，摇摆结构通常是矩形的质量块，因此在对其进行理论分析时，将摇摆结构及摇摆平面（地基的顶面或者地基）均视为刚性。

二、摇摆结构的分类

根据摇摆结构是否被抬起，可分为两种类型：一种是利用在摇摆接触面上添加的耗散装置及框架结构的整体刚性摆动，形成如图1-10（a）所示的摇摆框架，此种结构类型可以实现对结构的无损设计（Eatherton et al.，2014）。另一种摇摆结构是无竖向抬起的与基础铰接连接的结构类型，如图1-10（b）所示，此种类型的摇摆结构不仅可以避免因摇摆体抬起与基础碰撞而导致的损伤，还可以降低对基础构造的要求；并且此种无竖向抬起的摇摆结构可以利用摇摆刚体的转动实现对主结构侧向变形模式的控制，进而使结构在地震作用下的各层层间变形趋于一致，具有整体屈服破坏的优势（周颖等，2019）。另外，大量研究已经对摇摆结构进行了分析，证明了该结构具有良好的抗震能力及震后的可恢复功能性（曲哲等，2011；Blebo and Roke，2015；Wu et al.，2017）。除此之外，还有另一种基础无竖向抬起的摇摆墙，即塑性铰支墙（王啸霆等，2016），其结构形式如图1-10（c）所示。此类型的结构具有两个独特的优势，一是力学需求明确，通过底部的铰支设计将摇摆墙体的抗剪与抗弯承载力分开，以减少墙体在地震作用下的弯剪耦合，有利于基于性能的抗震设计和预期破坏模式的实现；二是可以提高结构震后的可恢复性功能，因为摇摆墙的塑性损伤主要

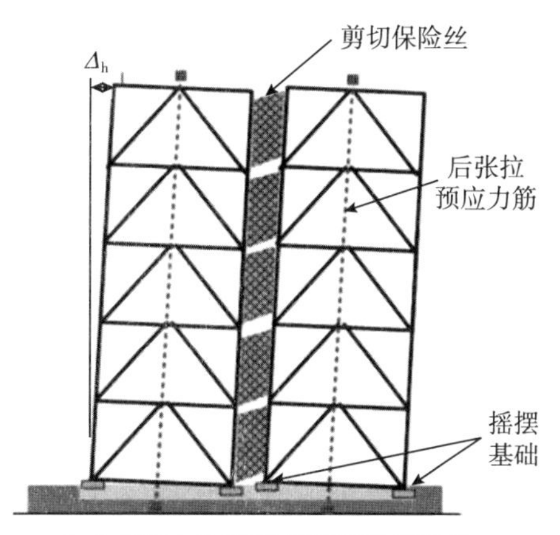

（a）有竖向抬起的可控摇摆框架结构

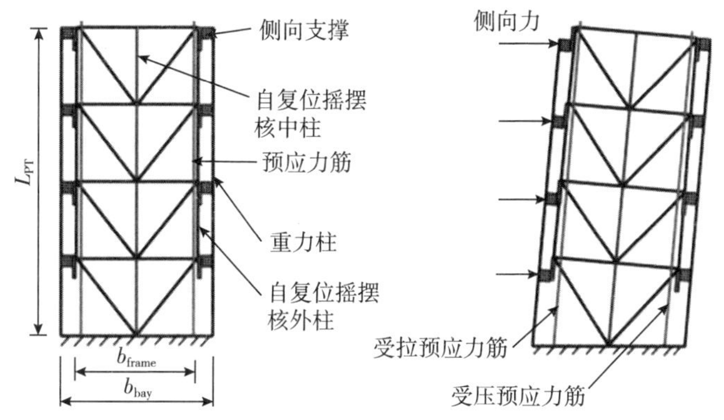

（b）无竖向抬起的摇摆核结构

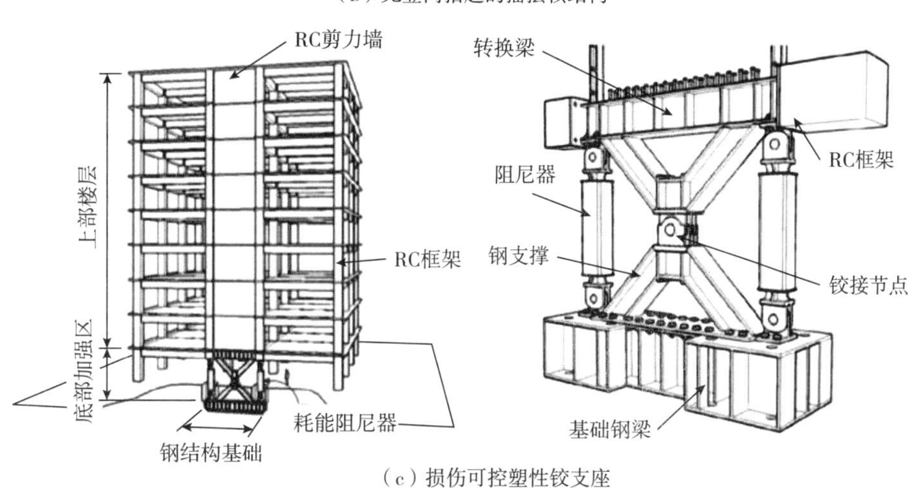

（c）损伤可控塑性铰支座

图 1-10　常用的几种摇摆结构的形式

集中在预先设置的消能减振装置上，可以有效地消耗地震输入能量，降低结构的损伤程度，提高震后修复速度。除了以上介绍的框架—摇摆结构，目前常用的摇摆结构还包括以下几种：摇摆预制剪力墙结构（Perez et al.，2007；Perez et al.，2013）、摇摆混凝土桥墩结构（Marriott et al.，2009）和摇摆砌体墙结构（Laursen and Ingham，2004）等。

三、框架—摇摆墙结构的介绍

框架—摇摆墙结构作为摇摆结构中的一种形式，由框架和摇摆墙两个部分构成，因其独特的构造优势即自复位系统通过自重摆动后保持建筑物垂直，并通过摆动变形消除残余变形，以及集中非弹性变形在可更换延性保险丝中而得到迅速发展（Eatherton et al.，2014），其耗能系统如图 1-11 所示。另外，框架—摇摆墙结构中由于摇摆墙底与基础之间的约束减少，可使墙体围绕着底部铰支座在平面内发生有限转动，摇摆墙底部连接件与墙体之间可以承受压力，但不能承担拉力（吴守君等，2016），而且摇摆墙底连接件可以对摇摆墙体面外与面内的水平位移进行控制，但不影响其在平面内的摆动，因此降低了对墙体及基础的内力需求，控制了结构的侧向变形模式，可以避免框架结构因变形集中和破坏而导致层屈服破坏模式（Midorikawa et al.，2006；Qu et al.，2012）。与框架结构相比，由于摇摆墙与基础之间的约束减少，墙体的抗弯刚度较大，因此作为主结构的附属部分可以通过摇摆振动对框架结构的侧向变形模式加以控制，使框架结构各层位移趋于均匀，有效控制框架结构层间变形的集中（曹海韵等，2011）。同时，摇摆墙与框架之间，采用连接件在每个楼层处连接，摇摆墙在地震作用下发生摇摆振动，增加了与框架结构中某些部位的相对位移，这为耗能元件比如阻尼器等消能构件的安装提供了有利条件，并且有助于提高结构的耗能能力（Toranzo et al.，2009；Ricles et al.，2002）。其中金属屈服型阻尼作为常用的耗能元件，将其安装在框架结构中具有两个优势，不仅可以增加摇摆墙的转动能力，而且框架与摇摆墙之间的相对位移会使阻尼器产生剪力变形，从而发挥阻尼器屈曲耗能的作用，提高了结构的整体耗能能力，而日本东京工业大学 G3 教学楼首次采用摇摆墙进行加固，并且成功地经受住了东北太平洋地震的考验，整体损伤较小，对摇摆结构的减震有效性进行了初步验证（曹海韵等，2011）。另外，周颖和吕西林（2011）指出结构的整体抗震概念设计将是自复位结构及摇摆结构未来的发展方向，这有益于子结构系统的多模态控制。

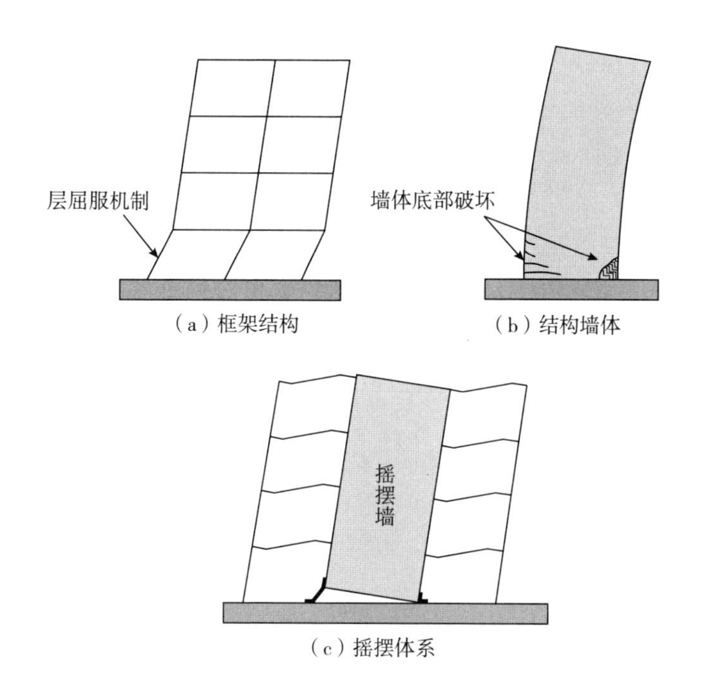

图 1-11 摇摆墙结构的耗能系统

四、摇摆墙结构体系国内外研究现状

摇摆结构的萌芽开始于 Housner（1963）在 1960 年智利大地震后发表的论文 *Behavior of Inverted Pendulum*，这为不同的摇摆减震系统的研究开创了先河并奠定了基础。Huckelbridge 和 Clough（1997）针对摇摆减震体系首次进行了试验研究，即对不同高度（3 层和 9 层）的摇摆钢框架模型进行了地震模拟振动台试验。随后，1978 年，Priestley 等（1978）通过摇摆模型结构的振动台试验验证了 Housner 提出的摇摆结构的耗能原理，并提出了计算摇摆结构最大动力响应的计算谱法。Priestley 和 Tao（1993）提出自复位框架的概念，即在预制的框架结构中允许框架梁发生有限转动。自此之后，不同形式的摇摆结构应运而生，如自由摇摆结构（Free Rocking Structure）即恢复力由摇摆墙自重提供，受控摇摆结构（Controlled Rocking Structure）即在自由摇摆结构的基础上采用预应力的方法来提高其结构稳定性，还有自复位结构（Self-centering Structure）即恢复力由自重及预应力筋提供。因此，自复位结构介于摇摆结构和传统结构之间。

目前，国内外的学者研究得到了五种不同形式的摇摆系统，分别为轻型支撑摇摆架（杜永峰和武大洋，2013）、钢框架（Hajjar et al.，2010）、砌体墙、木板墙、摇摆墙（Bull et al.，2007）及预应力混凝土墙（Kurama et al.，1999）。与其他几种形式的摇摆结构相比，预应力混凝土墙在工程实际中的使用范围更广，尤其是在钢筋混凝土框架结构中的运用。除了以上形式的摇摆结构，Roh（2007）将框架柱与基础之间的约束放松形成了摇摆柱（Rocking Column）系统，并通过添加耗能元件即粘滞阻尼器对框架结构的振动响应进行控制，并且 Roh 和 Reinhorn（2009）在此基础上首先建立了适合摇摆柱计算和分析的宏观数学模型。由于摇摆墙结构的耗能并不依靠摇摆墙自身的变形，即摇摆墙被设计成无损构件，因此很多研究者，如 Kurama（2000）建议在摇摆墙内添加一些耗能装置比如阻尼器或者耗能材料等来消耗地震能量，提高建筑物的抗震性能，并且通过一系列的试验研究证明了摇摆墙结构优良的减震效果，再如 Roh 和 Reinhorn（2010）在对单榀框架的抗震性能进行分析时，通过在摇摆柱中添加粘滞阻尼器，使框架结构在地震作用下的位移响应得到有效衰减，据此，证明了摇摆结构具有优越的抗震能力。自此之后，摇摆墙与耗能构件组合形成的混合摇摆结构得到不断发展。Makris 和 Aghagholizadeh（2017）、Aghagholizadeh 和 Makris（2018）分别对踏步式与铰支式的摇摆墙—单自由度振子系统的动力响应进行了分析，其力学模型如图 1-12 所示，其中振动子系统的恢复力有弹性和双折线两种类型，代表了实际工程中的框架—摇摆墙结构，这为摇摆墙结构的理论推导提供了参考。

国内关于摇摆结构的研究起步较晚，但是对摇摆减震体系中的关键难点问题提出了很多解决方法。针对难点之一，即墙体与基础之间的连接方式，研究者们提出了不同的连接形式，大体可分为以下几种：底部铰支座式、墙角替换式及底部开缝式等，相比其他几种连接设计，底部开缝式的

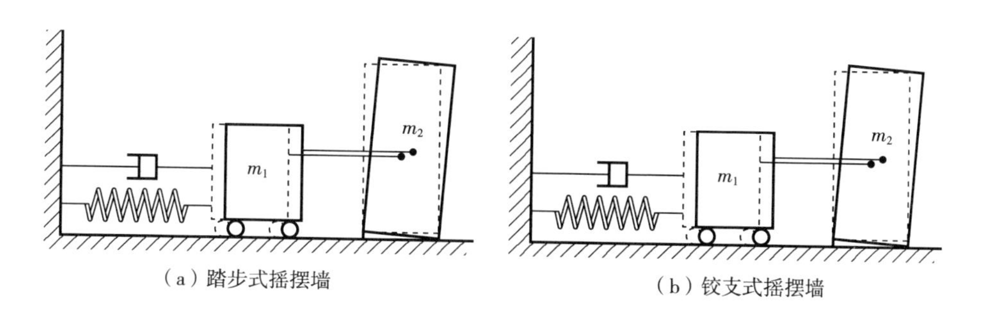

图 1-12　摇摆墙—单自由度振子系统的力学模型

资料来源：Huckelbridge 和 Clough（1977）。

摇摆墙在强烈的地震作用下无法达到建筑功能的可复性要求，这是因为底部开缝式的钢筋混凝土摇摆墙不仅限制了其转动能力，容易产生弯矩导致墙体失去摆动的特性，而且墙体与基础之间为硬性接触，在摇摆过程中会在墙角接触部位产生很大的集中力，导致墙体产生不可修复的裂缝（黄飒，2018）。此外，摇摆减震体系与框架结构之间的连接形式也是很多研究者不断探索和改进的问题，目前常用的连接方式有预应力筋连接、钢阻尼器连接及斜撑连接等。不同的连接方法可以实现不同的减震效果，运用较多的预应力筋连接可以使摇摆墙具有较好的自复位能力，并且震后残余变形较小，但是当摇摆墙的位移过大时，会导致自复位能力不足，并且在摇摆过程中易与基础发生碰撞，使墙体出现损伤，且预应力筋需要穿过基础与墙体，预应力施工技术复杂。其中钢阻尼器连接及斜撑连接虽然可以有效地分散地震能量，但是也存在一些不足之处，比如钢阻尼器通常是剪切型阻尼器，由于它的长度很短，对摇摆墙与框架柱之间的距离要求比较严格，仅适用于两者距离较近的结构，而采用斜撑连接时应考虑其变形失稳问题，因此摇摆墙与框架结构的连接设计一直在不断地更新与完善。基于以上问题，曲哲和叶列平（2010）采用摇摆墙对 G3 教学楼进行加固时，设计了一种齿状铰支座，不仅避免了摇摆墙体与基础之间的硬性接触产生的碰撞损伤问题，而且增加了摇摆墙体的转动空间和转动范围，还可以避免摇摆墙角局部损伤的问题。其中摇摆墙与主结构之间通过大量的钢阻尼器连接，提高了教学楼整体的抗震耗能能力，但是工程整体造价增加。曹海韵等（2012）除了对基础部分进行了改进，还对摇摆墙体进行了改造，即在摇摆墙体中预埋两根直径为30毫米的钢棒，以便插入在地梁上预制的钢帽中实现与基础的连接，并且为了有利于摇摆墙体的摇摆，将摇摆体底部两侧设计成钝角，巧妙地实现了墙体的摆动，还设计了凸齿与凹齿相咬合的连接摇摆墙与梁或者板的楼层连接件，实现了连梁的抗震效果。张富文等（2015）从低造价可更换的角度出发，在基础部分增加了橡胶垫，实现了墙体的合理摆动，并且分别选用了工字形和圆柱形的软钢实现摇摆墙与框架之间的连接，并将其作为预期损伤部位，便于破坏后的更换，然而该设计中摇摆墙震后的回位效果尚未体现。另外，董金芝等（2019）针对摇摆墙连接设计中的难点问题，也提出了一种框架—预应力摇摆墙结构，该结构中摇摆墙的摆动通过预应力钢筋及在墙体的脚部添加橡胶块来实现，而框架与摇摆墙之间的连接通过一种工字形耗能连接件来实现。之后，董金芝等（2019）为了解决基础底部预应力筋锚固时存在不易控制且施工困难等问题，采用SMA装置替换了施工复杂的预应力筋来实现对墙体受控约束的目的，并对其进行了框架—摇摆墙试验来证明此方法的有效性。综合以上优缺点，本书也设计了一种既能实现分散地震能量又能实现震后回位的经济实用、构造简单、适合工程运用的连接装置，相应的构造细节可以参考刘书贤等（2019）的专利中的介绍。

五、摇摆墙结构在实际工程中的运用

框架—摇摆墙结构作为一种新型的可恢复功能结构，被国内外很多学者从不同方面进行了深入研究，比如框架与摇摆墙之间的连接方式上的设计（Liu et al.，2015）、结构整体抗震性能的提高及破坏模式的改善（Gioiella et al.，2018）、该结构体系的设计方法的分析（Sun et al.，2018）等方面均已经取得了一定的研究成果，并证明了摇摆墙结构能够显著地提高框架结构抗震性能。因此，国内外均有将摇摆墙结构运用于工程实际之中的案例。Wada等（2011）采用底部铰接的摇摆墙对抗震性能不足的G3教学楼进行抗震加固，并且在框架与摇摆墙连接位置处安装了大量的刚阻尼器来提高结构的耗能能力，如图1-13所示，使原本不满足日本1981年《建筑基准法》要求的建筑物成功抵御了2011年日本东北太平洋9级地震，这也是首个应用摇摆墙系统进行抗震加固的案例。除了日本的成功案例，美

图 1-13　G3 教学楼使用摇摆墙加固的结构示意图

国也有利用摇摆墙进行抗震加固的成功案例，比如 13 层的公共事业委员会大楼，如图 1-14（a）所示，该建筑物位于加利福尼亚州旧金山市，其核心筒结构体系添加了预应力技术，使整个结构在地震作用下可以发生摇摆运动，因此可以实现对结构振动响应的控制，减少了在地震下的损伤程度（周颖等，2019）。另外，Panian 等（2007）采用非粘结预应力混凝土墙，对美国加利福尼亚州伯克利地区的一座 1970 年建造的六层钢筋混凝土框架（医学办公中心），沿着该结构的两个主方向各设置两面墙进行抗震加固，如图 1-14（b）所示。随后，Stevenson 等（2008）对伯克利地区双向抗震设计的建筑物 David Brower Center 使用后张无粘结预应力 C 型墙进行抗震加固，如图 1-14（c）所示，在建筑物中间设置两个 C 型墙进行抗震加固，两端设置两榀横向框架以控制扭转反应，结构在地震作用下的自复位通过后张无粘结预应力技术实现，弹塑性分析结果表明，预应力钢筋在设计的地震作用下处于弹性状态，而在大地震作用下，预应力钢筋出现轻微的屈曲，残余变形可以忽略不计。

国内目前仅有个别工程运用案例，对于自复位结构及框架—摇摆墙结构的研究尚处于不断完善和探索的阶段。吴守君等（2016）在对山东

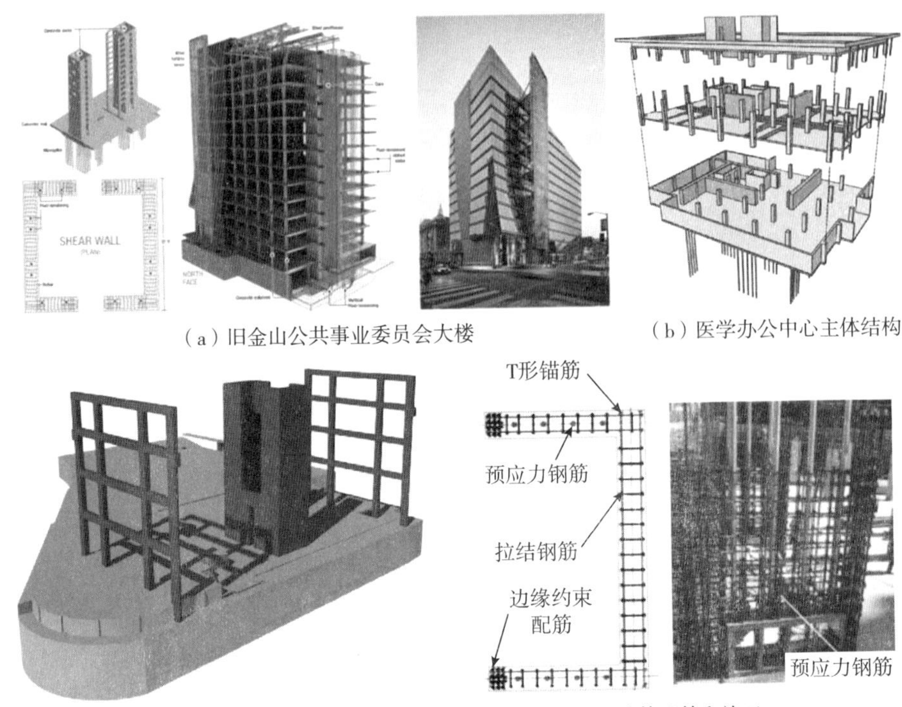

（a）旧金山公共事业委员会大楼

（b）医学办公中心主体结构

（c）David Brower Center主体结构及预应力混凝土墙体配筋和施工

图 1-14　美国代表性的加固建筑

省某医院进行抗震加固时，将采用预应力技术的摇摆墙体安装在结构中，如图 1-15（a）所示，该摇摆墙体采用后张预应力钢绞线与基础连接，可以实现震后的自复位效果，且在框架连接部分安装了金属屈服型阻尼器，不仅提高了结构的整体耗能能力，而且有助于摇摆墙体的摆动。除此之外，还有采用可恢复功能结构，使用可更换钢连梁的工程应用，比如西安市中大国际项目的住宅建筑工程（吕西林等，2014），如图 1-15（b）所示；华北第一高楼天津高银 117 大厦（Ji et al.，2017），如图 1-15（c）所示；以及位于北京的地上 11 层办公建筑（纪晓东等，2017）。还有徐振宽（2016）介绍的位于江苏省宿迁市的某学校综合楼，该建筑物也采用了自复位工字形抗震墙对其连廊部分进行抗震加固。

（a）摇摆墙加固实际工程案例

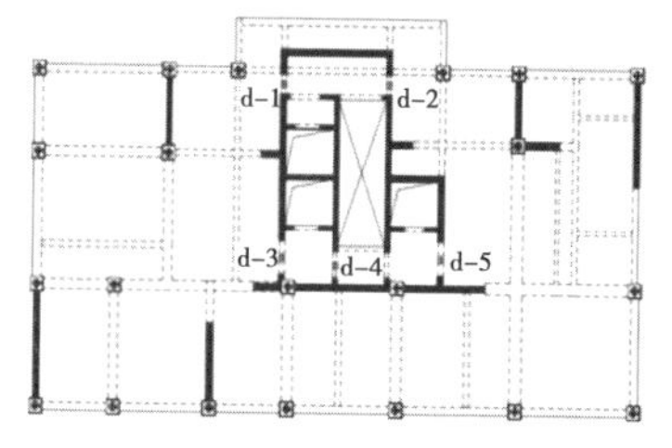

（b）西安中大国际高层住宅

（c）天津高银117大厦

图 1-15 国内采用摇摆结构加固案例

第五节 研究意义

一、理论意义

消能减震结构及调谐质量阻尼器是目前工程运用较多的被动控制技术，而工程结构减震控制属于学科交叉的新领域，因此可以将多种振动控制技术进行组合研究。而且周颖和吕西林（2011）在对摇摆结构及自复位结构研究进行总结概括时指出，这两种结构未来的发展趋势将更加注重后张预应力和消能减震等多种技术的联合应用。

在众多的被动控制技术中，比较经典的调谐质量阻尼器，由于其安装简单，且不需要额外的能源供应而广泛发展，目前在工程实际中已得到了广泛运用。但是由于其自身重量较大，且需要占用较大的建筑空间，因此在安装设计时首先需要保证其安全性，其次是实现其减震效果，并且成本造价相对较高，比如台北101大楼中安装了很多的刚阻尼器来限制调谐质量阻尼器质量块的摆动位移，整体造价相对较高，而对于大部分的中高层建筑物及经济欠发达地区的建筑抗震，推广传统的调谐质量阻尼器结构技术相对困难。另外，大量震害结果表明，对于经济欠发达地区的建筑物而言，在自然灾害后的安全性仍然是重点问题，而对于钢筋混凝土框架结构模型而言，其层屈服破坏特征比较明显，如果发生薄弱层破坏导致整体倾覆坍塌，即使在框架结构内设置消能构件或者阻尼器，其减震作用也不能很好地被发挥。另外，由于建筑物使用功能要求越来越高，对建筑空间的利用也逐渐严格，无法在建筑物内安装大量的阻尼器，并且像强度低、造价高、安装要求高的SMA等阻尼器在实际工程中运用受限。而且，阻尼器本身并不具有控制机构变形模式的能力，在强震作用下不能减小框架部分的内力，只能减小框架结构的塑性开展程度（宫婷，2015），并且当建筑物出现局部机制或者薄弱层机制时，阻尼器耗能作用失效。尤其是对于经济欠发达地区的建筑抗震问题，需要综合考虑结构在地震作用下抗震能力较差且具有各种不同结构的普遍特性，依据损失与经济均衡的原则，寻找一种新型的建筑抗震技术（曲哲和叶列平，2009）。

摇摆墙体系属于可恢复功能结构中的一种，是安装在结构中刚度较大且底部可以发生有限转动的墙体（周颖和吕西林，2011；吕西林等，2011），该墙体与框架结构之间通过刚性的水平链杆连接形成框架—摇摆墙结构体系。在地震作用下，摇摆墙与框架主结构之间存在相对位移，有助于安装在两者之间的阻尼器发生屈曲变形消耗地震输入至结构中的能量，衰减结构在地震作用下的振动响应，降低框架结构的损伤程度，进而形成整体破坏机制，如图1-16所示。但是由于摇摆墙与框架之间的相对位移较小，且阻尼器在结构中的安装位置比较灵活，其中常用的金属阻尼器、摩擦阻尼器等都是位移相关型阻尼器，加上阻尼器自身造价相对较高，因此阻尼器的特性在一定程度上限制了其在框架—摇摆墙结构中的应用。并且由于框架与摇摆墙之间连接结构设计的复杂性及繁琐性，加之我国框架结构存在量大面广的特点，使传统的摇摆墙结构在工程实际运用中受限。因此，综合经济效益、施工方便、震后易修复等因素，本书设计了一种连接框架与摇摆墙的耗能连接结构（刘书贤等，2019）及实现摇摆墙摇摆可控的铰接底座，可以更加灵活地调节弹簧与阻尼材料的参数来实现不同的振动控制效果，更好地发挥摇摆墙的消能减震和复位效果，提高建筑物的抗震能力，且在大震之后或者服役期内可以随时更换，降低震后的修复成本和修复时间，提高建筑物的抗震韧性，为新型减震结构的研究提供理论基础；而且基于被动控制技术的减震原理及摇摆墙结构的构造优势（即通过摇摆墙体的摇摆振动使结构的变形集中在摇摆接触面上，然后在接触面上添加弹簧和阻尼材料，更有利于增加摇摆墙与主结构之间的相对位移，使两者之间的异相振动显著，并将其运用在框架结构的振动控制中），提出了一种钢筋混凝土框架—摇摆墙式减震结构，实现了从交叉组合减震视角对摇摆墙结构运用受限困局这一核心关键问题开展研究，有助于工程结构在不同减震控制领域内的交叉融合，为提高建筑物防灾减灾研究水平提供新思路。

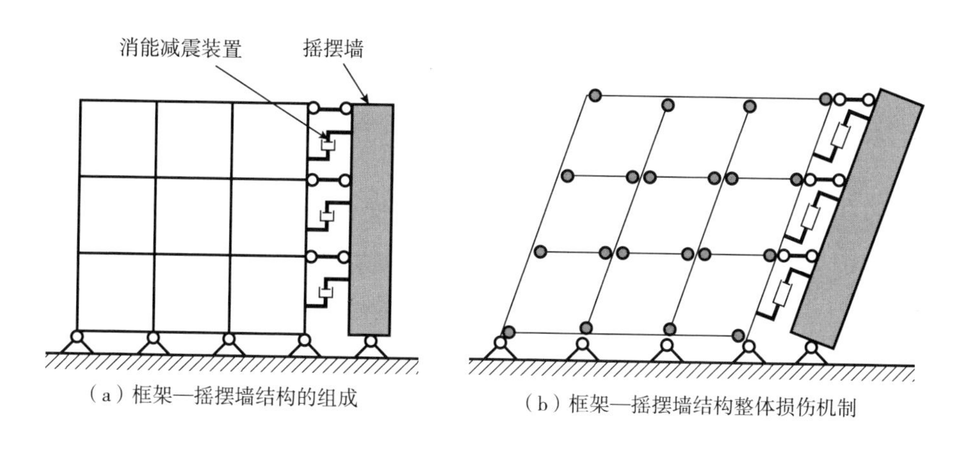

（a）框架—摇摆墙结构的组成

（b）框架—摇摆墙结构整体损伤机制

图 1-16 框架—摇摆墙结构体系及其破坏机制

资料来源：Wong 和 Johnson，2009。

二、现实意义

本书基于可更换理念研制的连接框架与摇摆墙的具有自复位和耗能能

力的楼层连接构件，解决了摇摆墙结构在实际工程运用中的关键难题，减少了连接结构设计的繁冗度，且预制的摇摆墙体在解除机械连接后可以随时检修或者更换，不仅降低了节点设计成本，而且提高了结构的可恢复性，极大地丰富了摇摆墙减震结构在实际工程中的运用范围，为新型减震结构的推广运用提供了重要的参考价值。

工程实际中的摇摆墙结构与主结构之间常采用大量的阻尼器来增加耗能，但是由于摇摆墙与框架主结构之间的相对位移较小，阻尼器屈曲耗能的程度较小，利用率偏低，造价较高，并且阻尼器的输出力被视为等效刚度力和等效阻尼力的叠加，而本书所设计的连接结构可以更加灵活地调节弹簧与阻尼材料的参数来实现不同的振动控制效果，且可以更好地发挥摇摆墙的摇摆特性，不仅能吸收地震输入的能量，还有助于摇摆墙体自身的复位，在大震之后或者服役期内可以随时更换，降低震后的修复成本，此外，还可以使用相关算法对弹簧与阻尼的参数同时进行优化求解，提高结构的整体减震效果。

与经典的被动控制技术即调谐质量阻尼器相比，框架—摇摆墙式减震结构在结构外侧附加易更换可调节的整体型耗能减震装置，不仅可以实现对主结构的整体振动控制及消能减震，而且无须占用结构内部的空间，避免了结构质量与刚度中心的偏移造成的扭转破坏，提高了结构空间的利用率。此外，为了避免质量较大的调谐质量阻尼器与结构发生碰撞，安装了大量的限位装置比如阻尼器来减少质量块在地震或风荷载作用下的冲程，不仅增加了造价，而且当限位装置失效时，造成的损失较大。而框架—摇摆墙式减震结构不仅解决了传统调谐质量阻尼器与建筑物的连接技术复杂、造价高、不易更换和维修等缺点，而且摇摆墙与框架结构在各层的连接部分作为预期损伤部位可以实现震后的更换与修复，降低了减震系统失效的风险；不仅适用于新建建筑物的振动控制，也适用于已有建筑物的抗震优化。而且，大量研究结果表明，沿着结构高度布置的摇摆墙可以有效地改善框架结构的侧向变形模型，使主结构的层屈服破坏机制有所改善，提高了结构的整体抗震能力，这为安装在框架结构上的振动控制装置的正常工作提供了一个基础保障，因此可以有效地提高建筑物的全生命周期，降低震后的修复成本，是韧性城市发展的一种有益途径。为落实习近平总书记提出的关于防灾减灾的“两个坚持、三个转变”，工作重点开始向“防”聚焦、战线前移、向“减”发力，对防患未然也具有重要的作用，对维护社会稳定，保障人民生命财产安全具有重要意义。

第六节 研究方法和内容

一、研究方法

本书以震损率较大的钢筋混凝土框架结构为研究对象，对现阶段钢筋混凝土框架结构在地震作用下的破坏模式进行分析，并从调谐减震及摇摆结构两个角度介绍了这两种振动控制方法的运用特点及其在振动控制过程中的优缺点，因此基于被动控制技术的减震原理及摇摆墙结构的构造优势提出了一种新型的钢筋混凝土框架—摇摆墙式减震结构。

为了研究摇摆墙式减震系统的减震效果，本书采用地震模拟振动台动力试验、有限元数值模拟以及理论分析相结合的研究方法，对该新型的钢筋混凝土框架结构与框架—摇摆墙式减震结构的动力响应进行对比分析，来验证新型的钢筋混凝土框架—摇摆墙式减震结构的抗震有效性和减震可行性，分析摇摆墙减震系统的减震机理，证明框架—摇摆墙式减震结构具有较好的整体减振效果，以期为钢筋混凝土框架—摇摆墙结构的结构振动控制的方案设计、工程运用及韧性城市发展提供可靠的试验基础和理论依据。

二、研究内容

根据以上研究方法，本书的主要研究内容有四个方面：

第一，模型失真效应是影响模型试验反推原型动力反应及特性的关键因素，因此，本书对确定相似系数的方法进行了总结概述，选取了与本书研究目的相适应的缩尺试验模型相似设计方法，设计并制作了1/10的六层缩尺试验模型，并对试验模型进行了相关的材料性能试验、模型失真控制、模型连接装置的设计及方案设计等。其中针对模型连接装置的设计难点分别发明了不同的专利，主要包括模型结构与振动台台面的连接，刚性底座与混凝土模型之间不同材料属性构件的连接，以及摇摆墙结构与主结构之间的连接。

第二，根据本书的研究内容和相应的研究目的，对根据相似关系制作的缩尺模型进行了振动台试验，将框架结构模型及框架—摇摆墙式减震结构模型分别在7度设防及8度设防烈度的EL Centro波、Taft波及人工波激励下的自振频率、加速度响应、位移响应、楼层剪力等地震响应进行了对比分析，证明了框架—摇摆墙式减震结构的有效性。

第三，基于有限元分析软件ABAQUS对框架结构模型及框架—摇摆墙式减震结构模型分别进行了非线性时程分析。由于数值模型的复杂性，本书采用显式动力学分析方法，并且对显式动力学分析方法中的分析原理、精度控制问题进行了总结概括；然后将精细化的有限元模型结构的自振频率、加速度响应、位移响应及动力破坏特征等地震响应与试验结果进行了对比分析，验证框架—摇摆墙式减震结构有限元模型建立方法的正确性及模型精度控制的可行性，为后续的分析奠定了基础。

第四，建立了框架—摇摆墙式减震结构的数学模型，并通过拉格朗日方程对框架—摇摆墙式减震结构分别在单自由度体系以及多自由度体系下的运动微分方程进行推导和分析，从理论分析方面对其减震原理进行详细的介绍。并分析了框架—摇摆墙式减震结构与调谐质量阻尼器在不同阻尼比及质量比下的减震效果异同性，为摇摆墙减震系统的设计提供理论基础。

第七节　技术路线

根据以上所述的研究方法和研究内容，构建本书的技术路线，如图1-17所示。

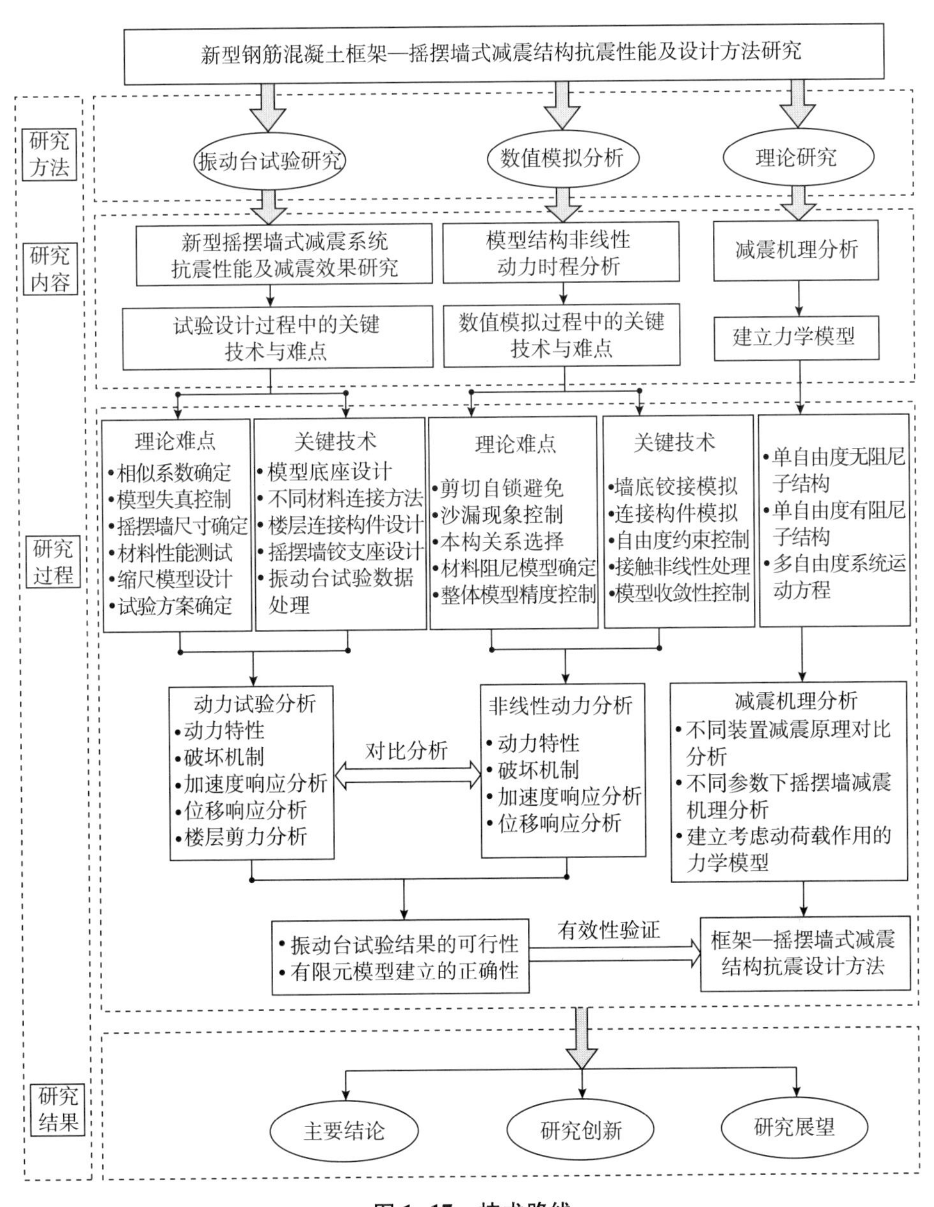
新型钢筋混凝土框架—摇摆墙式减震结构抗震性能及设计方法研究
研究方法
振动台试验研究
数值模拟分析
理论研究
研究内容
新型摇摆墙式减震系统抗震性能及减震效果研究
模型结构非线性动力时程分析
减震机理分析
试验设计过程中的关键技术与难点
数值模拟过程中的关键技术与难点
建立力学模型
研究过程
理论难点
•相似系数确定
•模型失真控制
•摇摆墙尺寸确定
•材料性能测试
•缩尺模型设计
•试验方案确定
关键技术
•模型底座设计
•不同材料连接方法
•楼层连接构件设计
•摇摆墙铰支座设计
•振动台试验数据处理
理论难点
•剪切自锁避免
•沙漏现象控制
•本构关系选择
•材料阻尼模型确定
•整体模型精度控制
关键技术
•墙底铰接模拟
•连接构件模拟
•自由度约束控制
•接触非线性处理
•模型收敛性控制
•单自由度无阻尼子结构
•单自由度有阻尼子结构
•多自由度系统运动方程
动力试验分析
•动力特性
•破坏机制
•加速度响应分析
•位移响应分析
•楼层剪力分析
对比分析
非线性动力分析
•动力特性
•破坏机制
•加速度响应分析
•位移响应分析
减震机理分析
•不同装置减震原理对比分析
•不同参数下摇摆墙减震机理分析
•建立考虑动荷载作用的力学模型
•振动台试验结果的可行性
•有限元模型建立的正确性
有效性验证
框架—摇摆墙式减震结构抗震设计方法
研究结果
主要结论
研究创新
研究展望

图 1-17 技术路线

第二章

相似理论在振动台试验中的应用

第一节　引言

结构振动台模型试验是研究结构地震破坏机理和破坏模式、评价结构整体抗震能力和衡量减震、隔震效果的重要手段和方法，但是由于地震模拟振动台承载力、台面尺寸、试验时间和经费等多方面的限制，一般只能进行缩尺模型结构试验，尤其是那种坝工模型以及高层和超高层建筑，这就要求试验模型满足动力相似性的条件（沈德建和吕西林，2006）。而本书主要是以振动台为地震激励手段，研究框架结构及框架—摇摆墙式减震结构在地震动力激励下的动力灾变过程。国内外研究结果表明，振动台试验是基于相似材料的缩尺模型设计，在进行结构抗震动力模型相似设计前，有必要对振动台试验设计中的几种相似方法进行掌握，进而选择合适的振动台模型试验动态相似关系进行试验模型设计，减少试验的误差。

第二节　相似理论

振动台模型试验的设计依据是相似理论，而相似是指自然界中两个及两个以上现象从外在表象到内在规律方面的一致性，在工程界常指模型与原型结构之间的一致性。因此，相似理论从产生到现在已被广泛地应用到各行各业中。在结构模型试验研究中，只有模型结构和原型结构在保持相似的前提下，才能通过模型结构试验结果反推出原型结构相对应的结果（杨俊杰，2005）。因此，相似理论是连接模型与原型的桥梁，主要基于三个相似理论，而且在不断地完善和发展。目前有关相似关系的设计方法主要有三类，相似第一定理于1868年由法国学者贝特朗（J·Bertrand）提出，以那些具有部分共有物理效应的现象为研究目标，但对影响共有物理效应的无量纲组合量必须相等，是相似关系的充分条件；相似第二定理于1914年由美国学者布海金（E·Buckingham）提出，是描述物理量之间函数关系结构的定理，解决了试验结果的应用问题；相似第三定理于1930年最先被苏联学者基尔皮乔夫（Kirpichev）和古兹曼（Guzman）提出，该定理除了要求现象之间具有相同的物理效应，还必须满足单值条件及其所对应的相似准数也必须相等，因此是相似关系的充分必要条件。

一、相似第一定理

1686年，牛顿研究解决了两个物体运动的相似，提出了确定两个力学系统相似的准则，即牛顿准则。1782年傅立叶提出了两个冷却球体温度场相似的条件。1848年，法国科学家贝特朗以分析力学方程为基础，首次确定了相似现象的基本性质即相似第一定理。其内容是：彼此相似的现象，单值条件相同，其相似判据的数值也相同。这个定理揭示了事物的本质，说明两个相似现象在数量上和空间中的相互关系；其中单值条件指决定一个现象的特性，并使它从一群现象中区分出来的条件，并且其在一定的条件下只有唯一的试验结果。而单值条件的因素有：系统的几何性质；介质或系统中对于所研究现象有重大影响的物理参数；系统的起始状态、边界条件等（叶涛萍，2013）。也即针对缩尺模型实验中得到物理量变化规律可以推出原型结构上所对应的物理量数值，进而反映出原型的某些特征及机理。由于相似第一定律确定了相似现象的性质，以牛顿第二定理为例来对这些性质进行介绍。

根据牛顿第二运动定律可知，对于原型结构上的作用力 F_p 为：

$$F_p = m_p a_p = m_p \frac{d^2 L_p}{dt_p^2} \tag{2-1}$$

而相对应地，对于模型结构的作用力 F_m 为：

$$F_m = m_m a_m = m_m \frac{d^2 L_m}{dt_m^2} \tag{2-2}$$

式中，下标 p 和 m 分别代表原型结构和模型结构，其中 F_p 代表原型结构上的作用力，单位为牛；F_m 代表模型结构上的作用力，单位为牛；m_p 代表原型结构的质量，单位为千克；m_m 代表模型结构的质量，单位为千克；a_p 代表原型结构的加速度，单位为米/平方秒；a_m 代表模型结构上的加速度，单位为米/平方秒；L_p 代表原型结构上的位移，单位为米；L_m 代表模型结构上的位移，单位为米；t_p 代表原型结构上作用的时间，单位为秒；t_m 代表模型结构上作用的时间，单位为秒。

由于原型结构与模型结构系统运动现象相似，因此令模型与原型的四个动力学物理量成比例，即外力相似比 S_F、质量相似比 S_m、速度相似比 S_V 和加速度相似比 S_a（下文提到的符号“S”代表模型和原型各个物理量的相似比）分别为：

$$\begin{cases} S_F = \dfrac{F_m}{F_p} \\ S_m = \dfrac{m_m}{m_p} \\ S_V = \dfrac{V_m}{V_p} \\ S_a = \dfrac{a_m}{a_p} \end{cases} \tag{2-3}$$

因此将公式（2-3）代入公式（2-2）中可以得到：

$$\frac{S_F F_p}{S_m S_a} = M_p a_p \tag{2-4}$$

对比公式（2-4）与公式（2-1）可以得到设计模型与原型的相似指标：

$$\frac{S_F}{S_m S_a} = 1 \tag{2-5}$$

对于两个彼此相似的系统，其相似指标等于 1；公式（2-5）是个无量纲比值，对于所有的力学现象，这个比值都是相同的，因此称其为相似准数，通常用 π 表示，即：

$$\pi=\frac{F}{ma}=\text{常数} \tag{2-6}$$

二、相似第二定理

1911~1914 年，由俄国人费捷尔曼和美国人布海金先后导出了相似第二定理，即 π 定理。其内容是：某一现象由 n 个物理量的函数关系来表示，且这些物理量中含有 m 种基本量纲时，能得到（$n-m$）个独立的无量纲量，组成无量纲的关系式，无量纲用 π 表示，称为 π 定理。即该定理是关于物理量之间函数关系结构的定理，具体是指：一个物理过程可由包含 n 个物理变量 Q_1，Q_2，…，Q_n 的方程式来表示，其中有 k 个变量为独立量纲，可以表示为 $m=(n-k)$ 个由这些物理量组成的无量纲数群的 π_1，π_2，…，π_m 所表示的方程式，即 $f(Q_i)=0$ 可以表示为 $\Phi(\pi_j)=0$，$i=1, 2, \cdots, n$；$j=1, 2, \cdots, m$。相似第二定理是用量纲分析法推导相似准数的依据。而用 π 定理的基本步骤如下所示：

选择有关的变量，如 x_1，x_2，x_3，…，x_i，…，x_n，写成函数关系式的形式：

$$f(x_1, x_2, x_3, \cdots, x_i, \cdots, x_n)=0 \tag{2-7}$$

根据相似第二定理，可以将公式（2-7）写成：

$$\varphi(\pi_1, \pi_2, \pi_3, \cdots, \pi_i, \cdots, \pi_{n-m})=0 \tag{2-8}$$

公式（2-8）将物理方程转换成判断方程，两个系统的现象相似，因此在对应点和对应时刻上的相似判据都保持相同的数值，则它们的 π 关系式也应该相同，即：

$$\begin{cases} f(\pi_{p1}, \pi_{p2}, \pi_{p3}, \cdots, \pi_{pi}, \cdots, \pi_{p(n-m)})=0 \\ f(\pi_{m1}, \pi_{m2}, \pi_{m3}, \cdots, \pi_{mi}, \cdots, \pi_{m(n-m)})=0 \end{cases} \tag{2-9}$$

式中，$\pi_{p1}=\pi_{m1}$，$\pi_{p2}=\pi_{m2}$，$\pi_{p3}=\pi_{m3}$，…，$\pi_{p(n-m)}=\pi_{m(n-m)}$。

因此，公式（2-9）可以用于不同的试验设计，而且 π 关系式是无量纲的，可推广运用到其他相似的现象中，由于此定理经常用 π 表示，相似

第二定理也称为 π 定理。

三、相似第三定理

相似第一定理、相似第二定理均是基于假设现象相似的基础上推导出来的，没有给出相似现象的充分条件，这两个定理确定了相似现象的基本性质，但是不能作为判别全部相似性的法则。直到 1930 年，苏联学者基尔皮契夫和古赫曼回答了如何判别两现象相似的问题，即相似第三定理，又称相似逆定理，描述自然规律的互不相似运动，其内容为：若通过含有 N 个参数的表达式表示一种运动过程时，且众多参数中包括 R 个基本量纲时，其中有（$N-R$）个相似准则。凡具有同一特性的现象，若单值条件（系统的几何性质、介质的物理性质、起始条件和边界条件）彼此相似，且由单值条件的物理量所组成的相似判据在数值上相等，则这些现象必定相似，这是判断两个现象是否相似的充分必要条件。因此，根据这一定理判断出两个现象相似，就可把一个现象的研究结果应用到另一个现象上，相似理论的发展逐步趋于完善。因此在进行振动台缩尺模型试验时，需要考虑相似理论中的相似条件的要求来设计模型。

第三节　相似系数设计

在模拟地震振动台试验中，通过模型结构与原型结构相似常数之间的关系来反映两者之间的相似关系，即为相似系数，确定相似系数一般有三种方法，分别为方程式分析法、量纲分析法及似量纲分析法。

一、方程式分析法

方程式分析法需要在进行模型设计前，针对试验中的研究结果与条件之间的关系提出明确的数学方程式，即前提是所研究对象的物理方程为已知的，然后根据方程式来确立相似系数。因此方程式分析法可以根据方程性质，分为代数方程式的方程式分析法和微分方程的方程式分析法。下面以弹性结构单自由度体系振动方程［公式（2-10）］为例，采用微分方程的方程式分析法对各主要物理量之间的函数相似关系式的推导进行分析：

$$m\frac{d^2x}{dt^2}+c\frac{dx}{dt}+kx=p(t) \tag{2-10}$$

式中，x 代表位移，单位为米；t 代表时间，单位为秒；m 代表质量，单位为千克；c 代表阻尼，单位为牛/米/秒；k 代表刚度，单位为牛/米；p（t）代表外力荷载，单位为牛。

公式（2-11）中下标 p 和 m 分别代表原型结构和模型结构对应的物理量。

相应地，模型结构的微分方程为：

$$m_m\frac{d^2x_m}{(dt_m)^2}+c_m\frac{dx_m}{dt_m}+k_mx_m=p_m(t_m) \tag{2-11}$$

因此，根据微分方程相似方法将公式（2-11）用原型结构参数和相似常数来表达，如下所示：

$$\frac{S_mS_x}{S_t^2}m\frac{d^2x}{dt^2}+\frac{S_cS_x}{S_t}c\frac{dx}{dt}+S_kS_xkx=S_pp(t) \tag{2-12}$$

式中，S_m 代表模型结构与原型结构的质量相似比，S_t 代表模型结构与原型结构的时间相似比，S_x 代表模型结构与原型结构的位移相似比，S_c 代表模型结构与原型结构的阻尼相似比，S_k 代表模型结构与原型结构的刚度相似比，S_p 代表模型结构与原型结构的荷载相似比。

将公式（2-12）与公式（2-10）进行对比可以得到：

$$\begin{cases}\dfrac{S_mS_x}{S_pS_t^2}=1\\[2ex]\dfrac{S_cS_x}{S_pS_t}=1\\[2ex]\dfrac{S_kS_x}{S_p}=1\end{cases} \tag{2-13}$$

一般结构动力试验模型要求模型结构的动力平衡方程与原型相似，但是不同的试验设计目标有不同的相似要求，因此根据公式（2-13）可以得到两个常用的相似判据。

（1）如果研究目标是结构的振动特性，比如自振频率和振动模态，惯性力与弹性恢复力的相似作为主要控制因素，即：

$$\frac{S_mS_x}{S_pS_t^2}=\frac{S_kS_x}{S_p}\Rightarrow S_m=S_kS_t^2 \tag{2-14}$$

根据公式（2-14）确定的相似关系，可为模型材料和几何相似比的确定带来很大的便利，只要 S_p、S_E 及 S_l 确定之后，就可以确定原型结构与模型结构之间其他的物理量如应力、速度、加速度、频率等相似换算关系。

（2）如果研究的是结构处于弹性阶段的动力响应分析，还应该保持作用的外激励 F 的相似条件，即：

$$S_p=S_kS_x \tag{2-15}$$

需要注意的是，公式（2-15）在弹性小变形范围内，变形比 S_x 不必等于几何比 S_l，选择比较自由，即试验中的变形可以适当加大来提高测量的精确度，但这并不影响公式（2-15）的相似关系式，只是应力、速度和加速度的比例关系需要根据变形相似比做出相应的调整。另外，结构动力模型试验要求质点动力平衡方程相似，因此根据公式（2-13）可以推导出动力模型的相似条件：

$$\begin{cases}\dfrac{S_cS_t}{S_m}=1\\[2ex]\dfrac{S_kS_t^2}{S_m}=1\\[2ex]S_t=\sqrt{S_m/S_k}\end{cases} \tag{2-16}$$

式中，S_m、S_k、S_c 和 S_t 分别为质量、刚度、阻尼和时间的相似常数。

此外，为了保证与原型结构的动力反应相似，除了两者运动方程和边界条件相似，还要求运动的初始条件（质点的位移、速度和加速度）相似。

二、量纲分析法

当研究对象的规律未完全掌握并且研究的问题比较复杂时，很难确定结果与条件之间的关系，因此常用量纲分析法来确定相似关系。周颖和吕西林（2016）经过大量的振动台试验研究给出了常用的物理量的质量系统量纲，并且总结了运用量纲分析法确定相似条件的几个步骤，首先列出与研究对象相关的物理参数，其次根据相似定理使原型结构与模型结构的 π 数相等，便可得到模型设计所需要的相似条件；最后遵循量纲和谐的概念，就可以确定所研究问题中各物理量的相似常数。若与该研究过程有关的物理量有 N 个，其中有 R 个为基本量纲，是可以确定的，由 R 个基本量纲可以确定（$N-R$）个数，即可以列出（$N-R$）个关系式，这些关系式用（$i=1, 2, 3, \cdots, N-R$）表示，故称为 π 定理。用该方法进行模型与原型相似性设计时，首先任意选三个和几何、材料、荷载、动力性能有关的物理量规定为基本量纲，相似模型动力试验过程中涉及的其余物理量均可通过这三个基本物理量推算出来。

假设与所研究的物理过程有关的物理量分别为 y_1，y_2，y_3，…，y_n，该物理过程可以通过一个列函数来表示：

$$f(y_1, y_2, y_3, \cdots, y_n)=0 \tag{2-17}$$

试验过程中所研究的对象有 N 个物理量，其中有 R 个基本量纲。而动力分析中质量、时间、长度通常作为基本量纲，则基本量纲数 $R=3$，此时剩下（$N-R$）个物理量。分别将剩下的物理量与基本量纲组成一个无量纲的 π 项，即可列出（$N-R$）个方程式。公式（2-17）即可通过无量纲表达式来表示：

$$f(\pi_1, \pi_2, \pi_3, \cdots, \pi_{N-R})=0 \tag{2-18}$$

结构在地震动力激励下，各截面变形符合弹性假设，则截面应力为：

$$\sigma=f(E, L, \rho, t, \delta, v, \alpha, \omega, c) \tag{2-19}$$

式中，E 代表构件弹性模量，单位为兆帕；L 代表构件长度，单位为米；ρ 代表构件的密度，单位为千克/立方米；t 代表时间，单位为秒；δ 代表结构反应变位，单位为米；ν 代表结构反应速度，单位为米/秒；α 代表结构反应加速度，单位为米/平方秒；ω 代表结构频率，单位为赫兹；c 代表结构阻尼，单位为牛/米/秒。

质量系统中基本量纲为时间 T、质量 M、长度 L，通过这三个基本量纲表示弹性模量 E 的量纲为［$ML^{-1}T^{-2}$］、密度量纲为［ML^{-3}］。模型设计中选取 L、E、ρ 为基础物理量，其余参数均可通过这三个基础物理量来表示，如截面应力的量纲为 $L^{x_1}E^{x_2}\rho^{x_3}$，以求解 t 的相似条件为例，时间

t 的量纲可表示为：$[L^{x_1}(ML^{-1}T^{-2})^{x_2}(ML^{-3})^{x_3}]$，由量纲一致有下述表达式：

$$[F]=[T]=[L^{x_1}E^{x_2}\rho^{x_3}]=[L^{x_1}(ML^{-1}T^{-2})^{x_2}\cdot(ML^{-3})^{x_3}] \tag{2-20}$$

协调条件：$\begin{cases}x_1-x_2-3x_3=0\\x_2+x_3=0\\-2x_2=1\end{cases}$

解得：$\begin{cases}x_1=1\\x_2=-0.5\\x_3=0.5\end{cases}$

因此，π_1 表达式为：

$$\pi_1=\frac{t}{LE^{-0.5}\rho^{0.5}} \tag{2-21}$$

基于公式（2-21）推导过程，通过 L、E、ρ 表示公式（2-19）中其余物理参数，结果如表 2-1 所示。

表 2-1　质量系统量纲

物理量	物理量符号	相似常数符号	质量系统量纲
长度	l	S_l	$[L]$
时间	t	S_t	$[T]$
质量	m	S_m	$[M]$
位移	d	S_d	$[L]$
应力	σ	S_σ	$[ML^{-1}T^{-2}]$
弹性模量	E	S_E	$[ML^{-1}T^{-2}]$
泊松比	μ	S_μ	$[1]$
应变	ε	S_ε	$[1]$
刚度	K	S_K	$[MT^{-2}]$
密度	ρ	S_ρ	$[MT^{-3}]$
力	F	S_F	$[MLT^{-2}]$
弯矩	M_b	S_{Mb}	$[ML^2T^{-2}]$

续表

物理量	物理量符号	相似常数符号	质量系统量纲
速度	v	S_v	$[LT^{-1}]$
加速度	a	S_a	$[LT^{-2}]$
阻尼	c	S_c	$[MT^{-1}]$

另外，通过前文的分析可以发现方程式分析法只是量纲分析法中的一种特殊情况，凡是能用方程式分析法的，均可用量纲分析法；反之则不然，量纲分析法以各物理量之间满足的方程式作为 π 数，各物理量的量纲也一定遵循量纲协调条件。

三、似量纲分析法

基于量纲分析法进行相似计算，首先选择相似条件对应的物理量，其次根据所选条件推导其余相似物理量。相似模型设计中，由于 π 的取法没有统一的规定，差异化较大，况且建筑结构地震作用模拟涉及的物理量多而复杂，试验方案设计中相似条件（π 数）的选择具有随机性，当复杂的物理过程参与的物理量较多时，可组成的相似条件也非常多，将线性方程组全部求解出来相当繁琐，给试验设计带来了困难；最后，想全部实现相似条件数对应的相似系数是不可能的，也是没有必要的，因此综合以上问题，同济大学吕西林等经过多年的研究与试验，认为在结构模型相似常数建立过程中，并不需要明确地求出诸多 π 的关系式，需建立一种更为实用的分析法，即只要先控制一些主要的可控相似系数，再利用近似的量纲分析方法求出其余的相似系数，完成相似设计，因其原理本质仍为量纲分析法，因此称为“似量纲分析法”。

相似理论得到的 π 数是独立的无量纲组合，对已经相似常数与未知相似常数有如下规律：两者所对应性的基本量纲的幂指数之和，其大小相等且互为相反数。基于这一规律，对各相似常数的幂指数做线性变换即可得到相似理论中各物理量之间存在的联系，进而求解其余的参数。地震模拟动力试验中主要包括几何、材料、荷载及动力四个方面的参数（周颖和吕西林，2016），具体如下所示：

几何性能参数：长度 l 、位移 D 、应变 ε ；

材料性能参数：应力 σ ，弹性模量 E ，质量密度 ρ ，泊松比 μ ，质量 m；

荷载性能参数：面荷载 q 、集中力 F 、力矩 M 、线荷载 p ；

动力特性参数：速度 v 、刚度 K 、阻尼 c 、周期 T 、频率 f 、加速度 a 等。

进行动力试验相似设计，通常初选长度、应力、加速度参数进行相似比初步估算。根据表 2-1 可知，其所对应的质量系统量纲依次为［L］、［$ML^{-1}T^{-2}$］、［LT^{-2}］，通过查表2-1，以求解弯矩相似常数为例，将长度 l 、应力 σ 、加速度 a 及弯矩 M 的质量系统量纲幂指数以列矩阵的形式列于表2-2 中，进行现行列变化，直至变换后的列矩阵子项均为零。

表 2-2　求解弯矩相似常数

量纲＼变量	已知物理量			未知物理量量纲的线性列变化		
	l	σ	a	M_b	M− α	M− α −3L
［M］	0	1	0	1	0	0
［L］	1	−1	1	2	3	0
［T］	0	−2	−2	−2	0	0

此时的变换系数为物理量之间相似常数的幂指数，即：

$$S_{Mb}\cdot S_{\sigma}^{-1}\cdot S_{l}^{-3}=1\Rightarrow S_{Mb}=S_{\sigma}\cdot S_{l}^{3} \tag{2-22}$$

$$S_{c}^{2}\cdot S_{\sigma}^{-2}\cdot S_{\alpha}\cdot S_{l}^{-3}=1\Rightarrow S_{c}=S_{\sigma}\cdot\sqrt{\frac{S_{l}^{3}}{S_{\alpha}}} \tag{2-23}$$

根据表 2-1 可知阻尼相似常数量纲为［MT^{-1}］，量纲幂指数按列矩阵的形式如表 2-3 所示。

表 2-3　弯矩相似常数列矩阵表示法

量纲＼变量	已知物理量			未知物理量量纲的线性列变化		
	l	σ	a	c	$2c-2\sigma+\alpha$	$2c-2\sigma+\alpha-3L$
［M］	0	1	0	1	0	0
［L］	1	−1	1	0	3	0
［T］	0	−2	−2	−1	0	0

在进行振动台试验相似常数设计时，在绝对系统中除了要考虑长度 L 和力 F 这两个基本的物理量，还需要考虑另外一个基本物理量——时间 t，并且结构经过地震作用时所产生的惯性力是作用在结构上的主要荷载，因此在进行振动台试验之前，首先需要建立模型的动力方程来进行相似设计：

$$m(\ddot{x}(t)+\ddot{x}_g(t))+c\dot{x}(t)+kx(t)=0 \tag{2-24}$$

公式（2-24）为结构模型动力学基本方程，并且从方程中可以看到惯性力、阻尼力和恢复力对缩尺模型和原型之间相似的影响至关重要；因此根据方程式分析方法的要求，结构动力方程中各物理量的相似关系应该满足公式（2-25）：

$$S_m(S_{\ddot{x}}+S_{\ddot{x}_g})+S_cS_{\dot{x}}+S_kS_x=0 \tag{2-25}$$

根据量纲协调原理，以模型材料的弹性模量相似系数 S_E、密度相似系数 S_ρ、模型的长度相似系数 S_l 和加速度相似系数 S_a 对公式（2-25）进行变量代换，可以得到以下表达式：

$$S_\rho S_l^3(S_a+S_E)+S_E\sqrt{\frac{S_l^3}{S_a}}\sqrt{S_lS_a}+S_ES_l^2=0 \tag{2-26}$$

$$\frac{S_E}{S_\rho S_a S_l}=1 \tag{2-27}$$

公式（2-27）即为地震模拟振动台试验中所确定的主要物理相似常数所需要满足的相似要求。因此在进行振动台缩尺模型设计时，首先根据公式（2-27）中长度相似系数进行缩尺模型平面布置，验证是否符合振动台台面尺寸要求。之后根据试验的目的及所用模型材料确定应力相似比与加速度相似比。最后求出密度相似常数，振动台试验相似设计的具体思路如下：

1. *确定长度相似常数 S_l*

查阅所用振动台性能参数指标，保证按照长度相似比进行设计的模型，其最大尺寸落在振动台台面有效区域内，同时，模型高度符合试验场地规定。所以，该参数为模型相似设计中的第一可控相似常数。

2. *选定模型材料，确定应力相似常数 S_σ*

模型与原型结构之间的强度关系通常为 1/3 至 1/5。应力相似常数 S_σ 可根据试验目的及模型材料初步计算，之后再结合微粒混凝土力学性能试验进行修正。

3. 确定加速度相似常数 S_a

考虑到振动台噪声，尽量多施加配重，最大限度地降低重力失真效应，加速度相似常数 S_a 的范围通常在 1~3 为宜。

4. 确定第 4 个相似常数 S_ρ

根据动力模型相似要求中的公式（2-27）和前 3 个相似常数，确定第 4 个相似常数 S_ρ，并有

$$\begin{cases} S_m = S_\rho S_l^3 \\ m^m = S_m m^p \end{cases} \tag{2-28}$$

由公式（2-28）得到模型的估算质量值 m^m，其中 m^m 与 m^p 分别为缩尺模型和原型结构质量，角标 p 与 m 分别代表原型与缩尺模型。

估算质量 m^m 由模型质量与附加质量所构成，而附加质量通过在模型上增加人工质量实现。添加人工配重后的模型质量 m^m 与动力模型底座质量之和，不超过振动台有效地震激励所允许的范围。考虑到动力模型要运到振动台上，未配置人工配重的模型其质量不超过吊车梁的起吊能力，具体表达如下所示：

$$\begin{cases} m_{\text{刚性底座}} + m^m_{\text{未附加质量模型}} \leqslant m_{\text{吊车吊挂}} \\ m_{\text{刚性底座}} + m^m = m_{\text{刚性底座}} + (m^m_{\text{未附加质量模型}} + m^m_{\text{附加质量}}) \leqslant m_{\text{振动台承载}} \end{cases} \tag{2-29}$$

若上述条件不能满足，则需要反复调整应力相似常数 S_a、加速度相似关系 S_a，继续按照公式（2-29）核算，一直到符合要求为止。

5. 频率相似关系的推导

结合量纲协调的条件，有如下表达式：

$$\begin{cases} S_f = \sqrt{\dfrac{S_a}{S_l}} \\ f^m = S_f f^p \end{cases} \tag{2-30}$$

式中，f^m 代表模型结构频率，f^p 代表原型结构频率。

根据公式（2-30）可以计算缩尺动力模型的前几阶主要频率，核验其主要频率符合振动台频率工作要求。

6. 计算其余相似物理量

对于所选的相似常数的校核的方法是按照主控相似常数设计模型是否

满足试验条件，再由似量纲分析法推广确定其余全部的相似常数。由于不同的试验研究的目的不同，三个可控相似常数的选择也有所不同，一般可以选择长度、应力、加速度这三个物理量的相似常数作为可控相似常数，随后根据相似要求得到密度相似常数对缩尺模型的质量进行校核，推导频率相似常数对模型频率进行校核，而相应的振动台试模型试验相似设计的流程图如图 2-1 所示。其余相似常数可参照上述过程通过似量纲分析法推导出来，如表 2-4 所示。

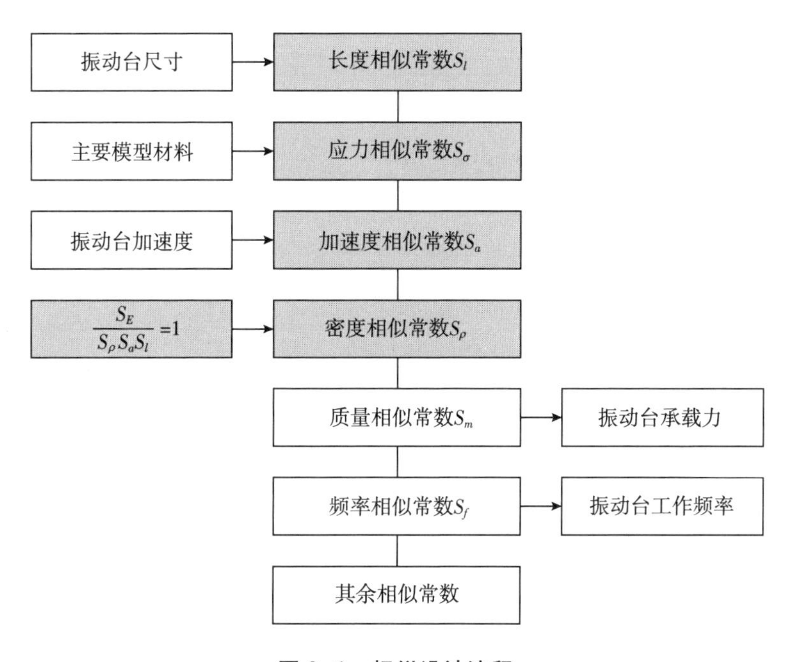

图 2-1　相似设计流程

资料来源：周颖和吕西林（2016）。

表 2-4　模型相似关系

物理性能	物理量	相似常数符号	关系式	备注
几何性能	长度	S_l	S_l	控制尺寸
	面积	S_A	S_l^2	
	线位移	S_l	S_l	
	角位移	S_θ	S_σ/S_E	

续表

物理性能	物理量	相似常数符号	关系式	备注
材料性能	应变	S_ε	S_σ/S_E	
	弹性模量	S_E	$S_E = S_\sigma$	控制材料
	应力	S_σ	S_σ	
	质量密度	S_ρ	$S_\sigma/(S_\alpha \cdot S_l)$	
	质量	S_m	$S_\sigma \cdot S_l^2/S_\alpha$	
荷载性能	集中力	S_F	$S_\sigma \cdot S_l^2$	
	线荷载	S_q	$S_\sigma \cdot S_l$	
	面荷载	S_p	S_σ	
	力矩	S_M	$S_\sigma \cdot S_l^3$	
动力性能	阻尼	S_c	$S_\sigma \cdot S_l^{1.5} \cdot S_\alpha^{-0.5}$	
	周期	S_T	$S_l^{0.5} \cdot S_\alpha^{-0.5}$	
	频率	S_f	$S_l^{-0.5} \cdot S_\alpha^{0.5}$	
	速度	S_v	$(S_l \cdot S_\alpha)^{0.5}$	
	加速度	S_α	S_α	控制试验
	重力加速度	S_g	1	

第四节 相似存在的问题

在振动台试验中，试验模型的设计需要满足相似理论，但是很多研究结果表明，由于重力失真效应的存在，很多相似条件不能完全满足。尤其是在高层或超高层结构的振动台模型试验中，由于振动台承载能力的限制，按照相似理论计算的配重不可能全部加到模型上，这就使模型结构成为非满配重结构，又称欠配重模型（陆华纲，2002），此时为保证地震作用效应的等效，通常以提高台面加速度输入值来达到要求。但试验是在重力场中进行，重力加速度相似系数为 1，而台面输入台面加速度相似系数大于 1，由相似理论的量纲分析可知，所有的加速度相似系数应相等。由于技术的局限性，通过改变重力加速度的大小来改变重力加速度相似比的可能性较小，这种台面加速度相似系数与重力加速度相似系数不一致的问题就客观存在，称之为重力失真效应，简称重力失真（马恒春等，2004）。

目前，振动台模型试验大部分采用缩尺模型，为了使缩尺模型与原型的动力特征尽可能一致，需要保证模型与原型的竖向压应变比 $S_\varepsilon=1$，即 $S_\sigma=S_E S_\varepsilon=S_E$，造成模型与原型结构内力不相似的根本原因是基地输入加速度的放大，当不放大基地输入加速度时（即 $S_a=S_g=1$），取不同附加配重时（S_m 取不同的值），模型构件的内力与原型结构之间符合相似比例关系静载作用下的柱轴力及地震作用下的柱轴力、弯矩、应力的值随着 S_m 的值同比例的变化，但是只要 $S_a\neq1$ 或者 $S_\sigma\neq S_E$，就会存在模型失真效应，使模型与原型之间的相似关系满足不了相似定理，且模型与原型之间的不相似程度与输入基底加速度呈现同比例变化关系，因此为了能更好地通过模型试验来反推原型的动力反应及特性，有必要消除或者减少模型失真效应的产生（叶涛萍，2013）。

第五节　模型失真的解决方法

根据相似理论，在动力学系统中，各个物理量的一般函数表达式可用公式（2-31）来表示：

$$f(\sigma, l, E, \rho, t, u, v, a, g, \omega)=0 \tag{2-31}$$

式中，σ 表示结构构件的应力，单位为兆帕；L 表示构件尺寸，单位为米；E 表示材料的弹性模量，单位为兆帕；P 表示主体结构构件的密度，单位为千克/立方米；t 表示时间，单位为秒；u 表示结构位移反应，单位为米；v 表示速度反应，单位为米/秒；a 表示加速度反应，单位为米/平方秒；g 表示重力加速度，单位为米/平方秒；ω 表示结构自振圆频率，单位为弧度/秒。

选取弹性模量 E、质量密度 ρ 和构件尺寸 l 为三个基本量纲，即 $E=[E]$、$L=[l]$、$\rho=[\rho]$，则公式（2-31）中其他物理量都可以用 E、ρ、l 的幂次单项式来表示，因此公式（2-31）可以写成如下形式：

$$f\left(\frac{\sigma}{E}, \frac{t}{l\cdot E^{-0.5}\cdot\rho^{0.5}}, \frac{u}{l}, \frac{v}{E\cdot l^{-2}\cdot\rho^{-1}}, \frac{a}{E\cdot l^{-1}\cdot\rho^{-1}}, \frac{g}{E\cdot l^{-1}\cdot\rho^{-1}}, \frac{\omega}{l^{-1}\cdot E^{0.5}\cdot\rho^{-0.5}}\right)=0$$

因此可以得到：
$$\begin{cases}\pi_0 = \sigma/E \\ \pi_4 = t/(l \cdot E^{-0.5} \cdot \rho^{0.5}) \\ \pi_5 = r/l \\ \pi_6 = v/(l^{-2} \cdot E \cdot \rho^{-1}) \\ \pi_7 = \alpha/(l^{-1} \cdot E \cdot \rho^{-1}) \\ \pi_8 = g/(l^{-1} \cdot E \cdot \rho^{-1}) \\ \pi_9 = \omega/(l^{-1} \cdot E^{0.5} \cdot \rho^{-0.5})\end{cases} \tag{2-32}$$

模型与原型之间的物理参数关系是通过相似常数来体现的，即缩尺模型物理参数与原型结构物理参数比称之为相似比，为了更好地通过模型试验来模拟原型结构的地震力反应，基于公式（2-32）给出的各个无量纲积，可以得到其他物理参数的相似比需要满足的相似指标：

$$\begin{cases}S_t = S_l\sqrt{S_\rho/S_E} \\ S_\omega = \dfrac{\sqrt{S_E/S_\rho}}{S_l} \\ S_\sigma = S_E \\ S_a = \dfrac{S_E}{S_\rho S_l} = S_g \\ S_v = \sqrt{S_E/S_\rho} \\ S_u = S_l\end{cases} \tag{2-33}$$

大量研究表明，公式（2-33）中的全部关系难以同时满足，因为模型试验中重力加速度不可改变，即考虑到模型与原型结构受到相同的重力加速度，因此有 $S_g=1$，这样限制了 S_E、S_l、S_g 的选择。另外，由于模型的几何缩比一般较大，这就要求模型材料的弹模应比原型结构小或者模型材料的密度比原型的大，这是限制完全相似模型的主要原因。对于需要严格模拟重力影响的模型，常采用铅粉、石膏或其他专用的弹性模量小且密度大的材料，或由离心机来模拟模型的超重力现象（杨树标等，2008），除此之外，目前常用的解决方法有忽略重力模型、人工质量模型及欠人工质量模型三种。

一、忽略重力模型

为了避免模型失真效应的发生，保守方法是严格按照相似定理，对模型进行满配重去实现竖向压应变比 $S_\varepsilon=1$，即 $S_\sigma=S_ES_\varepsilon=S_E$，使模型与原型结构的质量相似，但是由于振动台的承载能力及模型实际空间的限制，实现的可能性较小。而重力对结构的影响相对于地震等动力引起的影响小得多时，可忽略重力对结构的影响，采用忽略重力影响模型的相似关系（马永欣和郑山锁，2001），即如果对于模型结构不添加人工质量，则可以忽略 $S_g=1$ 的相似要求，这使弹性模量 E、质量密度 ρ 和构件尺寸 l 的可选性更加自由，这种模型称为忽略重力模型。但是忽略重力加速度的相似要求会对试验结果带来很大的影响。

二、人工质量模型

一般忽略质量分布形式的影响，通过在楼板上堆放附加质量块的方法来模拟质量的影响。根据公式（2-33）可以得到模型结构与原型结构的质量比为：

$$S_m=\frac{m_T}{m_p}=S_\rho \cdot S_l^3=S_E \cdot S_l^2 \tag{2-34}$$

式中，m_p 和 m_T 分别为原型结构的总质量和模型结构总质量，并且 m_T 是模型结构中两部分质量之和，即模型构件自身质量 m_m 与弥补重力与惯性效应而附加的人工质量 m_a，因此根据质量相似比可以得到需要配置的人工质量：

$$m_a=S_E \cdot S_l^2 \cdot m_p-m_m \tag{2-35}$$

对于非结构构件及活荷载的质量效应，主要考虑其重力及惯性效应，其对结构构件的刚度影响甚微，可忽略不计，而满足公式（2-35）的模型称为人工质量模型。因此，人工质量模型及忽略重力模型的物理参数相似关系如表 2-5 所示。

表 2-5　模型相似比计算

物理参数	人工质量模型		忽略重力模型	
	与原型材料一致	非原型材料	与原型材料一致	非原型材料
长度尺寸	S_l	S_l	S_l	S_l

续表

物理参数	人工质量模型		忽略重力模型	
	与原型材料一致	非原型材料	与原型材料一致	非原型材料
线位移	$S_u = S_l$	$S_u = S_l$	$S_u = S_l$	$S_u = S_l$
弹性模量	$S_E = 1$	S_E	$S_E = 1$	S_E
构件密度	$S_\rho = 1$	S_ρ	$S_\rho = 1$	S_ρ
应力	$S_\sigma = S_E = 1$	$S_\sigma = S_E$	$S_\sigma = S_E = 1$	$S_\sigma = S_E$
时间	$S_t = \sqrt{S_l}$	$S_t = \sqrt{S_l}$	$S_t = S_l$	$S_t = S_l \sqrt{S_\rho / S_E}$
频率	$S_\omega = 1/\sqrt{S_l}$	$S_\omega = 1/\sqrt{S_l}$	$S_\omega = 1/S_l$	$S_\omega = \sqrt{S_E/S_\rho}/S_l$
速度	$S_v = \sqrt{S_l}$	$S_v = \sqrt{S_l}$	$S_v = 1$	$S_v = \sqrt{S_E/S_\rho}$
加速度	$S_a = 1$	$S_a = 1$	$S_a = 1/S_l$	$S_a = S_E/S_l S_\rho$
非结构构件	$S_{mo} = S_l^2$	$S_{mo} = S_E S_l^2$	$S_{mo} = S_l^3$	$S_{mo} = S_\rho S_l^3$
人工质量	$m_a = S_l^2 m_p - m_m$	$m_a = S_l^2 S_E m_p - m_m$	—	—
重力加速度	$S_g = 1$	$S_g = 1$	—	—

三　欠人工质量模型

由于按照满配重相似关系计算模型质量时会超出振动台承载能力的限值，因此只能减少模型重量来满足振动台承载力的要求。根据振动台满配重模型的相似关系［公式（2-34）］可以通过降低弹性模量和施加附加配重来减少模型重量，但是一般仍会超出振动台承载限值，因此仍需要对输入的加速度进行同比例的放大，这种情况下的质量相似关系为 $S_m = S_E S_l^2 / S_a$，其中 S_a 决定着模型设计是否能够反映原型结构在各种烈度下的真实地震反应，考虑到振动台噪声、台面承载力及行车起吊能力等因素，加速度相似关系的范围通常在 2～3（周颖等，2003）。如果定义一个反映人工质量多少的参数来描述人工质量的影响，可以得到包含人工质量、忽略重力相似律的一致表达式，这种一致表达式将解决介于人工质量模型和忽略重力模型之间的欠人工质量模型的设计问题（杨树标等，2008）。

大量地震模拟振动台试验的结果表明，在地震模拟振动台试验中，模型结构的抗震能力往往高于经验认识的结果，这由很多原因导致，大部分研究将其归因于缩尺效应等，但是忽略了非结构构件和活载等方面的质量效应也是重要的影响因素之一（张敏攻等，2003）。而且前面的分析也表明，忽略重力模型，人工质量模型及欠人工质量模型的差异性主要体现在人工质量的设置与否及配置人工质量的数量，因此基于 Buckinghamπ 定理，在相似律推导中可以定义一个与人工质量数量相关的变量，该变量考虑了活载与非结构构件质量效应的影响，称为等效质量密度 $\overline{\rho_m}$ ，计算如下：

$$\overline{\rho_m}=\frac{(m_m+m_a+m_{0m})}{B_m} \tag{2-36}$$

式中，m_m 代表模型构件的质量，m_a 代表配置的人工质量，m_{om} 代表模型中活载和非结构构件质量，B_m 代表根据长度相似比和原型结构计算得到的模型构件体积。

类似地，可以得到原型结构的等效质量密度计算如下：

$$\overline{\rho_\rho}=\frac{(m_p+m_{0p})}{B_p} \tag{2-37}$$

式中，m_p 代表原型结构构件的质量，m_{0p} 代表原型结构中活载和非结构构件质量，B_p 代表原型结构构件体积。

活载与非结构构件质量 m_{0m} 可将其视为刚体质量，对结构体系刚度的影响可近似忽略。所以活载与非结构构件质量为：

$$m_{0m}=S_E S_l^2 m_{0p} \tag{2-38}$$

综上，根据公式（2-36）~公式（2-38）可以推导得到等效密度相似比如公式（2-39）所示：

$$\overline{S_\rho}=\frac{\overline{\rho_m}}{\overline{\rho_\rho}}=\frac{(m_m+m_a+m_{0m})}{(m_p+m_{0p})}\cdot\frac{B_p}{B_m}=\frac{m_m+m_a+m_{0m}}{m_p+m_{0p}}\cdot\frac{1}{S_l^3} \tag{2-39}$$

大量研究结果表明，振动台模型试验采用缩尺模型时通常难以全部满足模型弹性相似关系的要求，而且国内很多试验均采用的是忽略部分重力影响的欠人工质量模型，不完全满足模式试验弹性相似关系的要求，大多研究仅仅是根据经验来判断结果的准确性（迟世春和林少书，2004）。而基于前面的分析，本书的新型钢筋混凝土框架—摇摆墙式减震结构也是采用的欠人工质量模型，但是为了更好地减少重力失真效应对试验结果的影响，本书在进行相似模型设计时参考一致相似律的相似关系，常用的一致相似律的相似要求如表 2-6 所示。

表 2-6　一致相似律

物理量	原型材料	非原型材料
长度	S_l	S_l
位移	$S_u = S_l = 1$	$S_u = S_l$
应力	$S_\sigma = 1$	$S_\sigma = S_E$
弹性模量	$S_E = 1$	S_E
速度	$S_v = \sqrt{1/S_\rho}$	$S_v = \sqrt{S_E/S_\rho}$
频率	$S_\omega = \sqrt{1/\sqrt{S_\rho}}/S_l$	$S_\omega = \sqrt{S_E/\sqrt{S_\rho}}/S_l$
时间	$S_t = S_l \cdot \sqrt{\overline{S_\rho}}$	$S_t = S_l \cdot \sqrt{\overline{S_\rho}/S_E}$
加速度	$S_\alpha = 1/(S_l \cdot \overline{S_\rho})$	$S_\alpha = S_E/(S_l \cdot \overline{S_\rho})$
等效密度	$\overline{S_\rho} = \dfrac{m_m + m_a + m_{0m}}{(m_p + m_{0p}) \cdot S_l^3}$	$\overline{S_{m\rho}} = \dfrac{m_m + m_a + m_{0m}}{(m_p + m_{0p}) \cdot S_l^3}$

第六节　本章小结

通过振动台进行动力模型试验是研究结构地震反应和破坏机理最直接的方法，也是结构抗震安全评估的一个重要手段，但是由于振动台设备承载能力及实验室空间的限制，一般只能进行缩尺模型结构试验，而模型实验的核心问题就是如何按照相似理论的要求设计出与原型结构具有相似环境的模型结构，因此原型结构与模型结构之间各种力学和物理量的相似关系就至关重要。基于此，本章对模型设计的理论和条件进行了详细的介绍，主要研究内容如下：

第一，由于振动台模型试验的设计依据是相似理论，基于相似理论得到的结构模型与原型之间的相似条件是进行模型设计的基础，而模型设计的关键是要给出各个物理量之间的相似关系，因此本章对相似理论的三个基本定理及确定相似条件和相似关系的过程进行了详细的介绍和推导，得到了进行地震模拟振动台试验动力学问题物理量相似常数所需要满足的相似关系的基本判据。

第二，由于三大相似理论中关于 π 数的取法具有一定的任意性，对于建筑结构系统，通常参与物理过程的物理量较多，所以对应的线性方程组多而复杂，导致求解困难，计算误差较大，引入了更为实用的似量纲分析法，通过三大主控相似常数（几何、材料、动力）逐步推导其余物理过程的物理量相似常数，为后续的试验相似参数的确定提供基础。

第三，目前振动台模型试验大部分都采用缩尺模型，而模型失真效应不可避免，因此本章介绍了目前常用的三种减少模型失真的方法及相应的各物理量相似关系，有助于根据不同试验目的选择不同的质量模型。

第四，在似量纲分析法的基础上，为了更充分地考虑活载与非结构构件的地震效应，结合采空区边缘地带工程结构特点，基于 Buckinghamπ 定理，考虑了非结构构件和活载等方面的质量效应对试验模型设计的影响，介绍了等效质量密度的概念，并给出了适用于欠人工质量模型的一致相似律，使缩尺模型的设计与原型结构更接近，有利于减少试验误差。

第三章

钢筋混凝土框架—摇摆墙式减震结构振动台试验研究

第一节　地震模拟振动台系统

试验用地震模拟振动台位于辽宁工程技术大学土木工程实验实训中心，由美国 ANCO 公司特别制作，该振动台为二维四自由度，台面尺寸 3 米×3 米，最大负荷 10 吨，最大加速度±1.5g，频率 0~50 赫兹，其基本性能如表 3-1 所示。该振动台的台面上表面每隔 20 厘米有 M20 的锚孔，方便试验模型与振动台台面的连接，因此在进行振动台试验时，为六层框架结构模型专门设计了一种连接试验模型和振动台台面的底座，并且为了实现摇摆墙式减震装置与主结构之间的连接，也进行了可更换连接结构的设计，具体设计见本章第二节中第六部分的介绍。

表 3-1　振动台基本性能指标

性能	指标	备注
最大试件质量	10 吨	
台面尺寸	3 米×3 米	
激振方向	两个方向	X、Y 水平
控制自由度	两个自由度	
振动激励	简谐振动、冲击、地震	
最大振动加速度	±1.5g	满载时

续表

性能	指标	备注
最大振动位移	±1.5 厘米	X、Y
最大驱动速度	100 厘米/秒	X、Y
倾覆力矩	不小于 300 千牛·米	X、Y
范围频率	0~50 赫兹	

对框架结构及钢筋混凝土框架—摇摆墙式减震结构进行振动台试验前，首先需要将试验模型通过设计的底座固定在振动台上，然后通过计算机控制 D/A、A/D 数据转换采集系统，将地震波经过 D/A 转换成模拟信号输入振动台的模控器；其次经过处理后在控制振动台的作动器将输入的地震波作用在振动台上，对其上面的试验模型施加荷载激励，通过结构上布置的传感器来测量在地震波激励下结构模型的振动响应；最后通过采集系统记录试验模型上相应的动力响应，之后再通过计算机分析可以得到模型结构动力响应的分析结果，进而重现建筑物在不同地震波激励下的全过程，进行地震响应、破坏机理、减震效果等的系统分析，具体的振动台试验测试系统如图 3-1 所示。

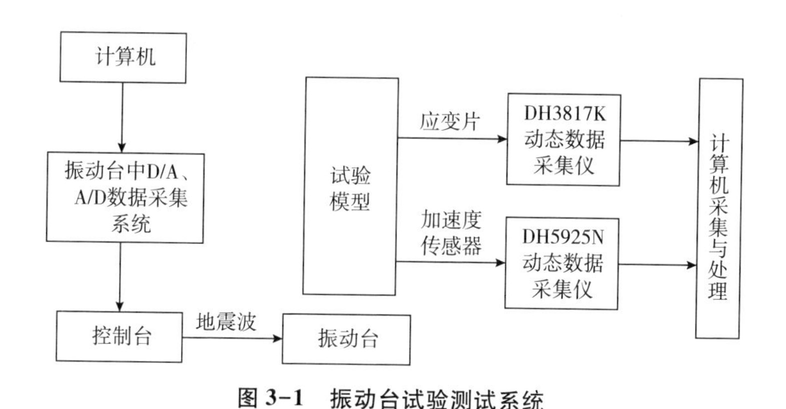

图 3-1 振动台试验测试系统

第二节 模型结构的设计与制作

地震模拟振动台试验是研究建筑结构抗震性能的重要方法之一，可以很好地再现地震的过程。由于振动台实验设备的承载能力、实验室规模及实验费用等的限制，足尺试验很难进行，绝大部分振动台只能进行结构缩尺试验，因此缩尺模型的设计和制作对试验的成功起决定性作用。因此，基于相似理论、结构动力学及能量理论，采用 1：10 的三维框架结构缩尺模型，并设计了连接模型结构与振动台台面的底座及框架结构与摇摆墙结构的连接结构，并且通过振动台试验，重点揭示摇摆墙式减震装置对主结构的减震效果。

一、钢筋混凝土框架原型结构设计

为了研究摇摆墙减震装置的振动控制效果，本书根据《结构抗震设计规范（GB 50011-2010）》及《高层建筑混凝土结构技术规程》（JGJ 3-2010），利用中国建筑科学研究院建筑工程软件研究所研发的工程管理软件 PKPM 设计了三榀两跨六层现浇钢筋混凝土结构，结构抗震设计条件为抗震设防烈度为 7 度（0.1g）和 8 度（0.2g），场地类别为Ⅱ类，设计地震分组为第一组。六层现浇钢筋混凝土结构层高均为 3 米，X 与 Y 方向各取两跨，轴间距均为 4 米。设计混凝土强度 C30，柱截面 600 毫米×600 毫米，主梁截面 300 毫米×600 毫米，楼面板与屋面板均为 120 毫米；钢筋选择 HRB335，箍筋选择 HPB300。

二、缩尺模型可控相似常数的确定

在对缩尺模型进行设计时，首先要确定模型的可控相似常数，确定上述参数时有以下几点是需要着重考虑的：

一是模型的平面尺寸，包括如设计、固定或吊装需要时必须设置底座或其他转换装置，这些部位的最外轮廓线要落在振动台台面尺寸范围以内。

二是模型高度要符合实验场所及附属设施的要求，比如吊车梁最大行走高度，实验场所对高度的限值。

三是模型底座、模型结构构件及附加人工质量的重量，要在振动台承载力范围之内。

四是模型结构所施加的配重不得影响主要构件刚度，条件允许时优先选用密度较大的材料制作配重块。

五是在模拟地震激励时，输入的地震动力时程曲线，其频率要位于振动台正常工作频率区间内。

六是模型吊装上振动台后，要对模型进行调平，并核算其偏心距和倾覆力矩是否满足振动台要求。

通过第二章的相似理论分析可知，基本量纲的选取一般为长度、质量和时间，之后通过相似理论表达式推导出其余的相似常数。本模型选用长度相似比 S_l 、应力相似比 S_σ 、加速度相似比 S_α 作为基本量纲，即 $k=3$，逐步计算出其余 $n-k$，即 $n-3$ 个相似常数，通过量纲理论定理，可以计算出人工质量配重及其余相似参数，直到符合上述 6 条要求为止。

三、缩尺模型的设计

根据第二章介绍的似量纲分析法可知，在对结构模型进行设计时，本书采用张敏政（1997）、张敏政等（2003）根据 Bukingham π 定理，通过定义等效密度，建立的设置任意附加质量的一致相似律，首先确定结构的几何和物理相似常数作为可控相似常数，其次根据量纲分析得到反映相似模型整个物理过程的其他相似条件，取长度基本相似常数为 $S_L=1/10$，因此根据第二章中第五节的欠人工质量模型的相似关系可以计算出剩下各物理量的相似关系，如表 3-2 所示。通过缩尺模型模拟原型结构中的钢筋与混凝土力学协调关系有困难，对正截面承载能力的控制，依据抗弯能力等效原则，对斜截面承载力的模拟，按照抗剪能力等效原则进行缩尺模型设计，结构模型的尺寸如图 3-2 所示。

表 3-2　框架摇摆墙结构系统的相似关系

类型	物理量	量纲	相似关系	相似常数	备注
材料特性	应力 σ	$[FL^{-2}]$	S_σ	1.000	控制材料
	弹性模量 E	$[FL^{-2}]$	S_E	0.667	
	等效密度 $\bar{\rho}$	$[FT^2L^{-4}]$	$\bar{S}_\rho = (m_m + m_a + m_{om})/(S_l^3 \cdot (m_p + m_{0p}))$	3.333	
几何特性	长度 l	$[L]$	S_l	0.100	控制尺寸
	线位移 u	$[L]$	$S_u = S_V/S_k = S_l$	0.100	
	角位移 θ	$[FL^{-1}]$	$S_\theta = S_u/S_l = 1$	1.000	
	截面积 A	$[L^2]$	$S_A = S_l^2$	0.010	

续表

类型	物理量	量纲	相似关系	相似常数	备注
荷载特性	集中荷载 F	$[F]$	$S_F = S_m S_a = S_E S_l^2$	0.007	
	剪力 V	$[F]$	$S_V = S_\tau S_l^2 = S_E S_l^2$	0.007	
	力矩 M	$[FL]$	$S_M = S_V S_l = S_E S_l^3$	0.0007	
动力特性	质量 m	$[FL^{-1}T^2]$	$S_m = S_E S_l^2 / S_a$	0.003	控制试验
	刚度 k	$[FL^{-1}]$	$S_k = S_E S_l$	0.067	
	频率 f	$[T^{-1}]$	$S_f = 1/S_t = (S_E/\overline{S}_\rho)^{0.5}/S_l$	4.472	
	时间 t	$[T]$	$S_t = S_l\sqrt{\overline{S}_\rho/S_E}$	0.224	
	速度 v	$[LT^{-1}]$	$S_v = \sqrt{S_E/\overline{S}_\rho}$	0.447	
	加速度 a	$[LT^{-2}]$	$S_a = S_E/(S_l \cdot \overline{S}_\rho)$	2.000	
	重力加速度 g	$[LT^{-2}]$	S_g	1.000	

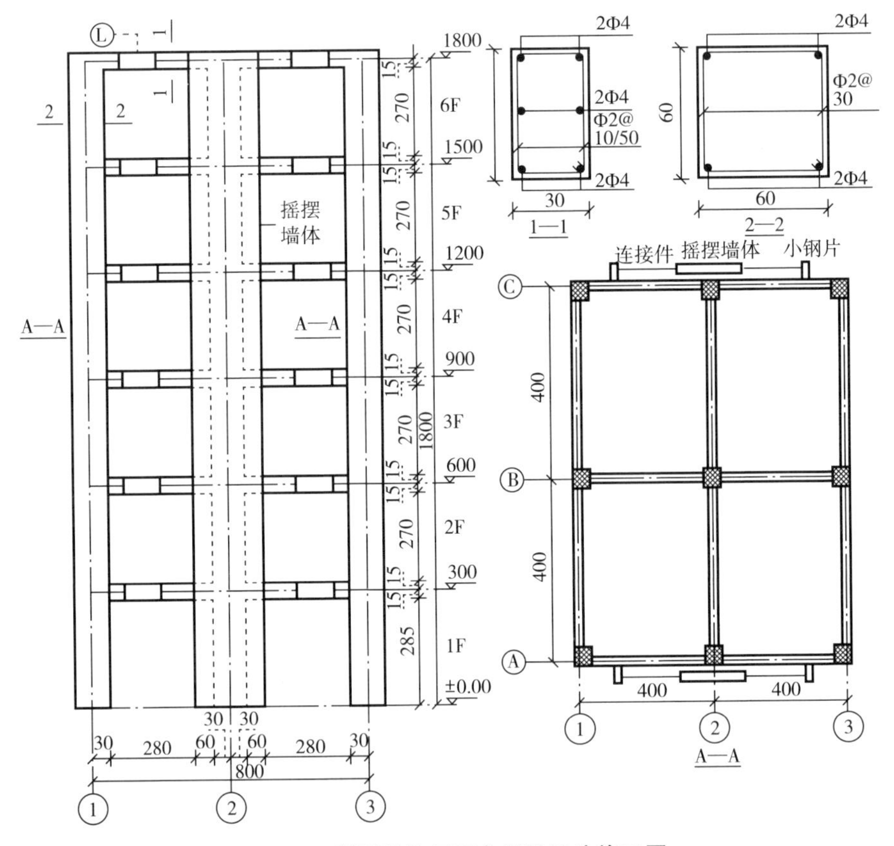

图 3-2 模型结构平面布置及平法施工图

注：视图 L 如图 3-11 所示。

本次试验共设计了两组模型，一组为六层普通钢筋混凝土框架结构（记为 F model），另一组为钢筋混凝土框架—摇摆墙式减震结构模型（记为 FR model），进行振动台试验时制作的结构模型实物如图 3-3 所示。为了保证试验的可比性，除了减震结构的添加，两组模型中试件梁柱的尺寸、材料、轴压比、箍筋、钢筋等参数均相同。确定了模型结构的相似关系之后，需要对模型结构进行设计并制作，现浇钢筋混凝土框架结构缩尺模型的制作工艺流程如图 3-4 所示。

（a）框架结构模型

（b）钢筋混凝土框架—摇摆墙式减震结构模型

图 3-3　振动台试验模型

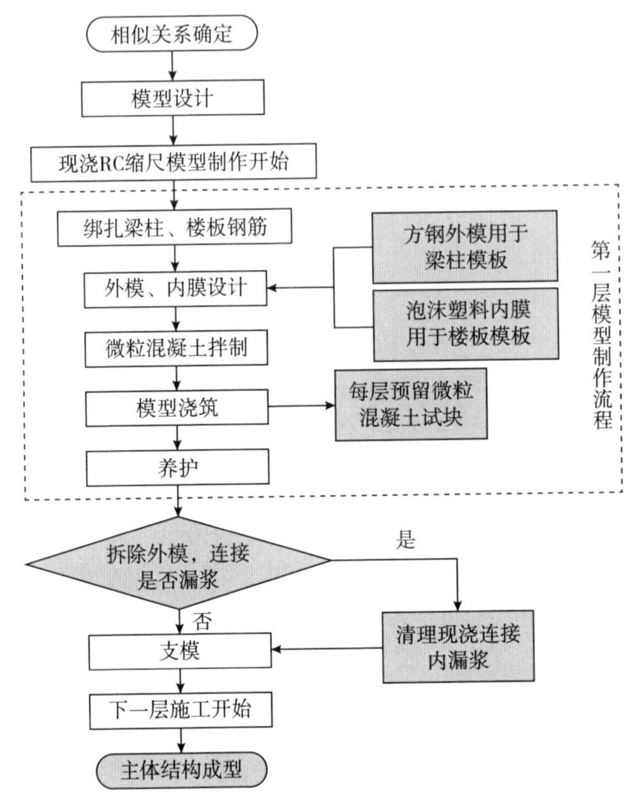

图 3-4　钢筋混凝土缩尺模型结构制造流程

四、模型材料

对于模型试验，尤其是小比例模型试验来说，模型材料和原结构材料间的相似程度对最终结果有明显的影响，选择合适的试验材料是模型试验成功的一个关键问题（沈德建和吕西林，2006）。

（一）微粒混凝土力学性能测试

微粒混凝土是由水泥、水和粒径在 5 毫米以下的粗细骨料按比例拌合而成的混合物，而且具有普通混凝土一样的连续级配，最大的区别就是骨料粒径的不同。它以较大粒径的砂砾（2.5~5 毫米）作为粗骨料代替普通混凝土中的碎石，以较小粒径的砂砾（0.154~2.5 毫米）作为细骨料代替普通混凝土中的砂砾，微粒混凝土不同于砂浆，而和普通混凝土一样，是一种由几级连续级配组成的混凝土，与采用单一集料的砂浆和水泥浆有本质的区别。其中较大粒径等级的砂砾占很大比例。其级配结构与力学性能和普通混凝土相似，是一种理想的模型试验材料（楼康禹，1988），并且大量的试验研究结果表明，微粒混凝土在模型试验中具有较为理想的试验效果（张宇等，2014；方诗圣等，2002）。

鉴于微粒混凝土材料的仿真性，很多高层建筑的模型在进行缩尺试验时，几乎都是选用此材料。由于模型和原型结构都处于相同的重力环境中，因此重力相似比不能改变，对于缩尺模型只有模型的密度比原型大或者弹性模量比原型小才能相对减少模型失真的效应。但是微粒混凝土材料的弹性模型和强度都较低，使结构模型的应变测量变得困难；为了更好地测量模型的动力特性及模型施工的方便性和试验测量的安全性，本书参考微粒混凝土的配合方式，对模型强度进行适当的放大，并在模型上增重来实现质量的相似比（朱彤，2004），按照第三章中的相似原理对其他相关的参数进行相应的调整。

因此，本书中的模型使用的是 C20 的细石微粒混凝土代替原型的 C30 混凝土，试验采用 42.5 级普通硅酸盐水泥，微粒混凝土中粗骨料的砂砾粒径为 2.5 毫米~5 毫米，细骨料采用粒径小于 2 毫米的沙砾，骨料的集配情况如表 3-3 所示，其制作方法、振捣的方式及养护条件均按照普通混凝土的施工方法。结合参考文献（沈德建和吕西林，2010；杨政等，2002）的试样配合比数据，设计了试验所需要的配合比为 1∶1.78∶3.01∶0.60，为了减少实验误差对结果的影响，制作了 9 组试件来测试微粒混凝土的物理参数。依据《普通混凝土力学性能试验方法标准》（GB/T 50081-2002）分别对立方体试块与棱柱体试块进行力学性能测试，具体力学性能参数如表 3-4 所示，试验过程如图 3-5 所示，最终按照此配合比制作缩尺模型。因此按照此配合比制作模型，并且在模型制作的过程中，逐层分别预留 100 毫米×100 毫米×100 毫米的立方体试块及 100 毫米×100 毫米×300 毫米的棱柱体块若干以测定微粒混凝土材料的强度和弹性模量，取微粒混凝土的应力达 40%极限强度时的割线弹性模量作为微粒混凝土的弹性模量（沈德建和吕西林，2010）。在制作模型的过程中，模型与试块养护相同的时间周期，并且在振动台试验开始一周之前对预留的试块依据《建筑砂浆基本性能试验方法标准》（JGJ/T 70-2009）立方体抗压强度试验方法和棱柱体标准试件试验方法进行抗压强度试验，经过测试最终得到微粒混凝土的弹性模量值为 2.13×10^4 兆帕。

表 3-3 骨料人工连续级配表

筛孔尺寸（毫米）	4.75	2.36	1.18	0.6	0.3	0.15
分计筛余（%）	9.0	44.7	16.1	15.0	12.0	3.0
累计筛余（%）	9.0	53.7	69.8	84.8	96.8	99.8

表 3-4 微粒混凝土材料力学性能

编号	立方体抗压强度（兆帕）	轴心抗压强度（兆帕）	破坏荷载（千牛）	弹性模量（兆帕）
1	26.5	22.1	231.9	2.38×10^4
2	25.9	18.4	193.6	2.03×10^4
3	22.4	14.1	148.8	1.81×10^4
4	26.2	20.6	226.7	2.19×10^4
5	26.3	20.2	222.5	2.15×10^4
6	24.4	19.4	214.4	2.13×10^4
7	24.2	17.2	181.4	1.89×10^4
8	23.9	18.0	189.7	1.93×10^4
9	22.1	18.6	195.3	2.05×10^4
平均值	24.65	18.73	200.48	2.06×10^4

（a）抗压强度测试

（b）轴心抗压测试

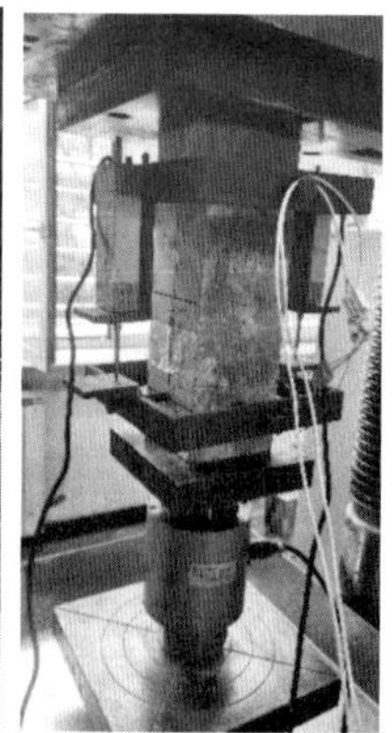
（c）弹性模量测试

图 3-5 微粒混凝土力学性能试验

（二）镀锌铁丝

一般缩尺模型中使用镀锌铁丝代替钢筋，由于其强度降低无法与混凝土强度相匹配，因此模型结构的配筋一般有两种设计方法：一种为等面积配筋率，另一种为构件承载力相似（周颖等，2003）。研究结果表明，按照承载力相似进行设计，能够准确预测原型结构的动力响应，而按照等面积配筋率配筋的模型会高估原型结构的地震响应（赵作周等，2010）。因此本书在对截面进行配筋时，为了考虑截面相似，需要遵循两个设计原则，分别为：对正截面承载能力的控制依据抗弯能力等效原则换算，斜截面承载能力的模拟依据抗剪能力等效原则换算（周颖等，2012）；钢筋按照《金属材料．拉伸试验．第1部分：室温试验方法》（GB/T 228.1-2010）留取材性样品，并进行拉伸试验，具体的设计过程以白春（2020）中的详细介绍为准，最终测得试验所需要的Φ2和Φ4镀锌铁丝的屈服荷载0.95千牛和4.27千牛，破坏荷载分别为1.22千牛和5.25千牛，屈服强度分别为300兆帕和340兆帕，抗拉强度分别为388兆帕和418兆帕。

五、摇摆墙结构尺寸的设计

大量研究表明，设置摇摆墙之后的框架—摇摆墙结构能够在很大程度上使结构底层的剪力向上部传递，避免层屈服机制发生，使各层的层间剪切变形趋于一致实现整体屈服破坏；而摇摆墙刚度的设计也是一个非常重要的参数，在设计中应先合理确定摇摆墙的抗弯刚度，以保证摇摆墙的刚度对结构变形模式起控制作用（曲哲，2010），故使用公式（3-1）的刚度系数 α 来衡量摇摆墙在摇摆墙框架结构体系中的相对刚度。

$$\alpha=\frac{EI}{kh_i^3} \tag{3-1}$$

式中，EI 代表摇摆墙的截面抗弯刚度，单位为牛/米；k 为框架结构部分的层剪切刚度，单位为牛/米；h_i 为层高，单位为米。

但是，公式（3-1）是清华大学曲哲等依照MacRae等（2004）基于钢结构的分布研究得到的，而钢结构与混凝土框架结构的特性存在很大的差别。因此杨树标等（2014）参照框架—剪力墙体系中反映总框架和总剪力墙刚度比及刚度特征值的定义，提出了摇摆墙与框架结构的刚度比，如公式（3-2）所示，并且通过研究分析得到在不同刚度比 1.27%、2.48%及 6.81%下框架结构的不同破坏形式及破坏机制，为框架—摇摆墙结构的研究提供了理论依据。

$$\delta=\frac{E_{\omega}I_{\omega}}{G_{f}h^{2}} \tag{3-2}$$

式中，δ 代表摇摆墙部分与框架部分刚度的比值；h 代表结构的总高，单位为米；$E_{\omega}I_{\omega}$ 代表摇摆墙部分的截面抗弯刚度，单位为牛/米。

公式（3-2）中的 G_f 如下所示：

$$G_{f}=\frac{\sum_{i=1}^{n}D_{i}h_{i}^{2}}{\sum_{i=1}^{n}h_{i}} \tag{3-3}$$

式中，D_i 代表使用 D 值法算得的第 i 层的剪切刚度（该值为框架的初始弹性剪切刚度），h_i 代表第 i 层的层高，n 代表结构的楼层数。

此外，刚度特征值与框架结构的刚度比的转换关系如公式（3-4）所示：

$$\delta=\frac{1}{\lambda^{2}} \tag{3-4}$$

式中，λ 代表刚度特征值。

在确定摇摆墙原型结构的尺寸时，其高度与框架结构等高，厚度与梁的厚度相同，其宽度定为 1800 毫米。为了验证所设置的尺寸的合理性，根据公式（3-2）~公式（3-4）计算可得 δ 为 1.366%，小于 2.48%，根据杨树标等（2014）可知，所选的摇摆墙尺寸满足要求，结构已经基本具有稳定的整体破坏机制，则摇摆墙的模型尺寸按照长度相似系数进行换算即可。因此确定缩尺模型中摇摆墙的尺寸为 30 毫米×180 毫米×1800 毫米。

六、框架主体结构设计中的难点问题

本书在对框架—摇摆墙式减震结构及框架结构模型进行设计时，未考虑土—结相互作用，考虑的是在不同强度的地震波激励下，框架结构及钢筋混凝土框架—摇摆墙式减震结构在刚性地基上的减震效果。但是由于振动台台面是一个带螺孔的刚性台面，而模型结构是混凝土结构，因此为了更好地在实验室中模拟框架模型底部固接的力学特性，并且确保模型在震动过程中的稳定性及人员的安全性，需要将六层混凝土框架模型牢固地安装在振动台台面上，基于此，本章设计了不同的发明专利来解决这些问题。

（一）刚性底座的设计

在进行振动台模型试验之前，首先需要考虑的问题就是如何将模型吊装至振动台台面上，并实现模型与振动台台面的牢固连接，因此设计了一种在地震模拟振动台试验中模拟地基不均匀沉降的装置（即连接底座），如图 3-6 所示，该发明装置不仅可以实现模型结构与刚性振动台台面的连

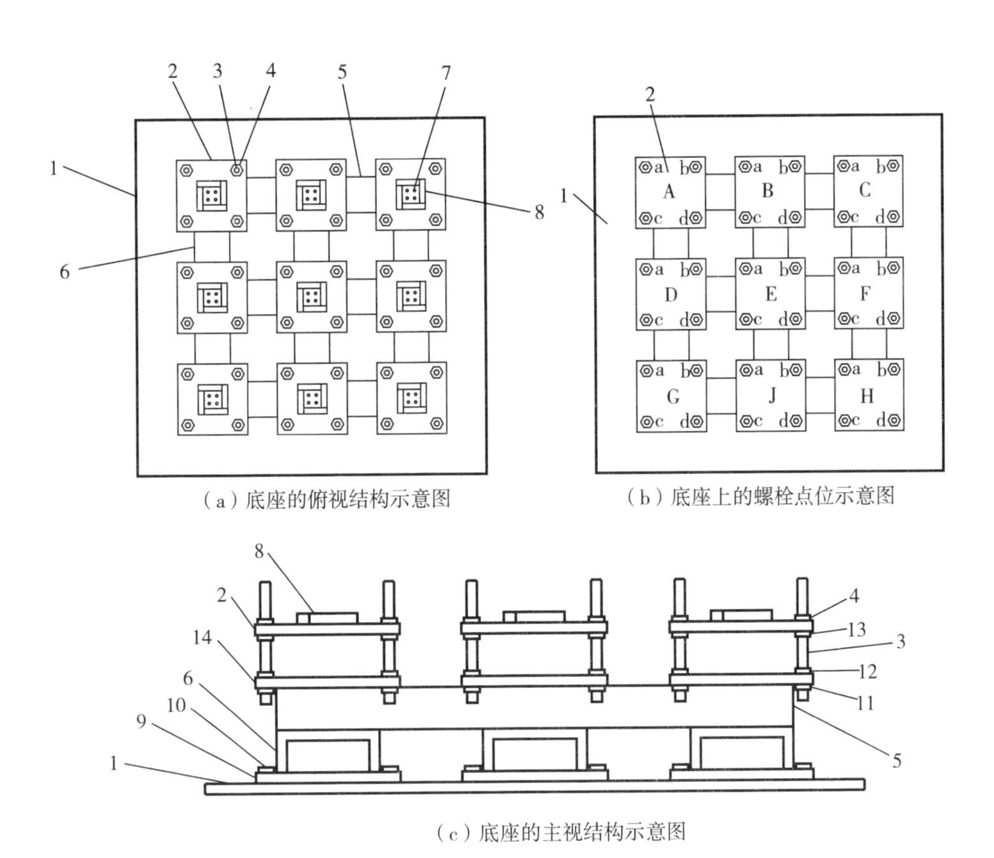

（a）底座的俯视结构示意图

（b）底座上的螺栓点位示意图

（c）底座的主视结构示意图

图 3-6　一种在地震模拟振动台试验中模拟地基不均匀沉降的装置示意图

注：图中 1 代表振动台台面；2 代表第三钢板；3 代表第二螺栓；4 代表第四螺帽；5 代表第二槽钢；6 代表第一槽钢；7 代表纵筋预留孔；8 代表卡头；9 代表第一钢板；10 代表第一螺栓；11 代表第一螺帽；12 代表第二螺帽；13 代表第三螺帽；14 代表第二钢板。

接，还可以调整不同的沉降高度来模拟地表建筑物对不同采动作用下的抗震性能，而本书研究的是倾斜角为零时无沉降的工况，当模拟不同采动沉降的方法可以参考专利（刘书贤等，2020，2022）中的介绍，最终的模型底座实物图如图 3-7 所示。

图 3-7　连接底座实物图

该装置安装在地震模拟振动台台面 1 上，包括调整基座和设置于调整基座的若干个沉降调节装置，调整基座包括从下至上依次设置的基板 9、若干个平行设置的第一槽钢 6 和若干个平行设置的第二槽钢 5，第一槽钢 6 和第二槽钢 5 垂直设置；沉降调节装置包括底板 14、顶板 2 和若干个调节螺栓 3，调节螺栓 3 穿过底板 14 和顶板 2，底板 14 两侧设置有紧固螺母组件，顶板 2 的两侧设置有调节螺母组件。本发明在选择合适的螺栓、螺帽连接后，具有试验需要的刚度和模拟地基不均匀沉降的灵活性，结构简单，制作成本低廉，在一般的土木工程实验室均能快速实现；并且提供的连接装置可以任意调整底座角度以实现模拟不同工况下的地基沉降，因此所设计的底座可以适用于不同研究目的的模型，节省了工作时间，提高了试验效率，最终的模型底座实物图如图 3-7 所示。该发明装置不仅可以实现模型结构与刚性振动台台面的连接，而且还可以调整不同的沉降高度来模拟地表建筑物对不同采动作用下的抗震性能，而本书研究的是倾斜角为零时无沉降的工况，而模拟不同采动沉降的方法可以参考刘书贤等（2020）的专利中的介绍。其中试验模型与振动台台面的连接方法为：将基板 9 通过连接螺栓 10 固定于地震模拟振动台台面 1，基板 9 上依次焊接第一槽钢 6、第二槽钢 5 和沉降调节装置的底板 14，沉降调节装置设置有 9 个，每个沉降调节装置上均浇筑框架柱，即共有九根框架柱，待测模型 17 的整体结构为 6 层框架结构，长度相似比 1∶10，结构总高为 1.8 米，框架柱的纵筋穿入顶板 2 的纵筋预留孔 7，在顶板 2 的下侧焊接，支模板，逐层浇灌混凝土，最下层框架柱与顶板 2 上焊接的四个卡头 8 组成的方形框固结成一体，此时，刚性底座与待测试验模型 17 制作完毕，而其中如何将混凝土柱子与不同材料属性的刚性基础实现牢固连接也是本书设计中的一个难点，下节将对此进行详细介绍。

（二）不同材料属性的连接设计

解决了模型结构与振动台台面之间的连接问题之后，需要解决的问题是如何实现混凝土材料与刚性底座的连接，即不同材料属性的两个构件如何实现牢固的连接并且方便不同试验模型的更换。基于此，刘书贤等（2020）设计了一种模拟煤炭采动中便于衔接的实验装置及其使用方法，如图 3-8 所示，同样地，当调节装置倾斜角为零时是本书的研究工况，即不考虑地基的不均匀沉降。

此发明装置通过附加钢板及使用加长的螺栓将刚性的底座与混凝土模型进行牢固结合，不仅避免了混凝土框架柱子与底座的相对错动，而且解决了刚性底座与混凝土柱子之间材料性质差异较大无法焊接，以及不能循环使用的问题。需要注意的是本书所采用的底座不同于图 3-8 所示的底座（刘书贤等，2022），但是对于混凝土柱与底座的连接采用的是此发明装置（刘书贤等，2020）中的方法。该发明中实现不同材料属性衔接的装置，包括振动台 1、H 型钢 2、施加装置 3、衔接装置 4、加密钢筋组件 5 和限位组件 6；其中衔接装置 4 是实现不同材料属性连接的关键，包括第一钢板 41、第二钢板 42 和第一螺栓 43，千斤顶 3 上表面焊接有第一钢板 41，第一钢板 41 上表面设置有第二钢板 42，第二钢板 42 上表面设置有加密钢筋

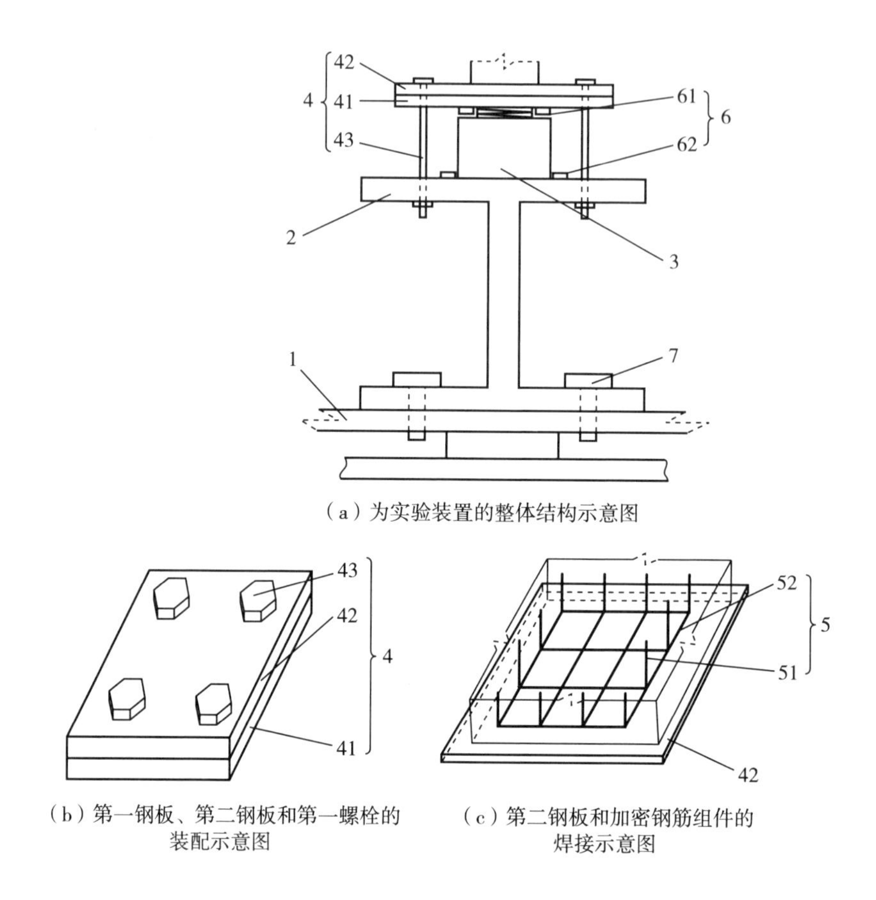

图 3-8　一种模拟煤炭采动中便于衔接的实验装置及其使用方法的示意图

注：图中 1 代表振动台，2 代表 H 型钢，3 代表千斤顶，4 代表衔接装置，41 代表第一钢板，42 代表第二钢板，43 代表第一螺栓，5 代表加密钢筋组件，51 代表第一钢筋，52 代表第二钢筋，6 代表限位组件，61 代表第一卡头，62 代表第二卡头，7 代表第二螺栓。

组件 5，如图 3-8（c）所示，加密钢筋组件 5 包括六个 U 型第一钢筋 51 和两个等长的第二钢筋 52，第一钢筋 51 选择 U 型，是因为本书的缩尺模型选择的是 0.1 的长度相似系数，相邻钢筋之间的间距较小，防止在用电烙铁进行焊接钢筋时造成其他钢筋的熔断，减少钢筋之间焊接，避免焊接不牢固及焊接熔断造成钢筋整体强度的降低，对实验结果造成偏差。按照规范规定，底层柱下端的箍筋配置不应小于立柱净高的 1/3，而本书设计的结构模型一共九个混凝土柱，因此每个立柱的下端均需要进行钢筋加密。

将加密钢筋组件5直接焊接到第二钢板42上，将其视为混凝土柱浇筑的底模，支好模板之后直接在第二钢板42上浇筑混凝土柱子，不仅可实现模拟混凝土框架柱子与基础固定端约束的力学模型，而且可以通过螺栓实现不同材料属性的连接，以及不同沉降量的调整，详细的设计细节和如何调整建筑物不同沉降量的方法可以参考专利（刘书贤等，2020）中的介绍。

七、摇摆墙结构设计中的难点问题

通过国内外的相关研究可知，框架—摇摆墙结构在不断地更新发展，而摇摆墙结构中有两个主要设计难点，一个是摇摆墙体与基础的连接既要避免墙体与基础之间的碰撞损伤，又要实现放松其底部约束，降低基底承载力的需求；另一个是摇摆墙与主体结构之间的连接，既要提高摇摆墙的耗能能力，又要实现震后的复位，还要实现对预期损伤构件的可更换功能要求，因此增加了摇摆墙设计的难度，本部分就这两个问题进行详细地介绍，并分别设计了不同的连接构件。

（一）摇摆墙底铰接设计

根据第三节计算出缩尺模型中摇摆墙的尺寸为30毫米×180毫米×1800毫米。在振动台试验中为了避免摇摆墙体（质体）的损伤及方便后期焊接连接杆件，用两根分别高1800毫米和180毫米的等边角钢∠30×30×3支模如图3-9（a）所示。等边角钢既可以作为墙体的外模板方便直接进行混凝土浇筑工作，又可以为墙体的铰接处理以及与楼层之间连接提供更多的焊点。大量的研究结果表明，摇摆墙结构被设计成无损结构，因此为了防止摇摆墙体在地震动作用下的损坏，在实际工程中通常采用高配筋或者预应力的方法使摇摆墙墙体的纵筋在大震下不发生屈服（曹海韵等，2012）。因此，在摇摆墙墙体内布置的受力筋为4Φ6@45的两排通长螺纹钢筋（其中Φ为钢筋型号，@为钢筋间距），用以抵抗弯矩，并将两端焊接在角钢上用以固定纵筋位置，使钢筋分布均匀；由于缩尺模型尺寸较小，且纵筋较长，在墙的面外容易露筋，因此在摇摆墙的高度方向布置6Φ6@260的横筋，并焊在角钢上，既可以抵抗剪力，又可以通过扎丝固定纵筋，防止在后期浇筑混凝土捣实时钢筋错位，造成应力分布不均匀，墙体布筋如图3-10（a）所示，浇筑养护的摇摆墙体如图3-10（b）所示。

（a）摇摆墙体模具

（b）弧形墙底设计实物图

（c）摇摆墙体铰支座底座实物图

（d）摇摆墙铰接实物图

图 3-9　摇摆墙体铰支座连接设计

（a）摇摆墙钢筋布置

（b）墙体浇筑成型

图 3-10　摇摆墙墙体实物图

为了解决摇摆墙体与基础之间的铰接，将 180 毫米高的角钢（即摇摆墙的底模）加工成弧形形状，如图 3-9（b）所示，有助于控制摇摆墙体的转动中心位置。为了避免在震动过程中摇摆墙体与基础的直接碰撞，在首层底板上方焊接了具有地梁作用的高 3 厘米的方钢作为铰支座的底托如图 3-9（c）所示，既可以增加摇摆墙体与基础之间的距离，避免在大震时出现碰撞导致墙体损坏，又可以对首层柱子起到加固作用，防止模型柱子的底层钢筋与底板的焊接不牢，导致模型先于实际结构破坏，影响试验进度。另外，为了使摇摆墙体的转动中心控制在一点，在方钢上焊接一个 1 厘米高的螺母，作为铰接支座的内槽，如图 3-9（c）所示。为了实现摇摆墙墙体铰接效果，则在弧形墙体下焊接一根长 2 厘米直径 1 厘米的钢棍，并将其打磨成圆弧面，直接嵌入铰支座底座的内槽内，如图 3-9（d）所示，可以实现弱约束条件下摇摆墙的摇摆。由于两者之间留有一定空隙，可以使摇摆体在铰支座的内槽内产生有限的绕 Y 轴（墙体厚度方向）及 X 轴（墙体长度方向）的转动，而且无论当摇摆墙体向左摆动还是向右摆动都可以实现绕定点转动，将摇摆墙体的转动中心从墙底的边缘转至墙底内侧的一点，而且墙体任意一端的抬起都不会产生抵抗弯矩，进而降低了摇摆墙体对抗弯承载能力的需求。并且在无外力作用下，摇摆墙体的重心、刚心及旋转中心都在一条竖直线上，避免出现墙体倾斜对结构产生初始损伤。

（二）框架与摇摆墙之间连接结构的设计

框架—摇摆墙结构是新型的可恢复功能结构中的一种，而该结构中框架与摇摆墙之间的连接及摇摆墙与基础之间的连接是实现该结构体系有效性的关键技术。因此，基于可更换构件理念，本书在一种连接框架与摇摆墙的耗能连接结构（刘书贤等，2019）的基础上进行了改进，连接结构见图 3-11 所示，改进后的连接结构（以下统称楼层连接装置）可以更加灵活地对弹簧与阻尼材料的参数进行调整以实现不同的减震效果，而且更有利于增加摇摆墙与主结构之间的相对位移，使两者之间的异相振动显著，进而摇摆墙产生的作用于框架结构的反作用力增加，可以有效地衰减主结构的动力响应，因此将其运用在框架结构的减震控制中，形成钢筋混凝土框架—摇摆墙式减震结构。

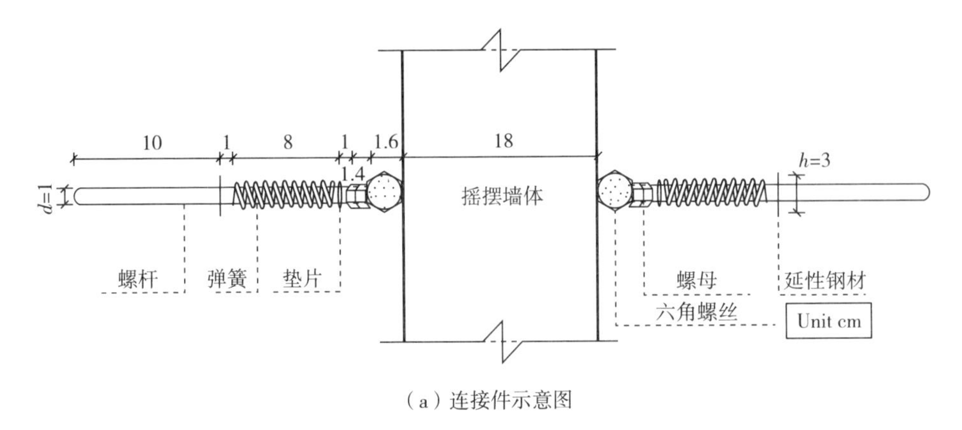

（a）连接件示意图

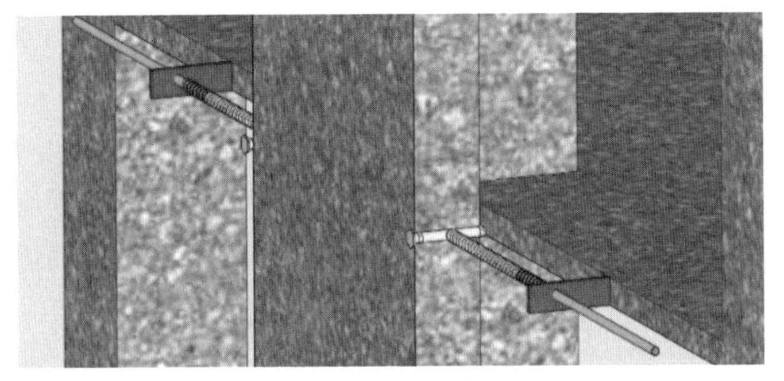

（b）连接结构三维示意图

图 3-11　摇摆墙体与框架连接件设计示意图

在进行地震模拟振动台试验时，摇摆墙两侧各安装一套楼层连接装置，将其运用在框架结构的减震控制中，并对其有效性和可操作性进行检验，如图 3-12 所示。框架结构模型与摇摆墙之间的楼层连接装置，由一根带有螺纹的延性螺杆、与之配套的两个螺母、弹簧及延性垫片组成。为了方便连接结构出现损伤后的更换及维修，在螺杆的一端焊上与六角螺丝相匹配的螺母，并且在摇摆墙体厚度方向分别焊接两个螺母，如图 3-12（b）所示，将螺杆上的螺母布置在摇摆墙体厚度方向上的两个螺母中间，通过六角螺栓进行螺丝连接，具有插销的效果，并且通过调整螺栓与螺母之间的咬合程度可以调整框架结构与摇摆墙之间发生相对位移的大小。若连接结构出现损伤时，通过调整螺栓与螺母之间的机械连接便可实现快速更换，是一种经济实用、构造简单、适合工程运用的连接装置。而且此装置的可更换性能，不仅有利于降低震后修复成本和修复时间，而且提高了建筑物的抗震防灾韧性。此外，为了实现摇摆墙体与框架结构的连接，还需要在安装摇摆墙方向的框架梁上预埋小刚片，每层 4 个，一共 24 个，方便后期焊接限位装置，即在预埋钢片位置焊接一个与延性螺杆尺寸相匹配的带孔的延性钢材，将楼层连接装置穿过限位装置，既可以实现摇摆墙体在墙体平面内（X 方向）的左右摆动，又可以限制墙体绕 Z 轴（墙体高度方向）转动。由于摇摆墙体绕铰支座发生左右摆动的过程中，会产生相对框架结构的竖向位移，因此限位装置可以实现放松楼层连接装置在 Z 向（墙体高度方向）的平动自由度和绕 Y 轴（墙体厚度方向）的转动自由度，保证楼层连接装置在摆动过程中不引起结构或自身的破坏。因此，试验研究表明了在地震动的作用下，摇摆墙式减震系统能结合自身的惯性及弹性势能的释放实现较好的复位，不仅能够提高摇摆墙体与主结构之间的相对位移，而且可以显著地衰减主结构的震动响应，具体分析见第四章。

（a）连接件实物图

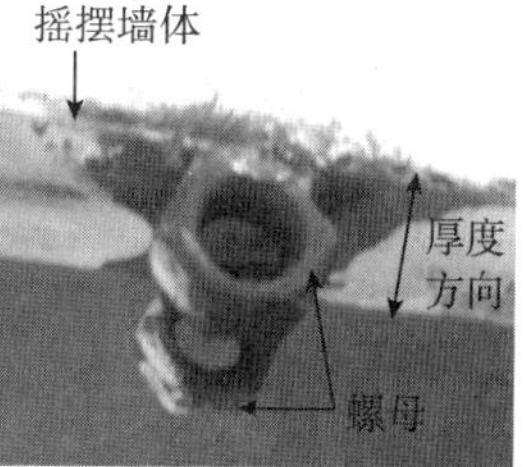

（b）摇摆墙体螺母示意图

图 3-12　框架与摇摆墙的连接结构设计实物图

八、配重计算与布置

由于本书采用的是欠人工质量模型，并且为了减少重力失真效应的影响，参考张敏政（1997）提出的等效质量密度的概念对结构模型的人工质量进行计算，原型钢筋混凝土质量密度 $\rho_p=2400$ 千克/立方米，模型微粒钢筋混凝土密度 $\rho_m=2360$ 千克/立方米，根据 PKPM 软件计算得到原型结构的构件质量为 $m_p=374.976$ 吨，非结构构件及活载质量为 $m_{op}=192$ 吨，因此参考表 3-2 中的相似参数关系可以计算模型结构构件的质量 $m_m = m_p \cdot S_l^3 \cdot S_\rho = 0.3687$ 吨。根据公式（2-35）可以得到满足重力和惯性力效应所需要的充足的人工质量为 2.13 吨，根据公式（2-38）可以计算出 $m_{om} = 1.28$ 吨。

通过第二章中的人工质量模型可知，对于人工质量模型需要为缩尺模型配置充足的人工质量来消除重力效应的影响，并且满足 $S_a = S_g = 1$，因此在模型结构中需要满配重为 2.13+1.28=3.41 吨，加上模型构件重量 0.3687 吨及底座的重量 0.3 吨，则模型结构总的重量为 4.0787 吨，配重采用大密度混凝土试块，虽然按照满配重下模型总质量在振动台极限承载能力 10 吨范围内，但是如果将总的配重布置在六层的缩尺模型中，会导致上下层的模型连在一起影响整个模型的刚度，因此全配重的人工质量模型无法适用，本书采用的是欠人工质量模型。另外，在进行地震模拟振动台试验时，模型结构的主要载荷为地震激励下产生的惯性力，且根据牛顿第二定律 $F = ma$ 可知，当试验模型惯性力不变时，若要降低模型的质量即减少人工质量，则需要增大输入振动台台面的激励加速度。另外在第二章中对等效密度的概念及计算方法已经进行了详细的介绍，因此本书采用一致相似律对模型结构进行设计。根据模型的大小及试验安全性，本书的人工质量模型 m_a 与非结构构件质量 m_{0m} 的和为 1.521 吨，因此根据公式（2-39）可以算出等效质量密度 $\overline{S}_{m\rho} = 3.333$。由于质量的减少就需要增加加速度相似系数 S_a，周颖等（2003）通过大量振动台试验表明，S_a 位于 2~3 时，结构重力失真效应减到最小，同时保证 $S_a \cdot S_\varepsilon \leqslant 1$，因此 S_a 的计算如下所示：

$$S_a = S_E / (S_l \cdot \overline{S}_{m\rho}) \tag{3-5}$$

根据公式（3-5）可计算得到加速度的相似系数 $S_a = 2$。由于使用的是一致相似律，因此需要根据等效密度的值对模型结构的时间相似系数、速度相似系数及频率相似系数进行相应地调整，因此模型的各个物理相似关系如表 3-2 所示。

第三节　地震模拟振动台试验方案设计

地震模拟振动台试验是将试验模型安装在一个刚性台面上，通过台面按照预定的加载时程震动，给试件施加惯性力。地震模拟振动台可以很好地输入实测及人工地震波，再现地震全过程，通过试验发现结构的薄弱部位，进而有助于探索结构的破坏机制，是在试验室中研究结构地震反应和破坏机理的最直接的方法（周颖等，2003）。

一、试验目的与研究内容

（一）试验目的

摇摆墙体作为一种新型结构，其底部铰接可以释放墙底弯矩，减少对墙体及基础承载力的需求。而框架—摇摆墙结构的研究刚刚起步，其实现形式也尚处于探索阶段，关于摇摆墙与主体结构之间的连接结构设计也一直在不断发展与完善中，本书针对摇摆墙结构中存在的设计难点，发明了不同的专利来实现摇摆墙与基础的连接及摇摆墙与主体框架结构之间的连接。通过国内外关于摇摆墙的研究可以发现，摇摆墙被设置为无损构件，在地震作用下几乎没有弹塑性耗能，其主要耗能途径是摇摆振动中的碰撞耗能，因此为了提高摇摆墙的耗能能力，通常在摇摆墙与主结构之间采用阻尼器连接，比如日本 G3 教学楼使用大量的钢阻尼器，提高了建筑物的抗震性能，但是整体造价显著增加，而且框架结构与摇摆墙之间相对位移较小，对于常用的位移相关型阻尼器而言，并不能充分地产生屈曲耗能，不利于摇摆墙结构的推广与运用，尤其在经济欠发达地区建筑物的减震控制中受到限制，导致摇摆墙结构在实际工程中的运用较少。本书基于摇摆墙结构的构造优势及被动控制的减震原理，提出了一种框架—摇摆墙式减震结构，通过放松摇摆墙与框架结构之间的约束，增加两者之间的相对位移，利用摇摆墙摆动时将结构的损伤主要集中在摇摆接触面这一特征，在摇摆接触面上添加弹簧和阻尼材料，既能实现能量的吸收又有助于摇摆墙体自身的复位，并且在大震之后或者服役期内可以随时更换，整体造价成本相对较低，是一种经济实用、构造简单、适合工程运用的连接装置。因此为了验证此种摇摆墙式减震系统的有效性和可行性，按照一致相似律设计了六层的钢筋混凝土框架结构模型及钢筋混凝土框架—摇摆墙式减震结构模型，研究摇摆墙式减震系统在不同强度地震波作用下的破坏机制、地震响应特征及减震效果，为框架—摇摆墙式减震结构的深入分析提供依据。

（二）试验内容

本次试验的主要目的是研究新型钢筋混凝土框架—摇摆墙式减震结构在不同水准地震及不同地震波作用下的减震效果以及抗震性能，并为进一步的数值计算、理论分析和框架摇摆墙减震结构的抗震性能研究提供一定的依据。振动台试验的内容主要有以下几个方面：

（1）模态测试：在振动台试验中通过白噪声扫频对模型结构在各工况震前及震后分别进行一次模态测试，检测模型结构在经历不同设防烈度的地震作用前后频率的变化情况，分析模型的塑性变形情况，为抗震设计提供依据。

（2）动力响应分析：测试框架结构模型与框架摇摆墙式减震结构模型在三种不同地震波激励下的各层加速度响应，对比框架结构与框架—摇摆墙式减震结构在地震作用下的动力反应、受力机理及耗能机制等对摇摆墙式减震系统在不同烈度下的减震有效性进行验证。

（3）性能评价：通过观察各构件在不同设防烈度的地震波激励下的破坏状态、损伤程度及摇摆墙减震系统的摆动幅度等对结构重要构件在不同工况下的工作性能做出评价，对有限元模型参数进行修正，为进一步的参数化数值模拟分析提供依据。

二、地震波的选取

模拟地震振动台试验选择台面输入加速度时程曲线时，除了应考虑试验结构的周期、拟建场地类别、抗震设防烈度和设计地震分组的影响，还需要满足地震动三要素（有效峰值、频谱特性和持续时间）的要求，它们是影响建筑结构地震响应的三个主要因素（胡聿贤，2006）。

由于地震产生机理、传播形式、地质地层构造的复杂性都使地震波具有很强的随机性，因此弹塑性时程分析所用的地震波有三种：一是拟建场地实际地震波，二是典型过去强震记录，三是人工地震波。对于上述第一种情况，比较难以实现，目前所选用较多的还是根据所建场地类别选择典型的强震记录进行试验分析。而地震动峰值通常作为抗震设防的标准，一般可通过放大或缩小实际地震动记录的幅值来调整。本书加速度的有效峰值按《建筑抗震设计规范》（GB 50011-2010）所列地震加速度最大值采用，如表3-5所示，对地震波峰值的调整按照公式（3-6）调整，将加速度峰值调整至所需要的设防烈度区地震加速度的最大值，用来模拟7度与8度基本设防烈度下试验模型的抗震性能。频谱特性可以用地震影响系数曲线表征，可以选择频谱分布规律与场地波相接近的地震波，或者频率成分相对丰富的地震波。地震激励的持续时间与输入建筑物中的能量有关，规范中规定地震波的时间间隔不应过长和过短，一般取0.01~0.02s；一般所选的加速度时程有效持续时间为结构基本周期的5~10倍，并且需要包含该地震动原始记录最强的部分，只有加速度记录的强震部分的时长，持续有效时间才有意义。当对结构进行弹塑性最大地震反应分析时，持续时间可取较长值（曹黎媛，2020）。

表3-5　时程分析时输入地震加速度的最大值（g）

设防烈度（度）	6	7	8	9
多遇地震	0.018	0.035（0.055）	0.070（0.110）	0.140
设防地震	0.050	0.100（0.150）	0.200（0.300）	0.400
罕遇地震	0.120	0.220（0.310）	0.400（0.510）	0.620

注：括号内的数分别用于设计基本地震加速度为0.15g和0.30g的地区，g为重力加速度。

$$a(t)=\frac{a_{max}}{a_{0\,max}}a_0(t) \tag{3-6}$$

式中，$a(t)$、$a_0(t)$分别为调整后加速度、原始加速度，a_{max}、a_{0max}分别为抗震防设要求的加速度时程曲线峰值、原始加速度时程曲线峰值。

基于《建筑抗震设计规范》（GB 50011-2010）（2016版）规定，采用时程分析法时，按建筑场地类别和设计地震分组选用实际强震记录和人工模拟的加速度时程曲线，其中实际强震记录的数量不应少于总数的2/3。而人工地震波是根据拟建场地情况，使用概率方法人为产生的一种符合某些指定条件（如地面振动幅值、频谱特性、强震持时等）的随机地震波，其仅作为典型过去强震记录的补充。因此本试验结合原型结构地震分组（第一组）和所处场地类别（二类），选择了三条地震波，即EL Centro波、Taft波及人工波，归一化后的加速度时程曲线和相应的频谱曲线如图3-13

和图 3-14 所示，从图中可以看到所选的三条地震波在基本周期内与设计反应谱拟合较好，频谱范围广泛，在 0~2s 内，三条地震波的平均振幅与设计谱的偏差小于 20%，满足本书设计的需求。为了更好地分析框架—摇摆墙式减震结构在地震作用下的减震效果，本书选择地震波持时为 15s，地震波的时间间隔取 0.02s，地震波采用单向（X 方向）激励。

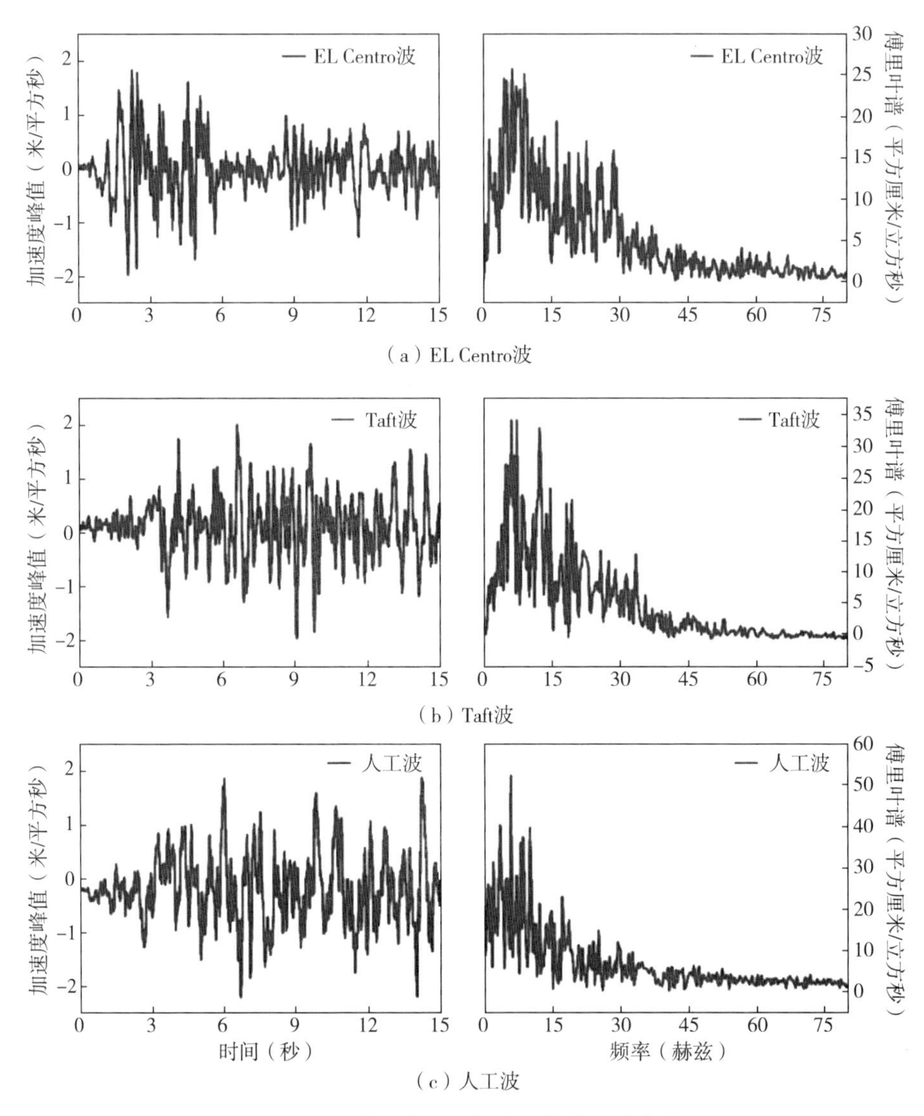

图 3-13　地震波时程曲线及其傅里叶变换

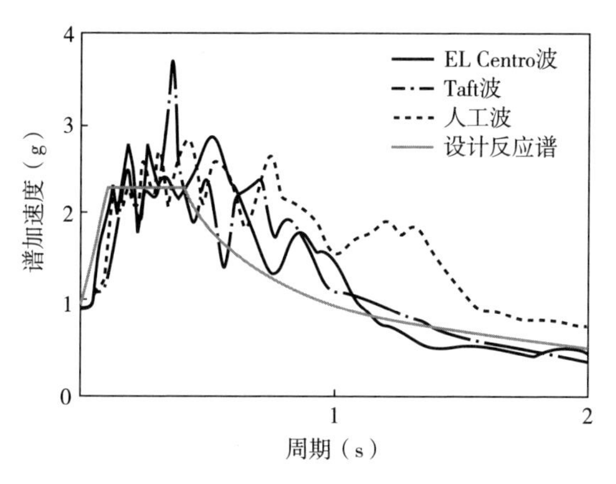

图 3-14　地震波的加速度反应谱

本书所用的人工波是根据中国抗震规范反应谱及清华大学陆新征教授开发的 SIMQKE 程序生成的，而另外两种地震波是根据典型的强震记录进行选择的，其中 EL Centro 波于 1940 年 5 月 18 日在美国帝王谷地震记录，持时 53.73 秒，该波强震区域持续时间 26 秒，属Ⅱ～Ⅲ类场地土，卓越周期较短，其记录的主要周期范围为 0.25～0.60 秒，动力放大系数为 2.689，最大加速度在南北方向峰值为 341.7 厘米/平方秒，卓越周期为 0.55 秒，东西方向最大加速度为 210.1 厘米/平方秒，竖向最大加速度峰值为 206.3 厘米/平方秒，是人类对地震波最早的形态记录，具有很强的代表性；Taft 波于 1952 年 7 月 21 日记录于美国 California 州，南北方向最大加速度为 152.7 厘米/平方秒，东西方向最大加速度为 175.9 厘米/平方秒，属Ⅱ～Ⅲ类场地土，卓越周期是 1 秒，竖向最大加速度峰值为 0.105g，与 EL Centro 波相比，Taft 波包含较多稍长周期的波。由于该波记录过程及形态较为完整，在国内外地震工程界使用范围最广。三条地震波持续的峰值根据表 3-5 的规范进行调整。三条地震波持续的峰值根据表 3-5 进行调整，即在 7 度基本设防地震（0.1g）及 8 度基本设防地震（0.2g）下的加速度峰值根据表 3-2 中的加速度相似关系分别换算成 0.2g 和 0.4g。

三、试验测点布置及采集系统

（一）试验测点布置

由于模型形状规整，质量分布均匀，因此不考虑扭转效应的影响，在结构互为对称面的一面方向上布置传感器即可，分别用于监测模型所在层的加速度及应变，本书主要分析动力响应的变化规律。本次模型试验共布置六个加速度传感器，分布在每层的 Y 方向，用以分析结构的动力特性，并在振动台台面上放置一个加速度传感器用来测试输入地震波的反馈，图 3-15

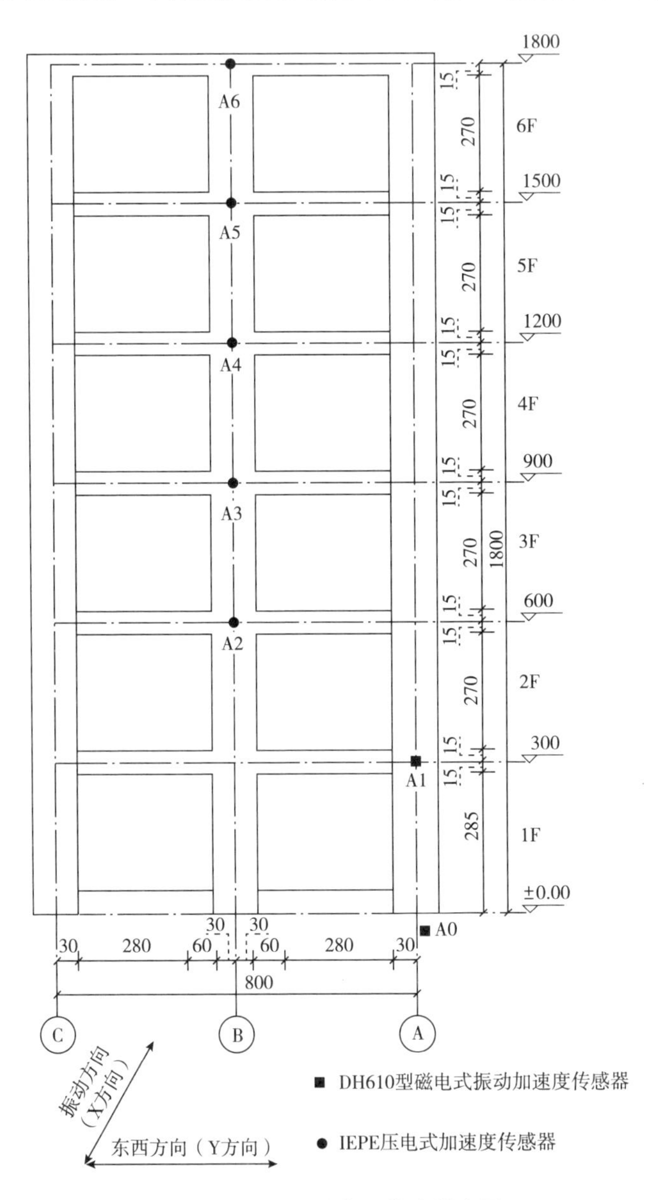

图 3-15　平面测点及传感器布置

示意性地描述了加速度传感器在模型中的位置（其中 A_0 和 A_1 是 DH610 型磁电式振动加速度传感器，A_2～A_6 是 IEPE 压电式加速度传感器），A_0 是布置在振动台台面上的加速度传感器，A_1 是底层柱子加速度传感器，A_2～A_6 分别为二层至六层布置的加速度传感器。在进行地震模拟振动台试验时，为了实时再现不同强度的地震波作用下，框架摇摆墙结构模型的抗震性能及摇摆墙减震装置的减震效果，需要设置一系列的荷载工况并通过试验仪器测量模型结构的动力响应，来对摇摆式减震装置的耗能减震程度进行定量分析。

（二）采集系统及传感器

（1）DH5925 采集系统，如图 3-16 所示，16 通道同时工作时，每通道最高采样速率为 12.8 千赫兹，瞬态采样（最大采样长度为每通道 256 千点）；滤波方式为模拟滤波+实时数字滤波组合抗混滤波器（通过采样实现），采样点数：128 点/转，对应的转速范围为 30～18000 转/分。

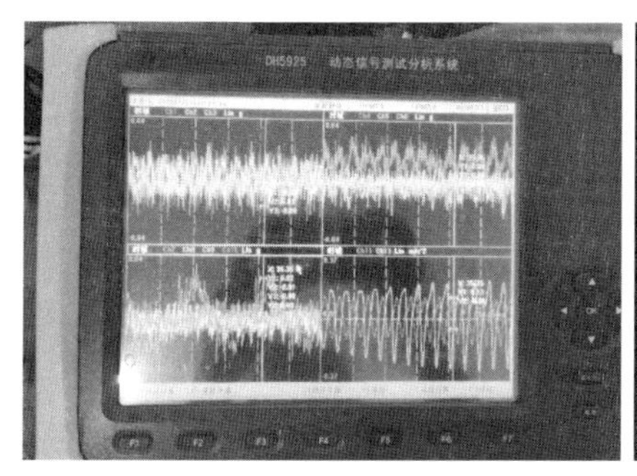

（a）DH5925采集仪　　（b）数据采集界面

图 3-16　DH5925 采集系统

（2）DH3817K 采集系统，如图 3-17 所示，其测量点数为 32，连续采样速率为 1 千赫兹，最大分析频宽 390 赫兹，应变片灵敏度系数为 1.0～3.0 自动修正，最高分辨率为 1 微应变（$\mu\varepsilon$），抗混滤波器滤波方式为每通道独立的模拟滤波+DSP 数字滤波。

（3）本试验采用的加速度传感器有两种类型，分别为 DH610 型磁电式振动加速度传感器和 IEPE 压电式加速度传感器。其中 IEPE 压电式加速度传感器由江苏东华测试技术股份有限公司生产，其轴向灵敏度（23±5℃）107.6 毫伏/米/平方米，量程±5g（g 为重力加速度），最大横向灵敏度<5%，输出阻抗<100 欧。DH610 磁电式振动传感器是一种用于测量超低频或低频振动的多功能传感器，尺寸为 63 毫米×63 毫米×63 毫米，重量为 0.6 千克。磁电式振动传感器设有加速度、小速度、中速度和大速度四档，灵敏度分别为 0.3 伏·秒/米、20 伏·秒/米、4 伏·秒/米和 0.3 伏·秒/米。加速度的最大量程为 20 米/平方秒，小速度、中速度和大速度三档下的最大量程速度分别为 0.125 米/平方秒、0.3 米/平方秒、0.6 米/平方秒；输出负荷电阻均为 1000 千欧。

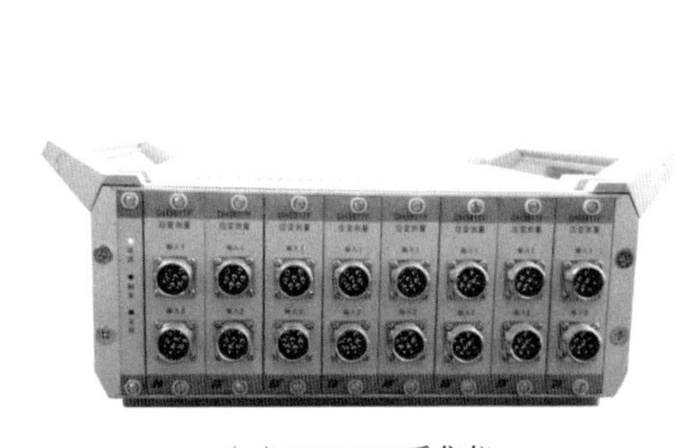

（a）DH3817K采集仪

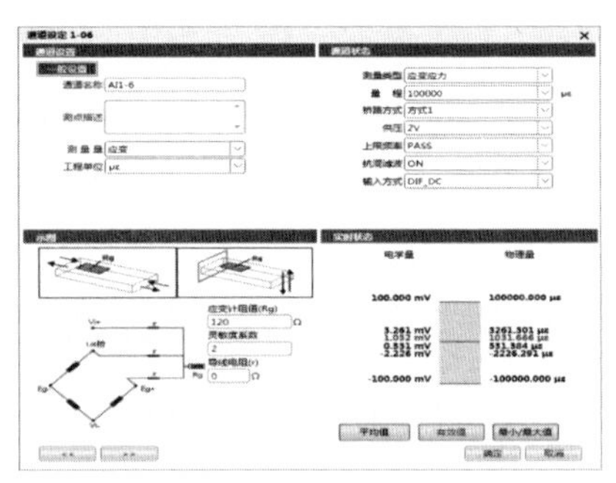

（b）应力—应变设置界面

图 3-17　DH3817K 采集系统

（4）应变片所用应变片规格为 BX120-50AA，电阻值 120±1 欧，应变极限为 2000 微米/米，灵敏系数 2.0±1%。

四、试验工况

从图 3-14 三种波的频谱反应可知，地震动的频率主要在 1~8 赫兹之间。因此本书采用地震参数 Arias intensity（I_a）和累积绝对速度（Cumulative Absolute Velocity，CAV）来研究地震动的强度大小，确定试验中输入地震波的顺序。

Arias Intensity（1970）是地震激励总能量含量的度量，由以下关系定义：

$$I_a=\frac{\pi}{2g}\int_0^t \ddot{x}^2\,\mathrm{d}t \tag{3-7}$$

式中，I_a 是 Arias 强度，t 是地震持续时间，$\ddot{x}$ 是地震地面加速度。

累积绝对速度（CAV），Cabañas 和 Herráiz（2015）定义为绝对加速度图下的面积，其计算的公式如下所示：

$$CAV = \int_0^t |\ddot{x}| dt \tag{3-8}$$

对于弹塑性模型结构，振动台试验加载是一个累计损伤且不可逆的过程。因此，选择合理有效的地震动，并确定其输入顺序，对正确评价模型结构的抗震性能有重要的影响（秦朝刚，2018）。一般对模型进行台面激励输入总体上应该遵循由小至大的顺序。因此根据公式（3-7）、公式（3-8）计算三种地震波的地震参数，从表 3-6 可以看出，在相同振动时间内，人工波输入能量最大，EL Centro 波与 Taft 波相差不多，因此为减少模型的累积损伤，在进行地震模拟振动台试验时，地震波输入顺序为 EL Centro 波、Taft 波、人工波。

表 3-6　输入震动的地震参数

序号	地震波	Ia（米/秒）	CAV（米/秒）
1	EL Centro 波	$1.8134e^{-4}$	2.6512
2	Taft 波	$2.1044e^{-4}$	2.9915
3	人工波	$2.4608e^{-4}$	3.5125

为了检测模型结构在不同地震动激励后的塑性变形情况，《建筑抗震试验规程》（JGJ 101-2015）规定每组加载完成后，下一个工况加载之前，需要采用峰值加速度为 0.5 米/平方秒~0.8 米/平方秒的白噪声进行激励，获得各阶段模型结构的自振频率、周期、阻尼比和振型系数等动力特性，判断模型结构的损伤情况。因此当模型吊装于振动台台面之上，完成人工配重和安全防护等工作之后，为测试模型结构的初始模态信息，需要首先对模型进行白噪声激励；另外，为了测定模型结构在静力不同水准烈度的地震作用前后动力特性的变化，还需要在每个水准烈度地震作用前后设定一次白噪声激励工况来测定模型结构的自振频率的变化情况，具体的试验工况如表 3-7 所示。由于模型结构是双轴对称的结构布置，李颜亭

(2016) 通过振动台试验对三榀两跨的双轴对称模型研究表明，X 向与 Y 向的一、二阶模型自振频率相差不大，因此为了更好地研究摇摆墙式减震装置在地震激励下的振动控制效果，本书采用单向地震波激励，激励方向为 X 方向，并且摇摆墙式减震装置沿着 X 方向布置，研究新型的钢筋混凝土框架—摇摆墙式减震结构在不同强度的地震作用下的抗震有效性。

表 3-7　普通动力试验工况

序号	工况	设防烈度	输入波的类型	目标峰值/g	加速度记录编号
1	框架结构模型 (F model)	—	第一次白噪声	0.05	WN-1-X
2		7 度设防	EL-Centro 波	0.20	EW-x0.2-F
3		7 度设防	Taft 波	0.20	TW-x0.2-F
4		7 度设防	人工波	0.20	AW-x0.2-F
5		—	第二次白噪声	0.05	WN-2-X
6		8 度设防	EL-Centro 波	0.40	EW-x0.4-F
7		8 度设防	Taft 波	0.40	TW-x0.4-F
8		8 度设防	人工波	0.40	AW-x0.4-F
9		—	第三次白噪声	0.05	WN-3-X
10	钢筋混凝土框架—摇摆墙式减震结构模型 (FR model)	—	第四次白噪声	0.05	WN-4-X
11		7 度设防	EL-Centro 波	0.20	EW-x0.2-FR
12		7 度设防	Taft 波	0.20	TW-x0.2-FR
13		7 度设防	人工波	0.20	AW-x0.2-FR
14		—	第五次白噪声	0.05	WN-5-X
15		8 度设防	EL-Centro 波	0.40	EW-x0.4-FR
16		8 度设防	Taft 波	0.40	TW-x0.4-FR
17		8 度设防	人工波	0.40	AW-x0.4-FR
18		—	第六次白噪声	0.05	WN-6-X

第四节　本章小结

通过振动台进行动力模型试验是研究结构地震反应和破坏机理最直接的方法，也是结构抗震安全评估的一个有效手段。然而，受地震模拟振动台承载能力阈值、实验室规模、台面尺寸等多方面因素的限制，通常使用欠人工质量的缩尺模型进行相应的试验研究。而模型的设计是基于相似理论推导得到的模型结构与原型结构各个物理量之间的相似关系，因此为了更好地实现模型结构与原型结构之间的相似，减少试验误差，需要根据试验条件及研究目的选择合适的相似关系来指导模型结构的设计。基于第二章内容，本章按照相似理论对框架—摇摆墙式减震结构及框架结构缩尺模型进行了设计与制作，并对模型设计过程中的难点问题进行了详细介绍，主要研究内容如下：

第一，根据我国的抗震设计规范，通过 PKPM 软件对框架结构进行设计，综合振动台承载能力及试验条件的限制，确定了新型钢筋混凝土框架—摇摆墙式缩尺模型及框架结构模型在动力系统中各物理量的相似关系，以及振动台试验研究的主要相似常数，并且根据相似要求进行相似材料的力学性能试验及缩尺模型配重的计算，为缩尺模型的制作提供了参考。

第二，为了更好地模拟模型底部固定连接的力学特性且保证模型的稳固性，研发了一种易拆卸、可循环使用的连接混凝土模型结构与振动台台面的基础底座，并且可以任意调整底座角度以模拟不同地基沉降要求的模型研究，本书研究不考虑地基的不均匀沉降。另外，由于所设计的基础底座的材质是钢材，而缩尺模型是混凝土材料，因此发明了一种不同材料属性构件之间的连接方法和装置，同样可以适用于不同地基沉降的模拟，而沉降角度为零是本书的研究目标。

第三，摇摆墙与基础之间的连接及摇摆墙与框架结构之间的连接是实现该结构体系的关键技术，因此本书设计了一种可以避免与基础发生碰撞损伤的铰接底座，使摇摆墙体的重心、刚心及旋转中心都在一条直线上，更容易控制摇摆墙的摆动。另外，利用摇摆墙结构的构造特征，研发了一种既能实现分散地震能量又能实现震后复位的连接结构，在此基础上本书将改进后的楼层连接装置运用在框架结构的减震控制中，不仅可以更加灵活地对弹簧与阻尼材料的参数进行调整以实现不同的减震效果，而且更有利于增加摇摆墙与主结构之间的相对位移，使两者之间的异相振动显著，产生阻碍主结构发生更大侧向变形的反力更大，是一种经济实用、构造简单、方便更换、适合工程运用的连接装置。

第四，由于振动台试验加载是一个损伤累积且不可逆的过程，为了合理地评估框架结构模型及框架—摇摆墙式减震结构模型的抗震性能，对两组模型结构的试验方案进行了详细的设计，确定地震波的输入顺序，减少模型结构在地震作用下抗震性能评估的误差。

第四章
钢筋混凝土框架—摇摆墙式减震结构抗震性能试验研究

摇摆墙结构作为一种可恢复功能结构，不仅具有有效的减震效果，而且可以显著地改善框架结构层屈服破坏特征，还可以用于新建建筑物及已有建筑物的抗震加固中，从而得到迅速发展。第三章详细介绍了钢筋混凝土框架—摇摆墙式减震结构模型及框架结构模型的相似条件、模型设计、技术难点及加载方案，本章通过试验采集到的实验数据对框架结构模型及新型钢筋混凝土框架—摇摆墙式减震结构模型在不同工况下的动力特性、破坏机理、加速度响应、位移响应、剪力分布等地震响应进行对比分析，来评估新型钢筋混凝土框架—摇摆墙式减震结构的减震效果和抗震性能。

第一节　试验数据处理方法

在进行地震模拟振动台试验时，采集系统的采样频率较高，且周围噪声干扰较大，因此采集到的实验数据（加速度、位移、应变等）成分复杂，且采集的数量庞大，逐个分析需要消耗较多的时间。一般而言，相比于位移数据的采集，加速度数据的采集更加方便，因此可以根据试验得到的加速度信号，通过数值积分的方法分别进行一次积分和二次积分，便可得到相应的速度和位移波形。但是由于测点上的传感器容易受外界环境温度变化的影响，并且输入振动台的地震波本身存在很多的噪声及干扰信号，信号会呈现“零点漂移”现象，即在没有输入振动模拟信号时，通过数据采集器仍可以采集到一定的振动信号，出现输出结果偏离零值的现象，这会导致采集到的加速度记录波形往往存在一定的波形基线位移量，低频部分频谱不稳定，容易丧失真实性（Ewins，1995；王济和胡晓，2006；Yang et al.，2006；吴明，2015；Li et al.，2019；龚向伟和贺冉，2019）。

若将以上数据手工处理，不仅效率低下，处理过程中的累积误差也会影响结果精确度。因此为了尽可能实现实验数据的真实性，加上 MATLAB 编写程序的方便性、广泛性和通用性，国内外很多学者基于 MATLAB 软件对试验数据的处理进行了很多研究，结果表明，利用 MATLAB 软件对地震模拟振动台试验中采集到的数据进行相关的处理，不仅可以提高数据处理的效率，而且还可以将试验数据中的噪声进行滤除，提高试验数据的利用率。MATLAB 软件在处理试验数据时一般包括：求解振动模型各测点相对于台面的传递函数、标定变换、峰值调整，以及消除趋势项、地震波数据的频谱分析、加速度数据的滤波和积分等（张晋，2002；陆伟东，2011），为研究人员处理大量的实验数据提供了很大的便利。本书采用美国 Math Works 公司研发的 MATLAB 软件分析处理振动台试验数据，主要处理内容包括两项：一是分析各测点的传递函数，二是对各测点数据进行预处理和微积分。

一、分析各测点传递函数

振动台模拟地震试验过程中，试验前后均对各工况进行低频白噪声激励，将模型中各测点白噪声反应信号对振动台台面白噪声反应信号做传递函数，得到振动系统的相频与幅频特性，进而求得模型的自振频率及自振周期（陆伟东，2011；蒋良潍等，2010；盛谦等，2012）。

传递函数是复函数，它表示系统的固有特性，其模等于输出与输入振幅之比，表达振动系统的幅频特性；其相角等于输出与输入的相位差，表达振动系统的相频特性。因此利用传递函数可以得到模型结构的加速度响应的幅频特性图和相频特性图。幅频特性图上的峰值点对应的频率为模型结构的自振频率，在幅频特性图上，采用半功率带宽法确定该自振频率下的模型结构的临界阻尼比，具体操作可参见文献（周明华，2013）；由模型各测点的幅频特性图上同一自振频率处的幅值比，结合相频特性图的相位，经归一化后，即可得到该自振频率对应的振型曲线（张晋，2002）。因此，结合振动台试验中的白噪声扫频，借助 MATLAB 获得模型的自振特性的关键是要先得到模型的传递函数，进而可输出幅频曲线、相频曲线的程序，其主要功能由调用信号处理工具箱（Signal Processing Toolbox）中的 *tfestimate* 函数实现，如下所示：

$$[T_{xy},\ F] = tfestimate(x(:,\ i),\ x(:,\ j),\ windows,\ noverlap,\ nfft,\ fs) \tag{4-1}$$

式中，T_{xy} 代表传递函数的复数数组；F 代表对应的频率，$x(:,\ i)$ 代表试验第 i 通道数据，对应输入信号；$x(:,\ j)$ 代表试验第 j 通道数据，对应输出信号；*Windows* 代表窗函数的宽度；*noverlap* 代表样本混迭的点数，缺省为混迭 50%；*nfft* 代表傅里叶变换的长度；*fs* 代表样本采样率。

tfestimate 函数中隐含采用的 Hamming 窗（可在独立的 m 文件 tfestimate. m 中修改窗函数类型），由于快速傅里叶变换（FFT）要对时域内的数据进行截断，必然会造成时域波形两端发生突变，加窗的目的是为了平滑化，抑制了对时域信号进行截断时的频率泄露现象。

二、滤波与消除趋势项

试验采集到的振动信号数据，由于可能存在零点漂移、传感器低频性能的不稳定及周围的环境干扰、样本截取长度选择不当等因素，大多都含有一定的趋势项。趋势项的存在，会使时域中的相关分析或频域中的功率谱分析产生很大的误差，甚至使低频谱完全失去真实性（高品贤，1994）。而试验数据呈现的零点漂移及偏离基线现象都属于趋势项（龚向伟和贺冉，2019；吴明，2015）。

由于仪器的误差及趋势项的存在，加速度记录波形会有一定的波形基线位移量，导致残余的微小误差在二次积分过程中不断地被放大，使波形发生畸变，得到的位移波形不能真实反映地震响应。因此，在用加速度波形通过二次积分求得位移波形时，必须做好消除趋势项和滤波处理（JGJ 101-96），这将直接影响积分运算结果的准确性。

在对数据进行处理之前需要进行趋势项消除，其基本原理为最小二乘法，首先通过 MATLAB 中的 polyfit 函数与 polyval 函数来实现，具体流程如

图4-1所示。其次是滤波，方法有频域分析与时域分析两种，从采集的信号中排除干扰信号、去除试验过程中的噪声、提取特定波段或频率。该试验采用频域滤波，利用快速傅里叶变换算法（FFT）去除输入信号需要滤除的频率成分，再通过傅里叶反变换（IFFT）变换逆向恢复初始时域信号向量，经过上述数据处理方法后的加速度信号，就可以通过时域积分或频域积分获得各测点速度和位移（陆伟东，2011；蒋良潍等，2010；盛谦等，2012；Anonymous，2010；Boashash et al.，2018）。然而，影响模型结构的地震响应的频率区段主要集中在地震波卓越频率的周围，同时，大崎顺彦（2008）在进行地震波傅里叶谱的分析中，其中高于奈奎斯特频率（Nyquist frequency）的分量是无法检测出来的，因此滤波的上限即为奈奎斯特频率值。通常把强震记录进行数字化时所取的采样间隔一般为Δt，因此其奈奎斯特频率为：

$$f=\frac{1}{2\Delta t} \tag{4-2}$$

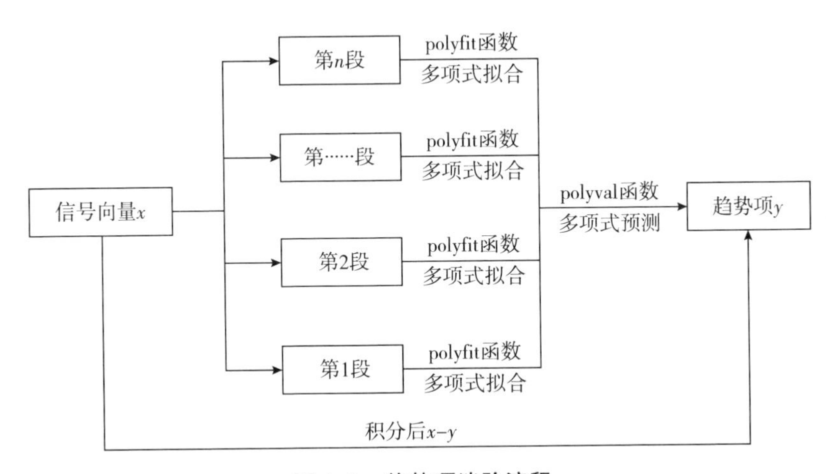

图4-1　趋势项消除流程

对于本试验所采用的三条地震波而言，采样频率均为1000赫兹，即为0.001，根据公式（4-2）计算可得奈奎斯特频率为500赫兹。

三、试验数据积分处理

在地震模拟振动台试验中，通常需要测量加速度、速度及位移这三个基本的物理量来进行试验研究。而这三个物理量可以直接通过相关的传感器进行测量，与需要相应参考系的位移测量相比，加速度测量仪器的安装更加灵活且方便，并且与位移存在微积分的关系，因此可以通过试验测得加速度信号之后，利用数值积分的方法将其转换成位移信号（徐庆华，1997）。目前有两种方法可以对试验采集的加速度信号进行参数变换，一种是频域积分法，另一种则是时域积分法。通过时域积分法得到位移信号的方法是在时域内将试验采集到的加速度信号通过辛普森公式或者梯形公式积分两次便可。而频域积分法是目前常用的处理方法，它通过傅里叶变换将滤波后的加速度信号从时域内转换至频域内后，用数值积分方法可以得到对应的速度信号与位移信号，最后再通过傅里叶逆变换将位移信号与速度信号变换至时域内即可（姚华庭，2019）。本书也采用此方法将加速度数据进行处理，具体的计算过程如下所示：

先将试验采集的加速度信号从时域转换至频域内的表达方式为：

$$a(t)=Ae^{j\omega t} \tag{4-3}$$

式中，$a(t)$ 代表加速度信号在频率 ω 的傅里叶分量，A 对应 $a(t)$ 的系数，j 代表虚数单位。

如果初始位移和初始速度的分量为零，则可以对结构的加速度信号进行一次积分和二次积分得到结构的速度和位移信号，如下所示：

$$\begin{cases} v(t)=\int_0^t a(\tau)\mathrm{d}\tau=\int_0^t Ae^{j\omega\tau}\mathrm{d}\tau=\dfrac{A}{j\omega}e^{j\omega t}=Ve^{j\omega t} \\ x(t)=\int_0^t\left[\int_0^\tau a(\lambda)\mathrm{d}\lambda\right]\mathrm{d}\tau=\int_0^t Ve^{j\omega\tau}\mathrm{d}\tau=\dfrac{A}{-\omega^2}e^{j\omega t}=Xe^{j\omega t} \end{cases} \tag{4-4}$$

式中，$v(t)$ 代表速度信号在频率 ω 的傅里叶分量；$x(t)$ 代表速度信号和位移信号在频率 ω 的傅里叶分量，V 对应 $v(t)$ 的系数，$V=\dfrac{A}{j\omega}$ 为一次积分在频域里的关系式；X 对应 $x(t)$ 的系数，$X=-\dfrac{A}{\omega^2}$ 为二次积分在频域里的关系式。

因此，可以得到一次积分与二次积分的结果，如下所示：

$$\begin{cases} y(r) = \sum_{k=0}^{N-1} \frac{1}{2\pi kj\Delta f} H(k)X(k)e^{2\pi kjr/N} \\ y(r) = \sum_{k=0}^{N-1} -\frac{1}{(2\pi k\Delta f)^2} H(k)X(k)e^{2\pi kjr/N} \end{cases} \tag{4-5}$$

式中，$H(k)=\begin{cases}1 & f_d \leqslant k\Delta f \leqslant f_u \\ 0 & 其他\end{cases}$，$f_d$ 代表下限截止频率，f_u 代表上限截止频率，Δf 代表频率分辨率，X（k）代表离散信号 $\{x(r)\}$ $(r=0，1，2，\cdots，N)$ 的傅里叶变换，H（k）代表频率截断函数。

因此，在 MATLAB 编程中，可以利用 *fft*（*x*，*nfft*）和 *ifft*（*x*，*nfft*）对加速度信号、速度信号及位移信号进行傅里叶变换和逆变换，实现频域与时域间的变换，其中 *nfft* 表示的是傅里叶变换的长度，通常取大于并接近 n^2，其中 n 表示试验采集到的加速度数据长度（陆伟东，2011）。

第二节　模型的宏观破坏状况及机理分析

在 7 度设防烈度的 EL Centro 波激励下，钢筋混凝土框架—摇摆墙式减震结构模型以及框架结构模型的各构件表面没有出现明显的裂缝，说明两组模型尚处于弹性阶段，结构各构件无残余变形；此时 F model 振动的现象并不太明显，但是 FR model 中摇摆墙式减震系统的摆动幅度相对较大，在试验过程中可以看到摇摆墙体的明显晃动。在经历 Taft 波激励后，两组模型的自振频率出现了不同程度的降低，说明两组模型内部均有不同程度的损伤。随后，在人工波激励下，模型结构逐渐出现了肉眼可见的微裂缝，并且随着输入地震波强度的增大，裂缝从无到有，且逐步出现并延展、汇聚，形成不同形状的裂缝群等典型裂缝形态。

两组试验模型经历不同地震烈度的工况后，最终的损伤现象如下：F model 相比于 FR model 的整体损伤程度较大，出现的水平裂缝、竖向裂缝、斜向裂缝的数量要多于 FR model，并且随着地震强度的增加，F model 上原有裂缝出现加宽延伸的现象，并且有一些新的裂缝产生，尤其是一层柱顶处的集中受弯裂缝的塑性损伤，首层柱端及二层梁柱节点处出现粉刷层和混凝土脱落现象，如图 4-2（a）与图 4-2（c）所示，其中二层梁柱节点区的塑性发展比较明显，柱端的裂缝不断变宽并向梁端延伸。另外，随着地震输入模型中能量的不断增加，增大了 F model 的动力响应，使模型结构的塑性损伤增加，原有裂缝不断变宽和发展，新的裂缝不断产生，如图 4-2（b）所示，梁端裂缝从梁底部到梁外侧裂开，并向柱端延伸，而且梁的底端出现混凝土脱落现象，说明在此工况下模型结构内部的耗能机制无法承受更强的地震激励，需要结构构件产生更多的塑性损伤来消耗地震输入结构中的能量。

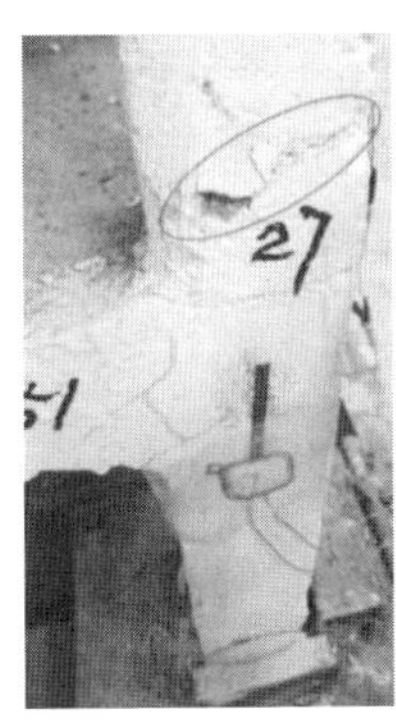

（a）角柱裂缝

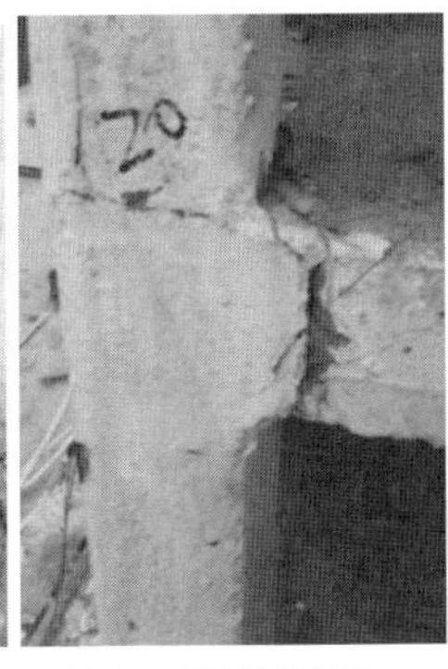

（b）一层梁端裂缝

（c）二层柱梁柱节点裂缝

图 4-2　F model 裂缝开展情况

在相同地震波激励下，FR model 也不断出现肉眼可见的裂缝，在第一层与振动方向垂直的角柱处首先出现裂缝，随着地震强度的增加，一层柱顶裂缝宽度增加并且不断延伸发展，混凝土保护层局部脱落，如图 4-3（a）所示。值得注意的是，新型的摇摆墙式减震装置可以利用弹簧的弹性势能及摇摆墙自身的惯性快速复位，因此在进行振动台试验过程中摇摆墙式减振装置的摆动幅度明显，并且可以听到明显摆动的声音。此外，由于摇摆墙与框架结构之间的楼层连接装置是穿过预埋在框架梁上的限制位置，因此楼层连接装置在振动过程中不断地与主体结构的限位装置摩擦碰撞，导致构件的磨损比较明显，加有摇摆墙一跨的梁柱在地震作用下的裂缝较未加摇摆墙方向的严重，主要表现为梁柱节点处的剪切破坏，如图 4-3（b）所示。而在未安装摇摆墙方向的构件破坏主要发生在梁端，并且随着地震的往复作用，梁端裂缝不断地向柱端发展，最后与柱端交汇在一起，形成塑性区域如图 4-3（c）所示。另外，通过图 4-3（c）可以看出，FR model 在顶层梁端截面竖向裂缝痕迹不断向梁顶延伸，且在梁端附近还有斜裂缝的产生，说明摇摆墙式减震装置的存在可以将输入结构模型中的地震能量传递至子结构中，随后子结构将其存储的能量以阻尼耗能和摩擦耗能的形式耗散，因此可以使结构的局部损伤有所缓解；而且摇摆墙式减震装置可以使地震能量不断向上传递，进而减轻了底层构件承载的压力，可以降低结构的振动响应，减少结构的损伤程度。而与之相对应的 F model 的主要裂缝出现在三层以下，并且梁端先出现裂缝，随着地震强度的增加，首层柱顶、二层梁端与柱端出现较多裂缝，且裂缝向较高楼层方向的延伸较少，这与刘建平（2008）研究得到的框架结构的层屈服破坏特征相似。

（a）一层柱端首个裂缝

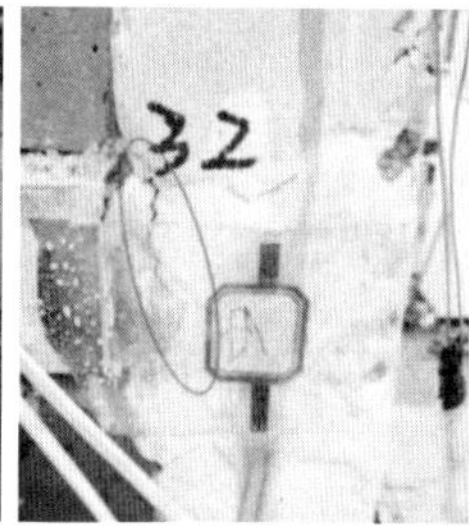

（b）预埋钢片的梁端裂缝

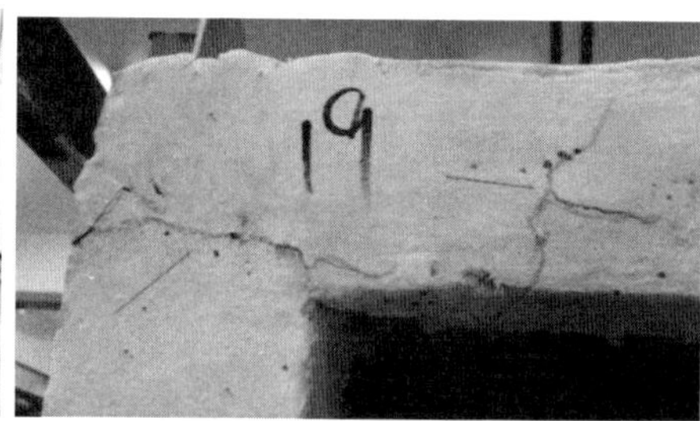

（c）顶层裂缝图

图 4-3　FR model 裂缝开展情况

综上所述，两组模型结构在不同强度的地震波激励下，模型结构都出现了不同程度的损伤，导致模型的自振频率相比于初始状态有所降低，阻尼比增加，塑性损伤不断累积，刚度不断折减，具体分析见第四章第三节，但是 FR model 由于摇摆墙式减震系统可以消耗部分地震能量，因此整体损伤程度小于 F model。

第三节　模型结构的动力特性分析

模型结构的动力特性也可以称为模态参数，一般包括自振频率、阻尼比、振型及刚度等，这些参数通常与结构自身的材料属性相关不受激励荷载的影响，是结构固有的动态参数（秦朝刚，2018）。《建筑抗震试验规程》（JGJ 101-2015）规定模型结构在每组工况加载之后，下一个工况加载之前，均需要输入一定峰值加速度（0.5 米/平方秒~0.8 米/平方秒）的白噪声激励来获得模型结构的动力特性，因此本书在完成一阶段的加载后，使用 0.05g 的白噪声进行扫频。将振动台面测得的加速度作为输入信号，将模型结构中各层传感器采集的数据作为各层加速度的输出信号，对其进行傅里叶变换，便可得到模型结构各层的功率谱曲线，根据谐振理论可知，当模型结构发生共振时，功率谱曲线中的能量将集中在某一频率范围内，据此便可获得模型结构在白噪声激励下的自振频率，经过相应的变换最终可以获得模型结构的模态参数（黄襄云等，2010；沈文涛，2018）。由于试验中阻尼比的计算有很大的偏差，本书不对阻尼比进行详细的讨论。

由于某些原因导致第六层的加速度计测得的数据失真，因此只分析第一层至第五层的加速度时程变化；虽然第六层的加速度时程不可用，但仍不影响整体结构响应的分析，这是因为结构的底层承受了最大的水平剪切和倾覆力矩，虽然框架结构顶层的位移比较大，但是均在规范规定的范围内，结构安全得以保证。另外，对摇摆墙底部与基础进行铰接处理，框架结构与摇摆墙之间在每层都设置有楼层连接装置，能够显著地改善框架结构的侧向变形模式，使各层的层间变形相对均匀，因此第六层的数据失真不影响本书试验目的的研究。为了表述方便，本节在进行试验分析时，顶层响应指的是第五层的响应。在对两组模型结构进行试验研究时，需要在各工况震前与震后分别进行白噪声扫频来获得模型结构的动力特性，以台面测点 A_0 与第五层测点 A_5 的加速度传感器测得的模型结构的加速度响应为例，对结构的自振频率进行分析，如表 4-1 所示。

根据第一节的试验现象的结果可知，随着激励强度的增加，结构出现损伤的程度不断加大，而结构模型出现损伤会降低结构的刚度，增加结构的阻尼，改变结构的动态特征。而常用的损伤指标有层间位移角比与模态参数指标等，但是这些指标都可以用来表示结构的损伤程度，并且相互之间具有较高的相关性（祝辉庆等，2017）。如表 4-1 所示，F model 与 FR model 分别在 7 度基本设防、8 度基本设防的不同地震波激励下的最大层

表 4-1 模型结构频率

工况序号	试验模型	设防烈度	地震激励	PGA（g）	工况编号	X向第一阶自振频率	最大层间位移角	损伤指标（D_F）
1	框架结构模型（F model）	—	第一次白噪声	0.05	WN-1-X	6.108	—	0.000
2		7度设防	EL-Centro波	0.20		—	1/265	—
3		7度设防	Taft波	0.20		—	1/231	—
4		7度设防	人工波	0.20		—	1/220	—
5		—	第二次白噪声	0.05	WN-2-X	5.411	—	0.215
6		8度设防	EL-Centro波	0.40		—	1/220	—
7		8度设防	Taft波	0.40		—	1/207	—
8		8度设防	人工波	0.40		—	1/164	—
9		—	第三次白噪声	0.05	WN-3-X	4.122	—	0.420
10	钢筋混凝土框架—摇摆墙式减震结构模型（FR model）	—	第四次白噪声	0.05	WN-4-X	6.216	—	0.000
11		7度设防	EL-Centro波	0.20		—	1/324	—
12		7度设防	Taft波	0.20		—	1/265	—
13		7度设防	人工波	0.20		—	1/261	—
14		—	第五次白噪声	0.05	WN-5-X	5.692	—	0.162
15		8度设防	EL-Centro波	0.40		—	1/262	—
16		8度设防	Taft波	0.40		—	1/225	—
17		8度设防	人工波	0.40		—	1/198	—
18		—	第六次白噪声	0.05	WN-6-X	4.753	—	0.303

间位移角分别与其对应结构的基本频率都可以用来反映模型结构的损伤程度，随着地震强度的增加，不同地震波激励下两组模型结构的层间位移角都有不同程度的增加，而结构的基本频率出现了降低，说明结构模型的损伤使结构的刚度降低，模型的变形增加。但是层间位移角无法体现结构在往复荷载作用下形成的累积损伤，因此为了定量说明在不同工况下结构模型的损伤状态，基于损伤动力学的方法，Dipasquale 等（1990）利用结构刚度衰减的情况定义了塑性软化指标（损伤指标）D_F，其近似等于结构刚度衰减的平均值，损伤指标数值越大说明结构损伤程度越严重，其值在 0~1 之间变化，0 代表无损伤，1 代表完全损伤开裂。其公式如下所示：

$$D_F = 1 - \frac{(T_0)_i^2}{(T_0)_f^2} \tag{4-6}$$

式中，$(T_0)_i$ 代表试验工况前的结构基本周期，单位为秒；$(T_0)_f$ 代表试验工况后的结构基本周期，单位为秒。

因此，根据公式（4-6）可以计算 F model 与 FR model 分别在 7 度设防、8 度设防地震烈度下的损伤指标。

F model 与 FR model 在不同工况下的自振频率变化情况如表 4-1 所示。首先，由于 FR model 沿着地震激励方向在每层的框架梁上都有预埋钢片来实现与楼层连接装置的连接，相对增加了 FR model 的刚度，因此 FR model 的自振频率稍大于 F model。其次，F model 在 7 度设防烈度与 8 度设防烈度下的损伤指标分别为 0.215 和 0.420，相应地，FR model 在相同的工况下的损伤指标分别为 0.162 和 0.303，可以发现，FR model 相比于 F model 整体的损伤指标较小，即 FR model 的整体裂缝开裂程度相对较轻，结构的刚度降低程度相对较小；这是因为有钢筋混凝土框架—摇摆墙式减震结构可以分散主结构中的地震能量，并且摇摆墙式减震子结构与框架主结构之间的运动方向是相反的，通过产生作用于主结构的反向作用力来限制主结构的侧向位移，这一点也可以从层间位移角得以体现，因此可以有效地衰减主结构的振动响应，延缓主结构的损伤进程，使 FR model 在 X 向各阶段累积损伤小于 F model，自振频率下降幅度相对较小。

此外，未加载前，F model 与 FR model 在 X 向第一阶自振频率分别为 6.108 赫兹与 6.216 赫兹，输入 0.20g 的三种地震波作用之后，频率分别为 5.411 赫兹与 5.692 赫兹，自振频率分别下降了 11.42% 和 8.44%；当输入 PGA 为 0.40g 的地震波作用后，两组模型结构的自振频率分别为 4.122 赫兹与 4.753 赫兹，相比初始阶段的自振频率分别下降了 32.52% 和 23.53%，模型结构自振频率下降较为明显，说明此时 F model 的累积损伤较大，这与第二节、图 4-2 中的试验现象相对应，即在第一层及第二层部分梁端、柱端及梁柱节点区域出现了明显的混凝土保护层脱落，二层梁端斜裂缝随着地震强度的增加逐步发展形成塑性区域，模型内部的塑性耗能不足以抵抗更大的变形，因此塑性区域内的裂缝不断发展，导致模型的损伤程度增大，刚度下降率较大；而在相同地震作用下，FR model 也相应地出现了新的裂缝，原来的裂缝不断扩展和加深，在上部楼层构件中出现了新的比较明显的塑性损伤和裂缝发展，具有比较明显的整体损伤特征，因此刚度下降率及损伤指标相对较小，降低了形成薄弱层的概率，具有整体屈服破坏的特征，反映了摇摆墙式减震系统改善框架结构层屈服破坏的有效性。

第四节　加速度反应分析

一、加速度时程曲线

本次试验通过选用 EL Centro 波、Taft 波及人工波这三种地震波对两组模型在单向激励下的响应进行分析，通过在每层布置的加速度传感器，可以得到各层的加速度信号，然后根据本章第一节所述的处理方法对采集到的信号进行处理，得到各层的加速度响应。由于采集仪器对应通道故障导致第六层的加速度计测得的数据失真，因此只分析第一层至第五层的加速度时程变化；虽然第六层的加速度时程不可用，但仍不影响整体结构的响应分析，因为结构底部承担了主要的水平剪力与倾覆力矩；顶部虽然位移较大，但位移角参数能控制在有效范围，对安全无影响，加上摇摆墙底部与基础进行铰接处理，以及每层摇摆墙与框架梁的连接部分都设置有耗能复位的构件进行工作，顶部加速度也能得到有效控制。为了表述方便，本节在进行试验分析时，顶层响应指的是第五层的响应。为了证明摇摆墙式减震装置的有效性，将 F model 与 FR model 在不同工况下的各层加速度时程进行了对比分析，如图 4-4 至图 4-6 所示。

从图中可以看到两组模型在不同地震波激励下有相似的规律，即各层的加速度时程曲线的变化趋势一致，并且顶层的加速度响应比其他层更加显著。另外与 F model 各层加速度时程曲线相比，FR model 在不同地震波下的加速度时程曲线更加多样，即不仅可以看到顶层的加速度响应，也可以明显地观察到其他层的加速度时程响应。从图 4-4（b）和图 4-4（d），图 4-5（b）和图 4-5（d），图 4-6（b）和图 4-6（d）可以清晰地看到第四层的加速度响应也是比较显著的，另外随着地震强度的增加，首层的加速度响应也相对显著，这可以从图 4-4（d）、图 4-5（d）及图 4-6（d）看到，说明摇摆墙式减震系统的存在可以在一定程度上改善框架结构的受力特征，使框架结构的各层构件在地震激励下都能参与抗震，充分发挥其抗震能力，这样可以避免由于框架结构底层薄弱层发生损坏而造成结构整体的倒塌破坏。另外通过图 4-4 至图 4-6 也可以看到，在不同强度的地震波激励下，FR model 各层的加速度响应均得到了不同程度的衰减，也即是各层的加速度响应峰值小于 F model，这说明了摇摆墙式减震装置的存在可以分散地震输入主结构中的能量，使主结构的振动响应得到降低，这也证明了钢筋混凝土框架—摇摆墙式减震结构的减震有效性。

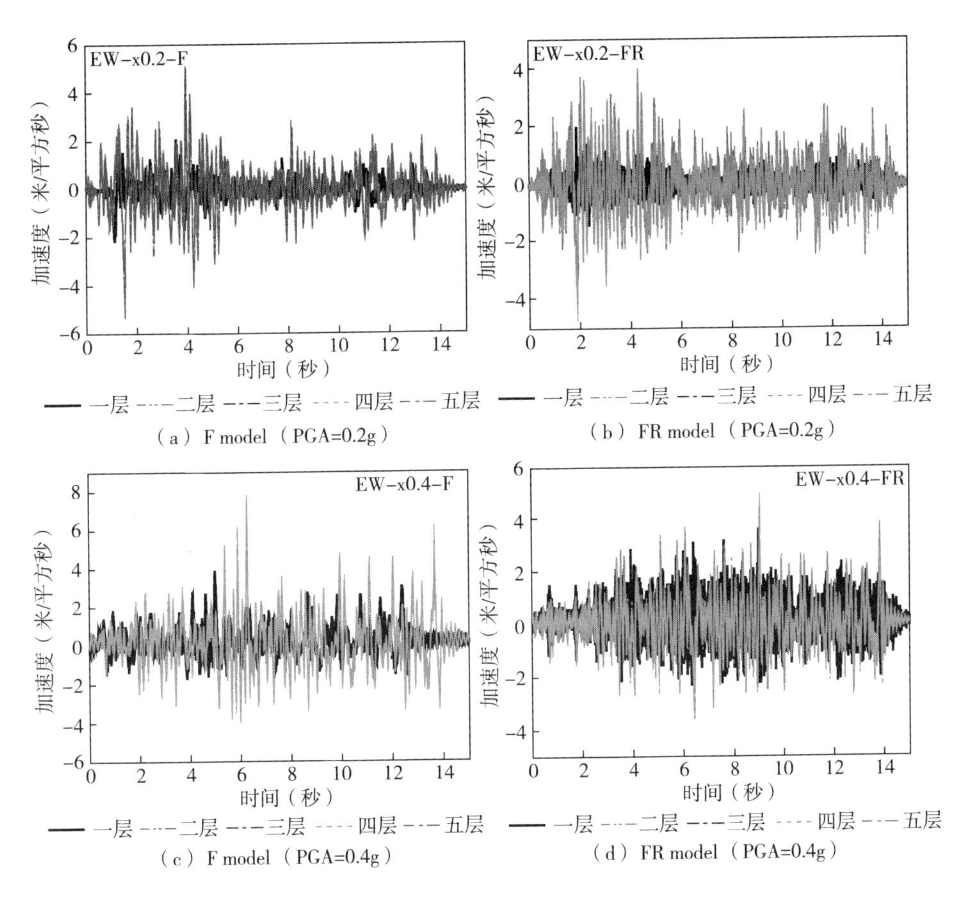

图 4-4　EL Centro 波激励下模型结构各层加速度时程曲线

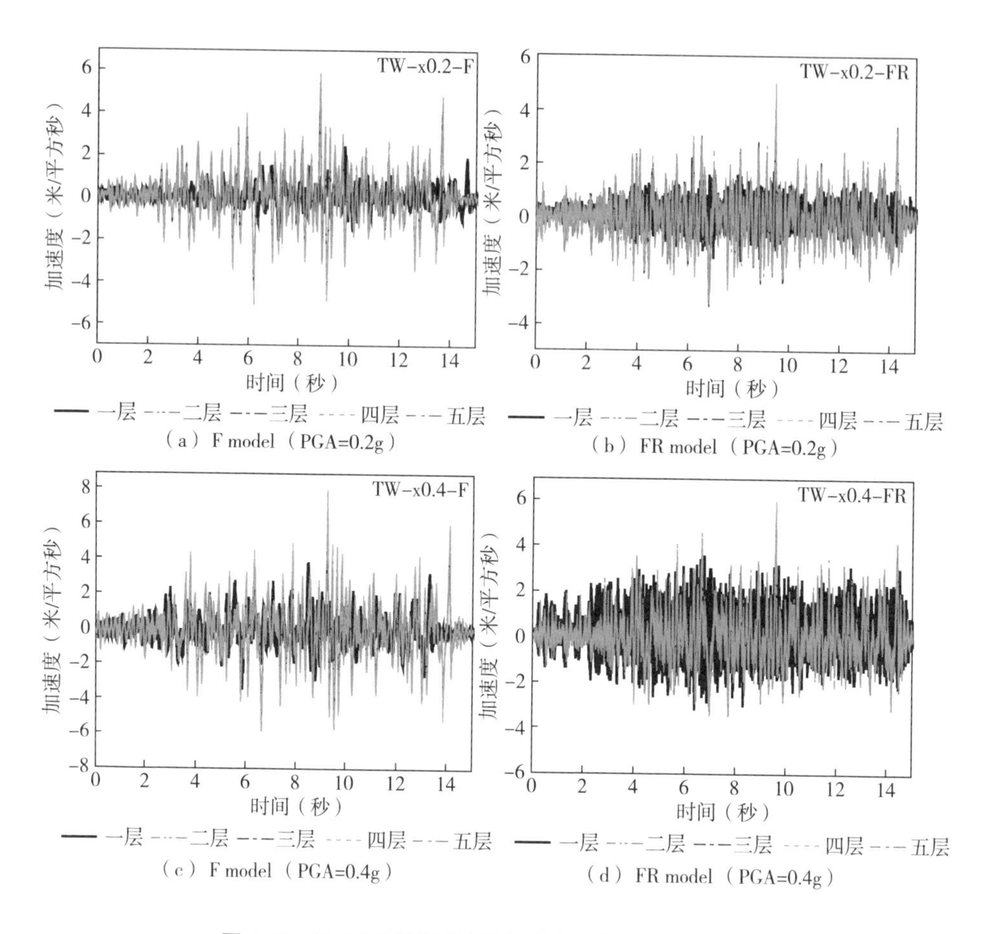

（a）F model（PGA=0.2g）

（b）FR model（PGA=0.2g）

（c）F model（PGA=0.4g）

（d）FR model（PGA=0.4g）

图 4-5　Taft 波激励下模型结构各层加速度时程曲线

为了更好地体现摇摆墙式减震装置的振动控制，通过图 4-4 至图 4-6 各层的加速度时程曲线也可以发现，顶层的加速度响应相比其他层是显著的，并且随着输入地震波强度的增加，摇摆墙式减震装置的振动控制效果不断提高。因此选择 8 度设防烈度下（即 PGA＝0.4g）不同工况下顶层的加速度响应进行对比分析，如图 4-7 所示。通过图 4-7 可以看到摇摆墙式减震装置的存在可以显著地衰减结构的峰值响应。由于地震波频谱成分的不同，不同地震波的衰减效果不一，但是减震效果都是可观的。另外，通过图 4-7（b）、图 4-7（d）、图 4-7（f）可以看到，在震动初期，两组模型的曲线基本上是重合的，差别不是很大，这是因为摇摆墙体的运动是由

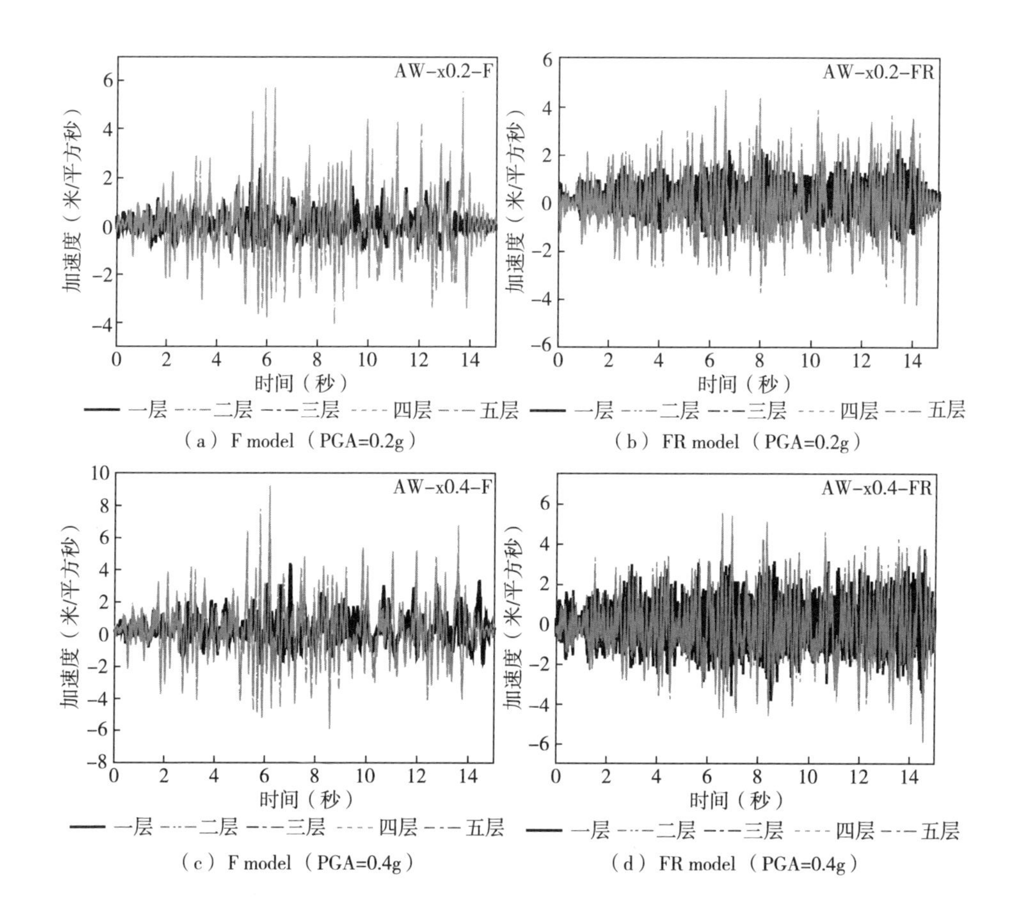

（a）F model（PGA=0.2g）

（b）FR model（PGA=0.2g）

（c）F model（PGA=0.4g）

（d）FR model（PGA=0.4g）

图 4-6 人工波激励下模型结构各层加速度时程曲线

于主体结构受到外部激励后，将地震荷载通过连接结构传递给摇摆墙体，然后摇摆墙式减震装置由于自身的摆动与主结构存在相对位移，也即两者之间的振动存在相位差，因此可以产生一个与主结构运行方向相反的作用力，而这个作用力的存在可以阻碍框架主结构发生更大侧向位移，可以有效地衰减主结构的整体响应，这就是钢筋混凝土框架—摇摆墙式减震结构的减震原理。此外，摇摆墙体自身重量相对较大，需要一定的时间来实现其摇摆，因此在前期摇摆墙式减震装置的减震效果不是很明显，但是随着振动时间的增加，其减震效果不断地得到体现。从图 4-7（b）、图 4-7（d）、图 4-7（f）中可以看到，FR model 随着振动的进行，其加速度时程曲线与 F model 之间存在一定的相位差，也就是说摇摆墙式减震装置的存在可以改善框架结构的受力特征，使其偏离输入激励的主频率，减少共振的发生。

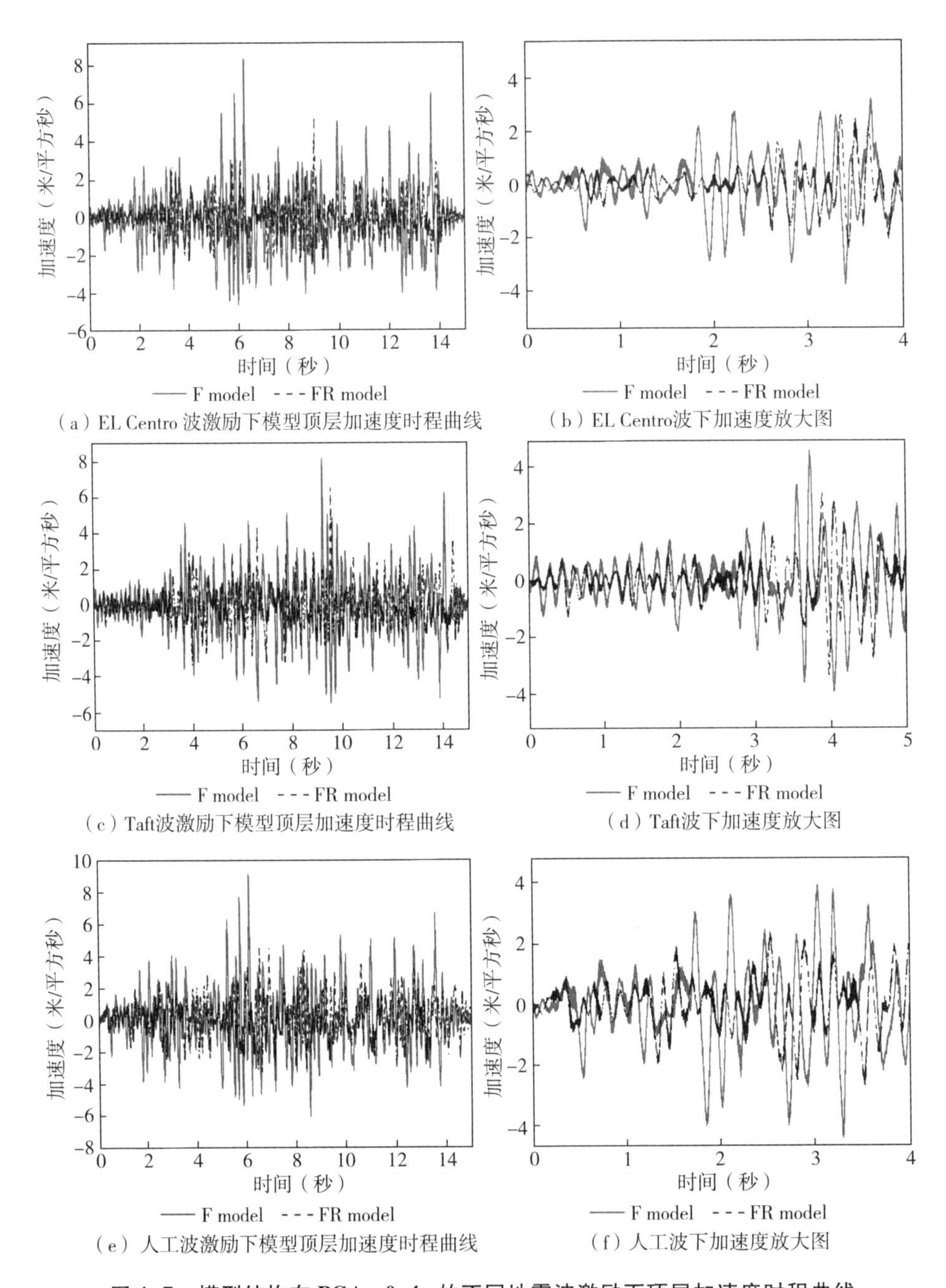

（a）EL Centro 波激励下模型顶层加速度时程曲线

（b）EL Centro波下加速度放大图

（c）Taft波激励下模型顶层加速度时程曲线

（d）Taft波下加速度放大图

（e）人工波激励下模型顶层加速度时程曲线

（f）人工波下加速度放大图

图 4-7　模型结构在 PGA = 0.4g 的不同地震波激励下顶层加速度时程曲线

二、楼层加速度峰值减幅分析

加速度可以反映结构在一定时间内速度的变化量，加速度变化量越大对结构造成的损害越大，为了更好地反映摇摆墙式减震装置对主结构加速度响应的衰减程度，对 F model 与 FR model 在不同工况下的各层最大加速度响应值进行分析，并且定义了楼层峰值加速度减幅 R_{FR} 来量化加速度的衰减程度。

$$R_{FR}=\frac{a_F-a_{FR}}{a_F} \tag{4-7}$$

式中，a_F 和 a_{FR} 分别表示振动台试验测得的 F model 与 FR model 结构体系的楼层峰值加速度。

因此，根据公式（4-7）可以计算得到在不同峰值加速度激励下模型结构各楼层的加速度减幅，如表 4-2 所示。从表中可得到，在相同峰值加速度及地震波作用下，摇摆墙式减震装置的添加对结构的加速度有明显的控制效果，减少了地震响应；在 X 向输入不同峰值的地震动时，FR model 各楼层的峰值加速度降低率均为正值，说明摇摆墙式减震装置对于主结构的振动响应控制是具有积极作用的，衰减了结构各层的加速度响应。另外在不同工况下，除了底层的 R_{FR} 处于 3%~10%，小于其他楼层的加速度降低率，摇摆墙式减震装置在其他楼层可以显著降低结构的振动响应，使层加速度降低率达到 10%~40%，这与传统调谐质量阻尼器的减震效果不同，例如 Wong 等（2009）用能量原理研究了多重调谐质量阻尼器对非线性结构的效应，发现多重调谐质量阻尼器塑性能量损耗对地震动参数比较敏感且对上部薄弱楼层并不起作用；而张耀庭等（1999）对新型调谐质量阻尼器系统，即悬浮顶层减震结构体系进行振动台试验，结果表明这种组合结构各楼层的加速度响应与主结构相应楼层的加速度响应相比，顶层的最大加速度均有不同程度减少，但是下面楼层的加速度响应减少得不多，甚至有所加大。因此，沿着结构高度布置的摆墙式减震装置，可以通过自身的摆动及连接结构的滞回耗能使主体结构的地震反应降低；并且除底层外，其他层的加速度减幅都较大，说明摇摆墙式减震装置改变了主体结构的侧向变形模式，使结构的层间变形相比纯框架结构更加均匀，可以实现改变框

表 4-2 框架摇摆墙结构在不同峰值加速度下的楼层峰值加速度减幅（R_{FR}）

HPGA（g）	0.2g			0.4g		
	a_F	a_{FR}	R_{FR}	a_F	a_{FR}	R_{FR}
楼层序号	输入 EL Centro 波的峰值加速度					
5	5.31	4.68	11.86	8.34	5.34	35.97
4	5.23	4.37	16.44	8.00	4.85	39.38
3	4.80	3.83	20.21	6.17	4.15	32.74
2	4.68	3.51	25.00	5.79	3.94	31.95
1	2.16	2.02	6.48	4.08	3.89	4.66
楼层序号	输入 Taft 波的峰值加速度					
5	5.86	5.03	14.16	8.15	6.55	19.63
4	5.13	4.64	9.55	7.24	5.99	17.27
3	4.90	4.14	15.51	5.69	5.03	11.60
2	5.42	3.73	31.18	5.65	4.18	26.02
1	2.44	2.24	8.20	3.99	3.91	2.01
楼层序号	输入人工波的峰值加速度					
5	5.68	4.80	15.49	8.95	5.61	37.32
4	4.95	4.53	8.48	7.96	5.76	27.64
3	4.28	3.59	16.12	6.26	4.11	34.35
2	3.96	3.51	11.36	5.60	4.43	20.89
1	2.34	2.27	2.99	4.13	3.95	4.36

架结构传统层屈服破坏机制的目的。虽然相比传统调谐质量阻尼器的最佳减震效果，比如台北 101 大楼在第 87 层安装的 660 吨重的调谐质量阻尼器，可以减震 40%~60%，但是摇摆墙式减震装置不仅可以有效避免巨型质量块失效对主结构造成损害的风险，而且在每层加速度响应的衰减效果都比较显著，具有较好的整体减震效果；因此 FR model 相比于 F model 在不同工况下均具有较好的减震效果，尤其是在 PGA 分别为 0.2g 和 0.4g 的 EL Centro 波的激励下，除了底层的减震效果不那么显著，其他层的 R_{FR} 在不同激励强度下可以分别达到 10%~25%和 30%~36%，证明了摇摆墙式减震装置的有效性，并且说明其具有较好的整体减震效果。这是由于摇摆墙式减震装置沿着结构高度布置，有助于摇摆墙式减震装置与主结构之间在

每层进行能量交换，进而可以有效地消耗地震输入的能量，衰减主结构的振动响应。此外，对于相同峰值加速度的不同地震波而表现出 R_{FR} 不同的现象，是由于输入地震动频谱特性的差异所导致。

三、加速度放大系数

加速度放大系数是模型结构中各层不同测点处加速度峰值与台面输入加速度峰值的比值，可以反映各楼层测点处对输入地震波加速度的放大情况。放大系数随地震强度的增大而减小，其衰减速度的快慢是结构刚性退化的一个重要指标。因此，通过模型结构在不同设防烈度的地震作用下，各楼层测点 A_1 至 A_5 采集到的加速度数据的峰值与台面测点 A_0 采集的加速度峰值相比，便是该楼层对应测点的加速度放大系数，用 β_{floor} 表示：

$$\beta_{floor} = \frac{\alpha_{floor}}{\alpha_{in}} \tag{4-8}$$

式中，α_{floor} 代表楼层的峰值加速度；α_{in} 代表输入地震动峰值加速度，单位为米/平方秒。

对 F model 与 FR model 在不同工况下按照公式（4-8）可以计算得到 F model 与 FR model 分别在 PGA 为 0.2g 和 0.4g 时不同地震波下的加速度放大系数，相应的加速度放大系数包络图如图 4-8 所示。从图中可以得到以下规律：

（1）模型结构的 β_{floor} 值与地震波的频谱特性及加速度峰值有关。两组模型结构在不同地震波激励下的加速度响应变化范围不同，总体而言，在相同的地震强度下，人工波与 EL Centro 波激励下的 β_{floor} 值相比 Taft 波更加显著，这是因为三种地震波的频特性不同，而且相比另外两种地震激励，人工波输入模型结构中的能量最大，因此对结构的激励程度相对较大。另外，模型结构的累积损伤随输入地震波能量的增大而增加，改变了模型结构的动力特性，使框架—摇摆墙式减震结构模型与框架结构模型在不同频率特性的地震波作用下的 β_{floor} 值有所不同，但是具有相似的变化规律，即随着输入地震动强度越大，β_{floor} 值越小，说明地震动强度增大，模型出现累积损伤较大，结构的抗侧刚度减少，阻尼比增大。

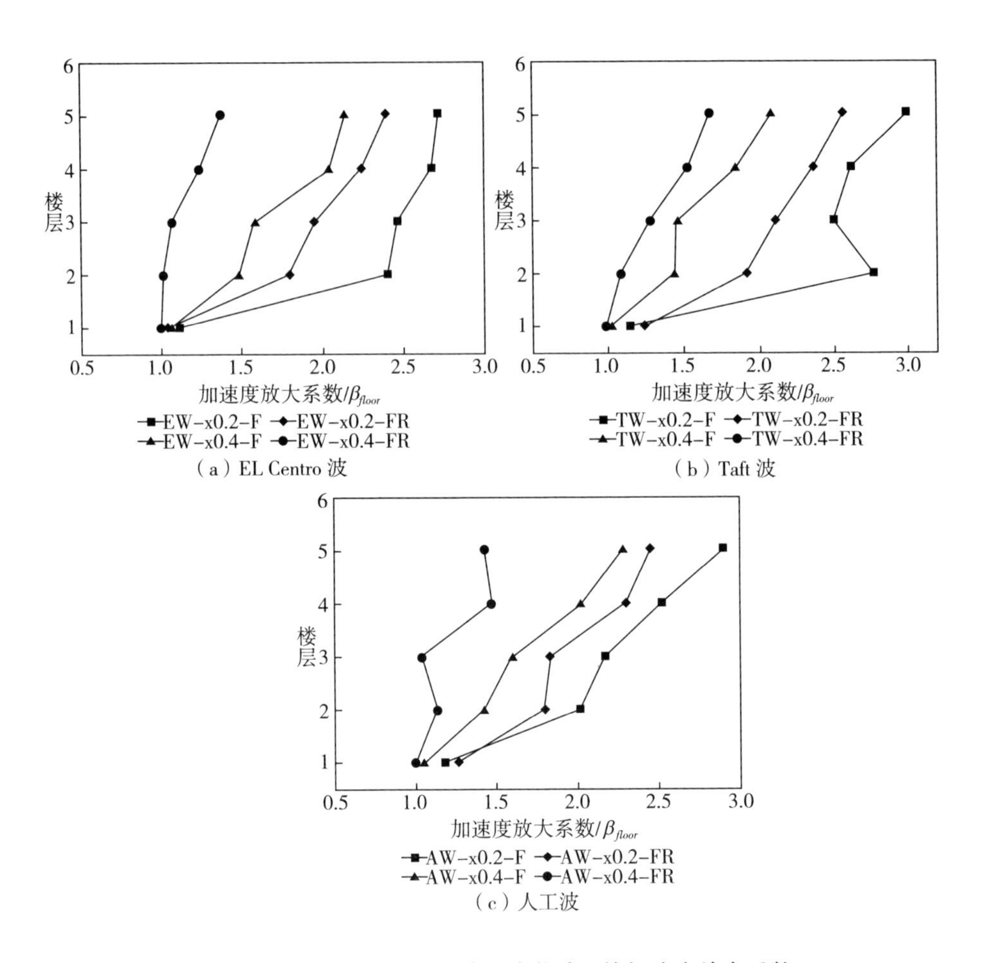

（a）EL Centro 波

（b）Taft 波

（c）人工波

图 4-8　模型结构在不同地震波激励下的加速度放大系数

（2）模型结构的 β_{floor} 值与楼层高度有关，在相同峰值的地震波激励下，两组模型沿着高度方向的 β_{floor} 值的变化规律基本一致，即随着模型结构高度的增加而增大，但是通过图 4-8（b）可以发现，F model 在 PGA = 0.2g 的 Taft 波激励下，第三层的 β_{floor} 值相比第二层的数值显著降低，说明 F model 在此工况下第三层出现了明显的损伤，在输入地震能量一定的情况下，第三层通过塑性损伤耗散部分地震能量，导致其刚度变化较大；然而在此工况下，FR model 整体的加速度放大系数变化趋势相对均匀，表现出相对稳定的抗震性能，直至 PGA = 0.2g 的人工波激励下，FR model 的 β_{floor} 值在第三层的位置出现明显的转折，如图 4-8（c）所示，第三层的 β_{floor} 显

著小于第二层的 β_{floor} 值，说明在此工况下，FR model 也开始出现了明显的损伤，导致主结构的刚度下降。因此，摇摆墙式减震装置的存在不仅可以有效地衰减结构的振动响应，而且可以显著地延缓结构的损伤进程。

（3）F model 的 β_{floor} 最大值在不同强度的三种地震动激励下均大于 FR model，比如在 PGA = 0. 2g 的 EL Centro 波、Taft 波与人工波激励下，F model 的 β_{floor} 最大值为 2. 71、2. 99、2. 90，FR model 的 β_{floor} 最大值为 2. 39、2. 57、2. 45，衰减率分别为 88. 19%、85. 95%、84. 48%；同样，在 PGA = 0. 4g 的 EL Centro 波、Taft 波与人工波激励下，F model 的 β_{floor} 最大值为 2. 13、2. 08、2. 28，FR model 的 β_{floor} 最大值为 1. 36、1. 67、1. 47，衰减率分别达到了 63. 85%、80. 29%、64. 47%，说明摇摆墙式减震装置可以有效地控制结构在地震作用下的振动响应，减少结构的损伤程度；这是因为摇摆墙式减震系统通过减少墙体约束，提高了墙体变形能力，在地震作用下可以发生明显的滞后主结构的摇摆运动，使两者之间的异相振动比较明显，产生的作用于主结构的阻力较大，因此可以控制结构的振动响应；另外由于框架—摇摆墙式减震结构中每层都有楼层连接装置，在地震中输入能一定的条件下，摇摆墙式减震系统可以将存储在各层的部分地震能量通过作用于摇摆墙体，增加了其异相振动的效果，一部分集中在连接杆件转化成弹性势能帮助摇摆墙式减震系统的复位，另一部分能量通过摩擦耗能和阻尼耗能的形式消耗，因此延缓了主体结构的损失进程，提高了主体结构的整体承载力及延性，降低了主结构对输入地震动的动力反应。

第五节　位移响应分析

一、位移时程响应分析

试验中在进行一致地震激励时程反应分析时，位移时程由加速度时程的两次积分生成。由于二次积分的加速度时程可能会发生零点漂移现象，因此用 MATLAB 编程对实际采集到的数据进行去噪声及去趋势处理，消除因加速度时程的误差对位移的影响。通过第四节加速度分析结果可知，随着地震强度的增加，摇摆墙式减震装置的减震效果越好，并且由于篇幅的限制，本节只给出 F model 和 FR model 在 PGA = 0.4g 下 EL Centro 波、Taft 波及人工波激励下的顶层最大位移时程曲线，如图 4-9 所示。

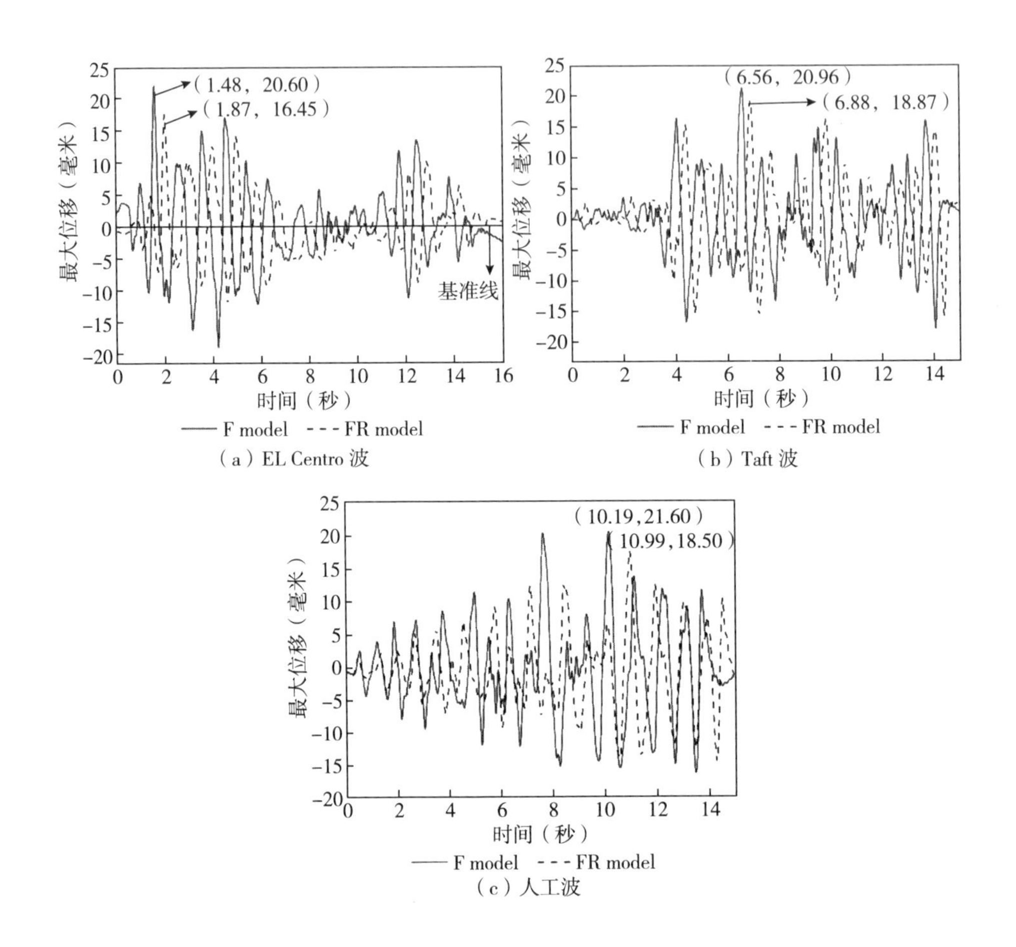

图 4-9　不同地震波激励下顶层的位移时程曲线

从图中可以看到 FR model 相比于 F model，在三种不同地震波激励下的顶层最大峰值得到了衰减，这是由于摇摆墙式减震装置在地震激励下，其运动方向与主结构的运动方向相反，为主结构提供了一个阻碍其运动的反作用力，并且激励强度越大，摇摆墙体的摇摆程度越明显，因此在进行振动台试验时可以听到摇摆墙体明显的摇摆声响。另外通过不同地震波激励下的顶层的最大位移可以看到，在 7 度设防烈度的 EL Centro 波、Taft 波及人工波激励下，F model 和 FR model 的最大位移分别为 18.52 毫米、19.05 毫米、19.62 毫米和 15.93 毫米、17.86 毫米、17.74 毫米，最大位移的降低率（F model 与 FR model 的位移差值与 F model 的位移比值）分别为 13.98%、6.25%、9.58%；同样地，在 8 度设防烈度的 EL Centro 波、Taft 波及人工波激励下，F model 和 FR model 的最大位移分别为 20.60 毫米、20.96 毫米、21.60 毫米和 16.45 毫米、18.87 毫米、18.50 毫米，最大位移的降低率分别为 20.15%、9.97%、14.35%，由于摇摆墙式减震系统可以将输入的地震能量通过阻尼耗能及摩擦耗能进行耗散，因此衰减了主结构的位移响应，证明了框架—摇摆墙式减震结构在地震激励下可以有效地控制结构的振动，具有较好的减震效果。

此外，从图 4-9 可以看到 F model 和 FR model 在 EL Centro 波、Taft 波及人工波激励下出现最大峰值的时间点，F model 分别为 1.48 秒、6.56 秒、10.19 秒，FR model 分别为 1.87 秒、6.88 秒、10.99 秒，FR model 相比 F model 出现最大峰值的时间点分别延迟了 0.39 秒、0.32 秒、0.8 秒，而且 FR model 的位移时程曲线出现了明显的滞后，体现了框架—摇摆墙式减震结构被动减震的特点，说明摇摆墙式减震装置在不同地震波激励下出现的相对位移异相振动比较明显，使 FR model 的频率偏离地震动的主要频率避免发生共振，而且可以延缓主结构的损伤进程，提高框架结构的抗震能力，这一点虽然与传统调谐质量阻尼器的减震效果相似，但是摇摆墙式减震装置在每一层都与主结构连接能够显著改善主结构各层的侧向变形模式，不仅仅对顶层减震效果显著，而调谐质量阻尼器系统一般仅对控制振型的减震效果明显，如 Villaverde（1994）中所提到的，调谐质量阻尼器只在某一固有频率范围内减震效果好。另外，通过图 4-9 也可以看到 FR model 的位移时程曲线出现了明显的滞后，因此摇摆墙式减震装置的存在可以延缓主结构的损伤进程，致使 FR model 抗震性能提高。

值得注意的是，从图 4-9（c）可以明显地看到，相比另外两个地震波，在 PGA=0.4g 的人工波激励下，FR model 与 F model 的振动相位差在起始时间段并不是很明显，随着振动的进行，两个模型位移峰值出现的时间比较长并且相差较大，而且在振动时间快结束时，FR model 出现的振动响应大于 F model，这是因为本书采用的地震动输入方式是逐级增大峰值加速度的加载方法，并且在不同工况激励下模型结构出现了损伤积累，致使模型结构的抗震性能有所降低，并且摇摆墙式减震装置的连接结构也出现了一定的疲劳损伤，影响了其性能的发挥，但是由于摇摆墙式减震装置是可以更换的，在进行后续的试验中可以在实验室中快速地将其进行更换以实现更好的减震效果。除此之外，从图 4-9（a）的顶层位移时程响应分析可以看到在震动结束时 FR model 的残余位移接近基准线，而 F model 的残余位移偏离基准线较远，这一点也可以从图 4-9（b）中看到，说明摇摆墙式减震装置由于其自身的构造优势具有一定的自复位的效果，这点与文献（Qu et al.，2012）所提到的相一致。因此摇摆墙式减震装置与主体结构之间的异相振动更加明显，在一定程度上分散了地震对主体结构的作用，减少了主体结构的残余变形，提高了主体结构的抗震性能。

二、相对位移响应分析

由于结构的内力、应力等量值与结构的相对位移有关，而通过第一节第三部分中介绍的方法对各楼层测点采集到的加速度数据通过数值积分的方法连续积分两次，便可以得到与各层加速度测点相对应的绝对位移，然后将各层位移时程分别与振动台台面位移时程相减就可得到 F model 和 FR model 在不同工况下各层的相对位移时程曲线，进而可以得到各层最大相对位移的包络图，如图 4-10 所示。

从图 4-10 中可以看到，模型结构在不同地震作用下的相对位移分布趋势基本保持一致，即在不同地震波激励下，模型结构各层的最大相对位移沿着模型高度大致呈倒三角分布，即随着楼层高度的增加而增大。而在相同地震作用下，F model 沿着结构高度方向的侧向变形趋势表现出明显不均匀的凹字形变形模式，表现出框架结构典型的剪切型变形特征，这一点从图 4-10（c）中可以明显看到。而 FR model 最大相对位移随高度的增加变化相对均匀，符合摇摆墙结构系统的特点（曹海韵等，2011），表明摇摆墙式减震结构在一定程度上可以改善框架结构的侧向变形模式，使各层的层间变形相对均匀，这一点与 Alavi 和 Krawinkler（2004）提出的将摇摆墙与框架耦合的主要目的是使层间位移分布均匀相一致。另外，通过图 4-10（c）可以看到在 PGA=0.4g 的人工波激励下，F model 呈现框架结构典型的变形

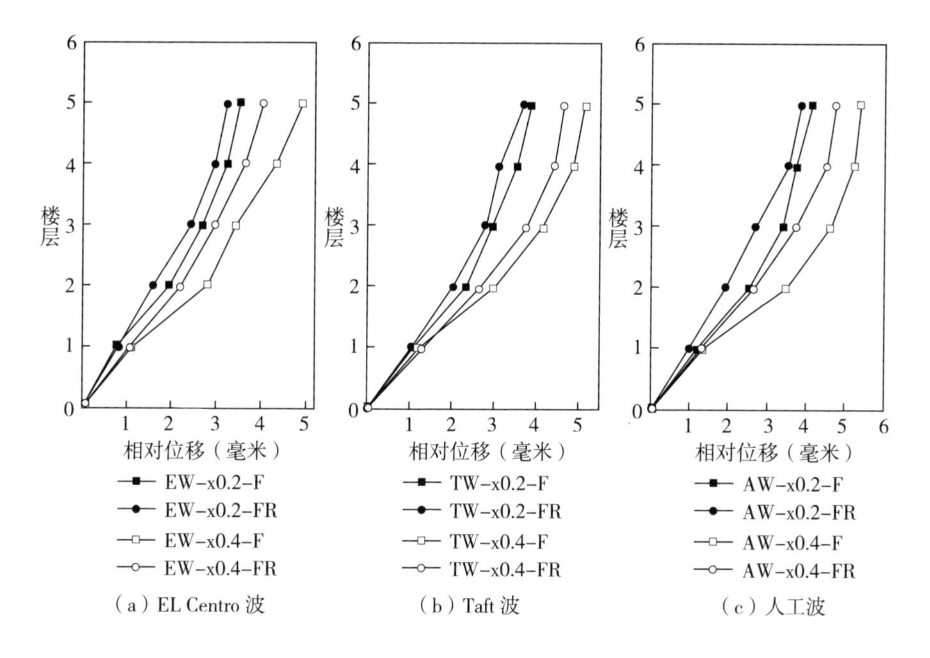

图 4-10　不同地震波激励下相对位移包络图

特征，说明在此阶段内，模型结构内部的耗能机制无法承受更大的地震作用，构件需要产生更多的塑性损伤来消耗输入至结构中的能量，因此结构表面的裂缝不断地延伸和发展，导致模型结构的刚度不断下降，结构变软，位移曲线表现出强烈的非线性，这与框架结构足尺振动台试验现象相一致（Minowa et al.，1996），而且大量的震害调查结果也表明，钢筋混凝土框架结构的破坏特征以剪切破坏为主。而 FR model 由于摇摆墙式减震装置的存在，可以消耗地震输入的能量延缓主结构的损伤进程，因此可以有效地降低框架结构的位移响应，这点从图 4-10 可以看到 FR model 各层最大的相对位移相比于 F model 均有不同程度的降低。另外，与被动控制技术中比较经典的调谐质量阻尼器相比，调谐质量阻尼器只在某一固有频率范围内或者控制振型内具有较好的减震效果（Cabañas and Herráiz，2015），而整体型的摇摆墙式减震子结构，其质量沿结构高度均匀分布，并且在框架主结构的每一层都布置了楼层连接装置，能够显著改善主结构的侧向变形模式，有效地增加了动量交换，降低了动力响应的放大，不仅对顶层减震效果显著，而且比传统被动振动控制技术的减震效果更易于控制。除此之外，本书中弱化了摇摆墙与框架之间的刚性连接，增大了摇摆墙式减震装置与主结构之间的相对位移，因此使两者之间的异相振动更加明显，致使摇摆墙式减震装置产生的作用于主结构的反作用力更加显著，而这个作用力是与主结构的运动方向相反的，因此在一定程度上可以将主结构“拉回来”，也即这个作用反力是阻碍主结构发生更大的侧向变形，因此可以实现对结构振动响应的衰减和抑制，并且可以体现摇摆墙结构改善框架结构变形模式的优势。

通过各层的相对位移包络图可以看到，随着地震波输入能量的不断增加，两组模型结构的各测点的位移响应非线性特征不断增大，层间位移不断减小，因此为了检验模型结构在不同强度的地震作用下的抗侧刚度是否符合规范规定的设计要求，分析了 F model 与 FR model 在不同工况下的顶层相对位移与结构总高度的比值，如表 4-3 所示。通过表 4-3 可以看到，F model 和 FR model 在 PGA=0. 2g 的 EL Centro 波、Taft 波及人工波激励下，顶层相对位移与结构总高度的比值最大值分别为 1/409、1/379、1/355 以及 1/476、1/410、1/401；随着地震动激励强度的增加，F model 和 FR model 在三种地震波的激励下，顶层相对位移与结构总高度的比值最大值分别为 1/320、1/318、1/284 以及 1/389、1/369、1/332。根据 GB 50011-2010《建筑抗震设计规范》中的规定可知，在多遇地震作用下，钢筋混凝土框架结构的顶层位移与结构的总高度之比不宜超过 1/550，而在罕遇地震作用下，结构顶层最大位移与总高度的比值不宜超过 1/50，通过表 4-3 可以看到，F model 和 FR model 在位移变形方面均满足规范限值的要求。

三、层间位移角分析

结构的层间位移响应包括两个指标，分别为层间位移和层间位移角，可以反映结构模型在不同地震作用下层间变形的大小（沈文涛，2018），而层间位移角是抗震规范中控制结构延性的一个重要设计指标，是结构在地震的往复作用下层间的变形大小，常用限制层间位移角的大小的方法来限制结构抗震变形的大小。将模型结构上下层同方向上的测点位移时程作差值，便可得到某一层的相对位移差值时程，然后将相对位移差值时程的绝对最大值与模型结构测点高度差相除便可得到层间位移角。大量研究表明，底层一般是结构模型的抗震薄弱层，而摇摆墙式减震装置的添加在一定程度上可以分担外激励输入模型中的能量，实现衰减结构振动响应的效果，因此将两组模型结构在不同工况下底层的层间位移角最大值的结果进行统计，如表 4-3 所示。

表 4-3　模型结构在不同工况下的层间位移角

试验模型	设防烈度	输入波的类型	峰值（g）	1 层	2 层	3 层	4 层	5 层	最大层间位移角
框架结构模型（F model）	7 度设防	EL Centro 波	0.20	1/367	1/265	1/416	1/422	1/1036	1/265
		Taft 波	0.20	1/266	1/231	1/327	1/743	1/1436	1/231
		人工波	0.20	1/255	1/220	1/336	1/456	1/2264	1/220
	8 度设防	EL Centro 波	0.40	1/233	1/200	1/389	1/399	1/814	1/220
		Taft 波	0.40	1/207	1/222	1/308	1/377	1/2154	1/207
		人工波	0.40	1/197	1/164	1/254	1/531	1/1674	1/164
钢筋混凝土框架—摇摆墙式减震结构模型（FR model）	7 度设防	EL Centro 波	0.20	1/390	1/324	1/512	1/638	1/748	1/324
		Taft 波	0.20	1/275	1/265	1/413	1/823	1/873	1/265
		人工波	0.20	1/273	1/261	1/428	1/628	1/950	1/261
	8 度设防	EL Centro 波	0.40	1/262	1/275	1/440	1/606	1/676	1/262
		Taft 波	0.40	1/225	1/268	1/388	1/418	1/2494	1/225
		人工波	0.40	1/222	1/198	1/331	1/623	1/1174	1/198

从表 4-3 中数据可知，在不同烈度的地震作用下，两组模型结构的层间位移角均能满足规范要求，表明两组模型结构的整体抗震性能良好。在不同工况中，F model 的层间位移角的变化规律基本一致，即模型底部三层的层间位移角较大，其中在不同烈度下二层的层间位移角相对最大，属于框架结构的薄弱层，符合框架结构典型的层屈服破坏特征；而一层的层间位移角相对较大是因为在进行振动台试验时，为了保证试验的安全性，防止模型结构由于一层柱底钢筋与浇筑的底板焊接不牢导致柱脚承载力不足，在底层柱脚的 Y 方向（非振动方向）焊接了小方钢在浇筑的底板上，因此对底层有一定的加固作用。然而从表 4-3 中可以看到，一层的层间位移角也是相对比较大的，沿着高度方向，层间位移角不断减少，因此在试验中

模型结构的底部三层的层间刚度退化相对较快，尤其是第一层与第二层的损伤相对严重，极易发展为“机构”体系形成薄弱层。而 FR model 在不同工况下的最大层间位移角均小于 F model，说明在不同烈度的地震作用下，摇摆墙式减震装置的存在可以有效地衰减主结构的动力响应，并且通过前文的分析可知，由于摇摆墙式减震系统与主结构之间的相互作用，加上摇摆墙体自身可以利用自重及连接结构提供的弹性势能，有助于减轻摇摆墙式减震系统与主结构之间的异相振动，因此可以有效地延缓结构的损伤进程，而致使主结构的层间位移角得到了减少。另外相比于 F model 底部三层的层间位移角显著大于上部结构，FR model 层间位移角的变化趋势相比于 F 模型更加均匀，比如在 PGA = 0. 2g 的 EL Centro 波激励下，F model 各层的层间位移角分别为 1/367、1/265、1/416、1/422、1/1036，而 FR model 各层的层间位移角分别为 1/390、1/324、1/512、1/638、1/748，FR model 各层构件的抗震能力都能得到很好的发挥，刚度折减程度较小，层间位移相对均匀，具有整体屈服破坏特征，这一点也可以从本章第二节的试验现象中看到。

第六节 楼层剪力分析

根据牛顿第二定理可知，将摇摆墙式减震结构模型及框架结构模型各层测点测得的加速度值与各楼层质量相乘便可得到两组模型结构对应楼层的惯性力，而各楼层的质量一般是由模型结构的构件质量（框架梁、楼板、上下楼层各一半柱的重量）及人工配重组成。其中模型结构的楼层剪力是该层的惯性力与其上所有楼层惯性力之和。因此，F model 与 FR model 分别在不同强度的 EL Centro 波、Taft 波、人工波激励下，X 方向的层间剪力分布情况如表 4-4 所示，两模型结构沿结构高度方向的各楼层剪力包络图如图 4-11 所示。

模型的楼层剪力反映了结构地震内力的大小，从图 4-11 可以看到两组模型结构有相似的变化规律，即在同一水准地震作用下各楼层最大剪力随楼层的增加呈递减趋势，即顶层剪力最小，基底剪力最大，并且楼层剪力随着地震波峰值的增加而增大。在不同强度的地震波激励下，从两组模型

表 4-4 不同地震波作用下模型结构层间剪力 单位：千牛

工况	设防烈度	输入波的类型	PGA（g）	1 层	2 层	3 层	4 层	5 层
框架结构模型（F model）	7 度设防	EL Centro 波	0. 20	680. 30	1473. 99	1511. 78	1647. 21	1611. 50
		Taft 波	0. 20	768. 49	1707. 05	1543. 28	1615. 72	1778. 42
		人工波	0. 20	736. 99	1247. 22	1348. 00	1559. 02	1723. 79
	8 度设防	EL Centro 波	0. 40	1285. 01	1823. 59	1943. 27	2519. 64	2531. 06
		Taft 波	0. 40	1256. 67	1779. 49	1792. 09	2280. 27	2473. 40
		人工波	0. 40	1300. 76	1763. 74	1971. 61	2507. 04	2716. 19
框架—摇摆墙式减震结构模型（FR model）	7 度设防	EL Centro 波	0. 20	636. 21	1105. 49	1206. 28	1376. 35	1420. 31
		Taft 波	0. 20	705. 50	1174. 78	1303. 91	1461. 39	1526. 53
		人工波	0. 20	714. 95	1105. 49	1130. 69	1426. 74	1456. 73
	8 度设防	EL Centro 波	0. 40	1225. 17	1240. 92	1307. 06	1527. 53	1620. 61
		Taft 波	0. 40	1231. 47	1316. 51	1584. 22	1886. 58	1987. 83
		人工波	0. 40	1244. 07	1395. 25	1294. 46	1814. 14	1702. 55

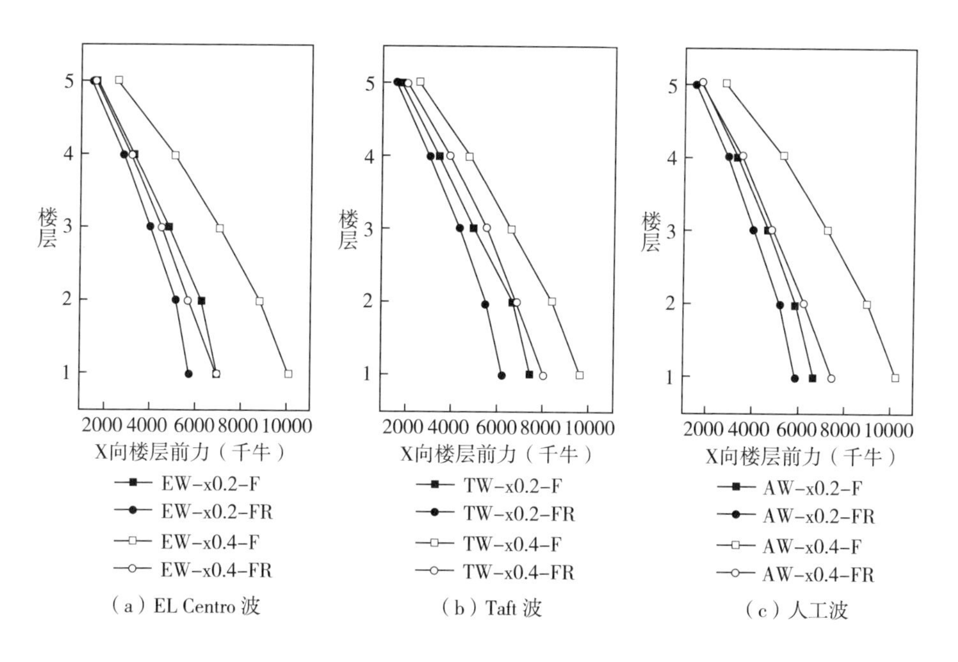

图 4-11 不同地震波作用下各楼层剪力包络图

结构的楼层剪力随楼层高度的变化趋势可以发现，与 FR model 相比，

F model 的楼层剪力曲线中底部三层的直线斜率明显大于第四层与第五层，如图 4-11 所示，说明模型结构在此工况下底部三层的累积损伤程度比第四层、第五层严重，因此三层以上惯性力的增长幅度比底部三层大，这与前面层间位移角的分布规律相一致；而从图 4-11 可以看到，FR model 三层以上的斜直线斜率相比于 F model 各层的斜率变化较小，说明 FR model 的楼层剪力增加幅度相对均匀，底部三层的损伤能向上部楼层发展，降低了局部损伤累积造成的层屈服破坏的概率；相应地，从表 4-4 中也可以看到，FR model 在 EL Centro 波、Taft 波及人工波激励下主结构各层之间的层间剪力大小相差不是很大，比如在 PGA = 0.4g 的 EL Centro 波激励下第一层至第五层的层间剪力分别为 1225.17 千牛、1240.92 千牛、1307.06 千牛、1527.53 千牛、1620.61 千牛，顶层与底层的剪力差距较小（395.44 千牛），而 F model 在相同的工况下，各层的层间剪力分别为 1285.01 千牛、1823.59 千牛、1943.27 千牛、2519.64 千牛、2531.06 千牛，顶层与底层的剪力差距（1246.05 千牛）是 FR model 的 3 倍有余，说明摇摆墙式减震系统可以改善框架结构的侧向变形能力，使地震力可以有效地传递至上部楼层结构，因此楼层剪力的斜率变化不是很明显，这一点在图 4-11 中也可以体现，即在 PGA = 0.4g 的三种地震作用下，FR model 的楼层剪力包络图近似呈现直线的形状；然而在 PGA = 0.2g 的三种地震波激励下，F model 的楼层剪力三层以上的直线斜率明显小于第一层与第二层，表现出框架结构典型的变形特征，即底层的损伤大于上部楼层，刚度和承载力退化严重，致使结构中的地震力向上部楼层传递受限。另外通过图 4-11 可以看到，随着地震输入强度的增加，F model 与 FR model 之间的楼层剪力差值增加，比如在 PGA = 0.2g 的 EL Centro 波、Taft 波、人工波激励下 F model 与 FR model 底层楼层剪力包络值分别为 6924.79 千牛、7412.96 千牛、6615.04 千牛以及 5744.63 千牛、6172.11 千牛、5834.59 千牛，降低率分别为 17.04%、16.74%、11.80%；当 PGA = 0.4g 时，在相同的地震波激励下，F model 与 FR model 底层楼层剪力包络值分别为 10102.57 千牛、9581.92 千牛、10259.35 千牛及 6921.29 千牛、8006.60 千牛、7450.47 千牛，降低率分别为 31.49%、16.44%、27.38%，说明随着输入地震波能量的增大，摇摆墙式减震装置的减震效果显著，这是因为摇摆墙体的摆动需要主结构传递的作用力，而根据牛顿第二定律可知，当加速度较小时，框架主结构传递至摇摆墙式减震装置的作用力较小，迫使摇摆墙体摆动的幅度较小，产生相对于框架主结构的位移也会较小，当激励强度增加时，作用力增大，有助于摇摆墙体的摇摆，衰减输入结构中的地震能量，因此可以有效地发挥其减震效果，延缓结构的损伤进程，进而可以显著地降低主结构的基底剪力。

第七节　本章小结

本章利用地震模拟振动台试验分析了框架结构模型（F model）与框架—摇摆墙式减震结构模型（FR model）在三种不同地震波激励后的裂缝形态及破坏机理，并且根据试验结果分析了两组模型结构的自振频率、损伤指标、加速度响应、位移响应、楼层剪力等动力响应来对框架—摇摆墙式减震结构的减震效果及整体抗震性能进行评估，研究的主要内容和结论如下：

第一，F model 与 FR model 的自振频率随着地震强度的增加而减少，且损伤指标逐渐增大，模型结构整体刚度折减较大，阻尼比不断增大。而 F model 的损伤主要集中在第一层与第二层，上部楼层的裂缝延伸较少，表现出框架结构典型的层屈服破坏特征；FR model 可以使结构的局部损伤有所缓解，裂缝向上部楼层延伸明显，减轻了底层构件承载的压力，避免薄弱层破坏导致结构的整体破坏现象。

第二，框架—摇摆墙式减震结构可以将输入结构模型中的能量传递至减震子结构中，随后子结构将其存储的能量以阻尼和摩擦耗能的形式释放，降低了主结构各层的加速度响应，并且随着激励强度的增加，其减震效果越好，峰值加速度减幅可达到 2%~40%。

第三，框架—摇摆墙式减震结构的振动存在时滞性，在振动初期其振动控制效果不佳，与 F model 相比，加速度时程曲线基本重合，随着输入能量的累积，其减震效果不断得以体现，阻碍框架结构发生更大侧向变形的阻力不断增大，改善了框架结构的受力特征，使各层构件在地震激励下的抗震能力得以发挥，各层的加速度时程曲线比较显著。

第四，结构的加速度放大系数与地震激励的强度及结构高度相关，即加速度放大系数随地震强度的增加而减小，随建筑物高度的增加而增大。与 F model 相比，FR model 不仅可以衰减结构的振动响应，而且可以延缓结构的损伤进程，在 PGA = 0. 2g 的 Taft 波激励下，F model 第三层的加速度放大系数明显小于第二层，说明在此工况下 F model 的第三层出现了明显的损伤，而此时 FR model 整体的加速度放大系数变化趋势相对比较均匀，表现出相对稳定的抗震性能，直至在 PGA = 0. 2g 的人工波激励下，FR model 的加速度放大系数亦在第三层出现明显的转折，显著小于第二层，FR model 出现了一定的损伤，导致框架结构的刚度折减较大，但是延缓了主结构的损伤进程。

第五，整体型的摇摆墙式减震子结构，在地震作用下可通过楼层连接装置增加与各层的能量交换，可以有效地衰减主结构的位移响应，且随着地震强度的增加，动力响应的控制效果越好，在 7 度设防的 EL Centro 波、Taft 波及人工波激励下，FR model 较 F model 的最大位移减幅率可以分别达到 13. 98%、6. 25%、9. 58%；在 8 度设防的 EL Centro 波、Taft 波及人工波激励下，FR model 较 F model 的最大位移减幅率可以分别达到 20. 15%、9. 97%、14. 35%。并且 FR model 相比 F model 出现最大峰值的时间点分别延迟了 0. 39 秒、0. 32 秒、0. 80 秒，说明摇摆墙式减震装置在不同地震波激励下的异相振动比较明显，减缓了结构的损伤进程，可以使 FR model 的频率偏离地震动的主要频率避免发生共振，提高了结构整体的抗震能力。

第六，框架—摇摆墙式减震结构在地震作用下发生摇摆运动时，可以产生阻碍框架结构发生更大侧向变形的阻力，因此可以有效地控制结构的侧向变形模式，使 FR model 的相对位移沿着楼层高度分布比较均匀，而且与层间位移角差异性较大的 F model 相比，FR model 的各层层间位移角变化趋势比较均匀，可以改善框架结构层屈服或者薄弱层破坏特征，具有整体破坏机制的特征。

第七，地震作用下楼层剪力随楼层的增加呈递减趋势，并且楼层剪力随着地震波峰值的增加而增大。在楼层剪力包络图中，相比于 F model 三层以上的斜直线斜率比底部楼层小的现象，FR model 各层的斜直线斜率变化相对较小，楼层剪力增加幅度相对均匀，各层的层间剪力数值相差不大，使地震力可以有效地传递至上部楼层结构，发挥各楼层构件的抗震性能，显著减少了主结构的基底剪力，降低率最大可以达到28%，降低了局部损伤累积造成的层屈服破坏的概率，避免在底部形成薄弱层导致结构的整体失效。

第五章
新型钢筋混凝土框架—摇摆墙式减震结构非线性动力分析

第一节 概述

对结构的抗震性能进行评估是保证其在地震作用下安全性的有效手段，不同的结构存在不同的抗震设计及抗震分析方法，因此需要根据结构在实际工程中的抗震等级要求及其重要性选择合适的抗震性能评估方法。由于计算机运算量和计算效率的不断提高，可以对传统的抗震分析方法出现的不足加以补充和改进，因此各种新的抗震设计方法不断得以形成和发展。不同分析方法在分析流程、捕捉结构抗震性能的能力、计算效率和计算精度上相差较大（白久林，2015）。图 5-1 归纳了目前部分抗震分析和性能评估方法（Hariri-Ardebili et al. , 2014）。

非线性动力分析是地震分析的主要方法，主要包括非线性静力分析方法和非线性动力分析方法，在结构工程领域内运用比较广泛。由于非线性静力分析不能反映结构的刚度与强度随时间的推移而变化，因此不能用来体现结构在地震作用下的时程响应而受到限制。非线性动力分析，即动力弹塑性时程分析，其计算分析以结构的弹塑性振动为基础，然后将地震动从结构计算模型的基底输入，结合结构或者构件的弹塑性恢复力特性，对结构体系的基本动力方程的每一瞬态时刻进行逐步积分，可以获得结构在每一瞬时的动力响应（Soares，2015；Yang et al.，2019），虽然此方法相比其他方法最为先进，但是该方法存在计算量大、耗时长的问题。随着计算机水平的不断发展，如 Linux 平台的 Beowulf 集群功能、云计算等新兴计算技术的出现，大型有限元数值模拟软件的辅助，以及动力弹塑性分析方法正在被国内外越来越多的地震工程研究者所接受（Hatzigeorgiou and Beskos，2002；薛建阳等，2019；程庆乐等，2019），我国《高层建筑混凝土结构技术规程》（JGJ3-2010）也采用了此类分析方法。

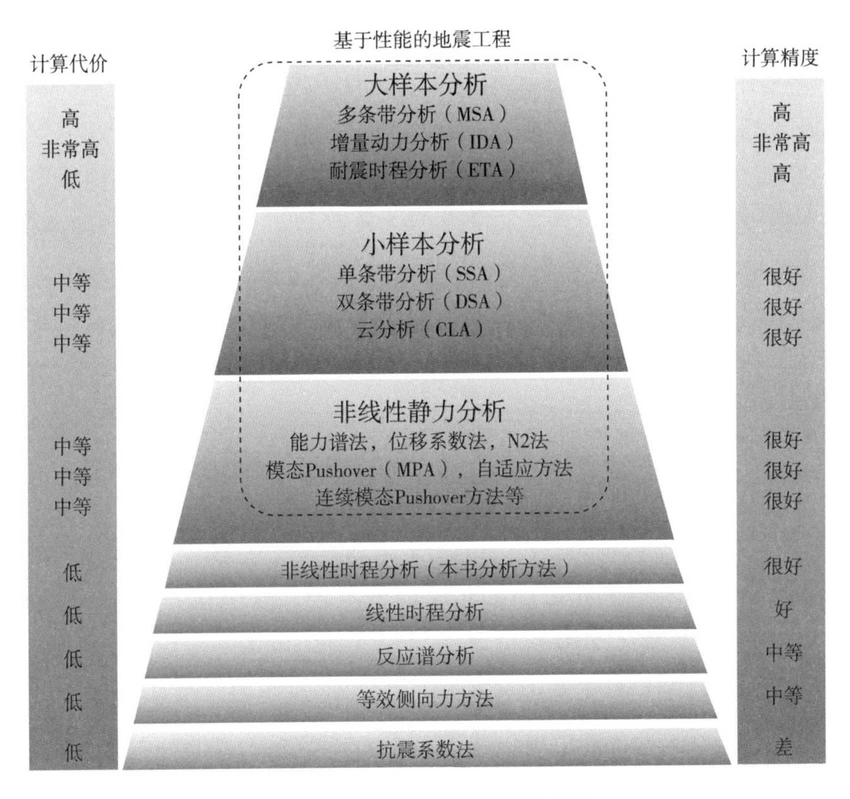

图 5-1 结构抗震性能评估方法

资料来源：黄襄云等（2010）。

随着计算机技术的发展，常用的非线性分析软件有 ABAQUS、ANSYS、OpenSees、PERFORM-3D、SAP2000、MIDAS/Building 等，其中 ABAQUS 软件在结构工程领域得到普遍使用，软件中包含多种具有不同受力性能的有限元单元和各种常见材料的模型库，所能解决的问题可以从一个简单的线弹性静力问题到复杂情况下的非线性动力学问题，尤其是它解决强非线性问题几何、材料和边界的能力及效率，在学术界已经达成了共识。并且ABAQUS软件在分析计算时可以根据不同的加载方式自动选择荷载增量和收敛准则，通过重复迭代计算达到用户自定义的最小增量步，计算结果较为真实（范静锋，2008）。对于大多数模拟分析甚至包括高度非线性的问题，仅需给出结构的几何形状、材料属性、边界条件和荷载类型等数据，便可对其进行建模计算分析，并且在进行非线性分析时，ABAQUS软件相对更加智能，这是因为它能自动挑选理想的载荷增量和收敛准则，并且在分析过程中不断地调整参数值来获得精确的结果，因此不需要用户专门设置其他参数，比较方便和智能（曹金凤和石亦平，2009）。此外，ABAQUS软件拥有多种多样的单元库，可以对任意几何形状和材料进行模拟，很多实际工程用到的材料，包括金属、橡胶、聚合物、复合材料、钢筋混凝土、可压缩的弹性泡沫等都可以用它来模拟（常虹，2013）。并且ABAQUS软件作为一种广泛使用的有限元软件，在各行各业都有运用，已经在欧洲和美国等西方国家的工程界和学术界赢得了声誉和信赖（庄茁等，2004）。

第二节　有限元法

有限元法最早可追溯至20世纪40年代，Couran第一次应用定义在三角区域的分片连续函数和最小位能原理来求解圣维南扭转问题（沈文涛，2019），现代有限元法的第一个成功尝试是在1956年，Turner、Clough等在分析飞机结构时，将钢架位移法推广应用于弹性力学平面问题，给出了三角形单元求解平面应力问题的正确答案，1960年Clough进一步处理了平面弹性问题，并第一次提出了有限元法（王焕定和焦兆平，2009）。最早的有限元法是以变分原理为基础发展起来的，如今随着科学技术的创新，有限元法被广泛应用在工程、能源及民用工业等。有限元法及其程序设计的理论基础涉及数学、力学、计算机科学等多个学科分支（江巍等，2020）。有限元法是一种使用偏微分方程解决结构工程问题的数值计算方法，其基本解法是把计算域分割成一定数量的交互而不交叉的独立单元，并且将变量重写为由不同节点值共同组成的线性关系，对方程离散求解，使一个连续的无限自由度问题变成离散的有限自由度问题；即将复杂的连续体离散为众多的小单元，离散成有限个单元后通过力学分析再进行单元组装成整体，通过施加边界条件，得到结构内部某单元的反应。该方法可以将具体的工程问题划分为由各种不同单元组合得到的仿真模型，而单元划分是有限元法计算精度的重要因素，单元的选取也有多种不同的形状，通过选择合适的有限元单元、材料非线性本构关系，并设置加载幅值和界面接触条件等信息，从而得到贴近实际情况的计算结果（白庆涵，2022），但是单元划分与计算的近似结果解成正比，但与计算量成反比，这就又对计算器性能产生了影响（温红广，2021）。因此，有限元技术真正开始运用到计算机当中还是在 20 世纪 80 年代，随工业和计算机仿真技术的发展而发展（石亦平和周玉蓉，2006），自此之后一大批计算机辅助计算有限元软件相继出现，如 ABAQUS、ANSYS、OpenSees、PERFORM-3D、SAP2000、ETABA、MIDAS/Building、ADINA 等，这些程序普遍具有结构静力与动力分析、各类非线性分析、热应力、流固耦合等诸多分析功能，不同软件有不同的适用范围，而本书的非线性分析基于 ABAQUS 有限元模拟软件。

第三节 显式算法

一、显式算法与隐式算法的对比分析

在 ABAQUS 大型有限元软件中，有两种常用的算法，分别为显式动力学（ABAQUS/ Explicit）与隐式动力学（ABAQUS/Standard），在进行有限元分析时，需要综合研究目标，求解问题的效率及适用性等因素来选择合适的算法。庄茁（2009）对这两种算法的区别进行了对比，如表 5-1 所示，这两种算法各有千秋，一般对于求解光滑的非线性问题，隐式算法比显式算法更有效，但是对于波的传播分析，显式算法更加有效。另外，ABAQUS/Standard 必须进行迭代才能确定非线性问题的解答，而 ABAQUS/Explicit 通过由前一增量步显式地前推动力学状态，确定解答无须进行迭代，这对于一个给定的可能需要大量时间增量步的问题而言，使用 ABAQUS/Explicit 可以减少 ABAQUS/Standard 所必须进行的大量迭代过程，

计算过程更加高效，并且 ABAQUS/Explicit 还有一个显著优势，就是其所需要的磁盘空间和内存远远小于 ABAQUS/Standard。这是因为显式方法的机时消耗与单元数量成正比，并且大致与最小单元的尺寸成反比，因此对于显式算法，可以很直接地预测随着网格细化带来的成本增加；而采用隐式算法时，由于单元连接和求解成本之间的关系难以确定，导致其预测成本非常困难，在显式算法中不存在这种关系。经验表明，应用隐式算法对于许多问题的计算成本大致与自由度数目的平方成正比。这两种算法的计算成本与自由度数的关系的比较如图 5-2 所示。

表 5-1　ABAQUS/ Explicit 与 ABAQUS/Standard 之间的主要区别

参量	ABAQUS/Standard	ABAQUS/ Explicit
单元库	提供了丰富的单元库	提供了适用于显式分析的丰富单元库，这些单元是在 ABAQUS/ Standard 中单元的子集
分析过程	一般过程和线性摄动过程	一般过程
材料模型	提供了广泛的材料模型	类似于在 ABAQUS/ Standard 中的材料模型，一个显著的区别是提供了允许材料失效的模型
接触公式	对于求解接触问题具有很强的能力	具有很强的接触功能，甚至能够解决最复杂的接触模拟
求解技术	应用基于刚度的求解技术，具有无条件稳定性	应用显式积分求解技术，具有条件稳定性
磁盘空间和内存	由于在增量步中大量的迭代，可能占用大量的磁盘空间和内存	磁盘空间和内存的占用量相对 ABAQUS/Standard 要小很多

资料来源：庄茁（2009）。

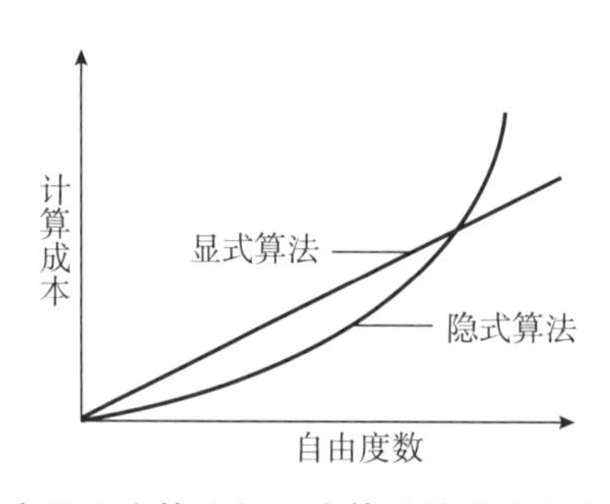

图 5-2　应用隐式算法与显式算法的成本与自由度关系

此外，国内外学者也对动力求解有限元显式算法和隐式算法进行了研究和比较（刘恒和廖振鹏，2009；Harewood and Mchugh，2007）。杨柏坡和陈庆彬（1992）探讨显式有限元法在工程抗震中应用，并对二维问题进行计算，验证了显式算法运用于工程抗震分析的可行性。陈国兴等（2011）通过地铁地下结构抗震分析表明显式与隐式算法计算精度基本相当，但显式算法计算效率远高于隐式算法。朱跃峰（2015）对影响显示动力学分析精度的求解算法、稳定时间极限、能量平衡问题进行了详细的分析，给出了显示动力学分析的一般性分析方法。显示动力学是针对隐式求解器的一个补充，可以以独特的算法和极小的时间增量步完成，可以有效解决隐式算法不收敛的问题，对各类非线性结构动力学问题的求解非常有效，并且该算法中的单个增量步取决于模型的最高固有频率，与持续时间、荷载类型无关。赵子翔和苏小卒（2019）也指出显式算法较隐式算法在摇摆结构模拟中应用更为普遍，这是因为显式算法在处理碰撞问题时具有天然优势。由于本书所分析的六层钢筋混凝土框架结构及框架摇摆墙结构模型整体较大，并且需要研究其在三种不同地震波激励下的抗震效果，使用隐式动力学分析造成不收敛问题较多，因此采用显式动力学分析。

二、框架结构模型的动力显式有限元方程求解

显式算法基本假定为：在一微小时间段内，模型任意点速度、加速度为常数。并且 ABAQUS/Explicit 模块运用中心差分法对运动方程进行显式时间积分，以每个微小增量步计算下一增量步的动态状况（庄茁，2009）。本书的六层混凝土框架结构，其整体的有限元方程是由单元方程几何而成，最终得到的有限元方程如下所示：

$$\sum \int_{V^e} \rho [N]^T [N] dV \{\ddot{U}\} + \sum \int_{V^e} \gamma [N]^T [N] dV \{\ddot{U}\} = \sum \int_{V^e} [N]^T \{b\} dV + \sum \int_{S_p^e} [N]^T \{p\} dS + \sum \int_{S_C^e} [N]^T \{q\} dS - \sum \int_{V^e} [B]^T \{\sigma\} dV \tag{5-1}$$

$$
令\begin{cases}[M]=\sum\int_{V^e}\rho[N]^T[N]dV\\[C]=\sum\int_{V^e}\gamma[N]^T[N]dV\\[P]=\sum\int_{V^e}[N]^T\{b\}dV+\sum\int_{S_p^e}[N]^T\{p\}dS+\sum\int_{S_C^e}[N]^T\{q\}dS\\[F]=\sum\int_{V^e}[B]^T\{\sigma\}dV\end{cases}
$$

因此可以将公式（5-1）由单元组成的整体有限元方程写成矩阵形式：

$$
[M]\{\ddot{U}\}+[C]\{\dot{U}\}=\{P\}-\{F\} \tag{5-2}
$$

式中，$[M]$ 代表整体质量矩阵为一致质量矩阵，$[C]$ 代表整体阻尼矩阵，取阻尼矩阵 $[C]=\alpha[M]$，α 是瑞利阻尼系数。$\{P\}$ 代表节点外力列阵，$\{F\}$ 代表节点内力列阵，$\{\ddot{U}\}$ 代表整体节点加速度列阵，$\{\dot{U}\}$ 代表整体节点速度列阵。

在进行结构的动力分析时，模型的质量矩阵是至关重要的，一般质量矩阵有两种形式分别为集中质量矩阵和一致质量矩阵；而一致质量矩阵是一个稀疏的、带状的矩阵，有一定的带宽，导致质量耦合，增加计算时间的成本；而集中质量矩阵是一个对角矩阵，可以显著降低动力分析的计算量，节约计算时间（叶飞，2011）。动力显式算法中质量矩阵可处理为集中质量矩阵，即 $[M]$ 为对角矩阵，采用单元质量平均分布于各节点平动自由度上的方法可以得到集中质量矩阵 $[M]$ 的表达式，如下所示：

$$
[M]=\begin{bmatrix}M_{11}&&&\\&M_{22}&&\\&&\ddots&\\&&&M_{nn}\end{bmatrix}\text{其中，}M_{11}=\begin{bmatrix}m_{11}&&\\&m_{11}&\\&&m_{11}\end{bmatrix}_{3\times3} \tag{5-3}
$$

式中，数字 3 代表节点的自由度个数，M_{11} 代表第 1 个节点的集中质量。

由于显式算法中不需要对刚度矩阵求逆，集中质量矩阵为对角矩阵，求逆简便，使显式算法并行计算数据传输量较小；且显式算法刚度矩阵大小与自由度数呈线性关系，因此显式算法用于自由度数庞大的数值计算时具有很大优势（陈国兴等，2011）。

公式（5-2）为六层混凝土框架结构模型动力显式算法求解的有限元方程组，包括（节点数 N_e×节点自由度数 3）个相互独立的方程，如下所示：

$$m_{ii}\ddot{u}_i+c_{ii}\dot{u}_i=p_i-F_i \tag{5-4}$$

注意质量矩阵与阻尼矩阵的下标不对 i 求和，质量矩阵的具体计算如公式（5-3）所示。

公式（5-4）中，$m_{ii}=\frac{1}{N_n}\int_{V^e}\rho dV=\frac{1}{N_n}M_e$，$M_e$ 是单元 e 的总质量。集中质量矩阵存储对角线元素上（N_e×N_n×3）个元素。本书的框架结构模型采用的是八节点六面体单元，$m_{ii}=\frac{1}{8}\int_{V^e}\rho dV=\rho|J|$，其中 $|J|$ 为雅克比行列式的值，ρ 为单元材料的密度。

在显式方法中采用的是中心差分算法来对公式（5-4）求解，因此可以对框架结构模型的节点在时间步中的加速度进行更新。

设 t 时刻的状态为 n，t 时刻及 t 时刻之前的力学分量已知，且定义 $t-\Delta t$ 为 $n-1$ 状态，$t-\Delta t/2$ 为 $n-1/2$ 状态，$t+\Delta t$ 为 $n+1$ 状态，$t+\Delta t/2$ 为 $n+1/2$ 状态。设 t 时刻前后的时间步长不同，即 $\Delta t\neq\Delta t_{n-1}$，令 $\beta=\Delta t/\Delta t_{n-1}$。节点速度和加速度可写成差分格式，如下所示：

$$\begin{cases}\dot{u}_i^n=\dfrac{\beta}{1+\beta}\dot{u}_i^{n+1/2}+\dfrac{1}{1+\beta}\dot{u}_i^{n-1/2}\\[2ex] \ddot{u}_i^n=\dfrac{2}{(1+\beta)\Delta t_{n-1}}(\dot{u}_i^{n+1/2}-\dot{u}_i^{n-1/2})\end{cases} \tag{5-5}$$

而 $t+\Delta t$ 时刻，即 $n+1$ 状态的位移增量如下所示：

$$\Delta\dot{u}_i^{n+1}=\dot{u}_i^{n+1/2}\cdot\Delta t_n \tag{5-6}$$

$n+1$ 状态的总位移可由此累加得到，如下所示：

$$u_i^{n+1}=u_i^n+\dot{u}_i^{n+1/2}\cdot\Delta t_n \tag{5-7}$$

因此将公式（5-5）代入公式（5-4）中可以得到：

$$\begin{cases}\left(\dfrac{2m_{ii}}{(1+\beta)\Delta t_{n-1}}+\dfrac{\alpha\beta m_{ii}}{1+\beta}\right)\dot{u}_i^{n+1/2}+\left(\dfrac{\alpha m_{ii}}{1+\beta}-\dfrac{2m_{ii}}{(1+\beta)\Delta t_{n-1}}\right)\dot{u}_i^{n-1/2}=G_i^n \\ \dot{u}_i^{n+1/2}=\dfrac{B_i}{A_i}\dot{u}_i^{n-1/2}+\dfrac{1}{A_i}G_i^n\end{cases} \tag{5-8}$$

式中，$A_i=\dfrac{2m_{ii}+\alpha\beta m_{ii}\Delta t_{n-1}}{(1+\beta)\Delta t_{n-1}}$，$B_i=\dfrac{2m_{ii}-\alpha m_{ii}\Delta t_{n-1}}{(1+\beta)\Delta t_{n-1}}$，$G_i^n=P_i^n-F_i^n$

整理之后可以得到：

$$\dot{u}_i^{n+1/2}=\frac{2-\alpha\Delta t_{n-1}}{2+\alpha\beta\Delta t_{n-1}}\dot{u}_i^{n-1/2}+\frac{(1+\beta)\Delta t_{n-1}}{(2+\alpha\beta\Delta t_{n-1})m_{ii}}(P_i^n-F_i^n) \tag{5-9}$$

综上，公式（5-7）和公式（5-9）给出了节点位移和速度的显示计算公式，但是需要注意的是按照上述方法求解出来的节点位移和加速度的计算公式是基于前两步的位移和速度已知的条件下获得的。这是因为显式计算方法不需要进行大量的迭代过程，而是通过由前一增量步显式地前推动力学状态，由于 $t-\Delta t/2$ 时刻的速度 $\dot{u}_i^{n-1/2}$ 未知，因此无法计算第一步，然而一般求解结构模型时，其初始条件是已知的，如下所示：

$$u_i^0=\{0\}\text{，}\dot{u}_i^0=\{0\} \tag{5-10}$$

令 $\Delta t_0=\Delta t_{0-1}$，即 $\beta=1$，可以得到 0-1/2 时刻的速度向量 $\dot{u}_i^{0-1/2}=-\dot{u}_i^{0+1/2}$，因此便可以求得第一个时间步中节点速度的计算公式，如下所示：

$$\dot{u}_i^{1/2}=\frac{P_i^0-F_i^0}{m_{ii}}\frac{\Delta t_0}{2} \tag{5-11}$$

因此，采用中心差分显式计算求解框架结构模型及钢筋混凝土框架—摇摆墙式减震结构模型的非线性动力方程的步骤总结如下，流程如图 5-3 所示：

①确定初始条件，由初始时刻的节点位移和速度，求得 0-1/2 时刻节点的速度；

②当 $t=0$ 时，计算 1/2 时刻的节点速度；

③当 $t\neq 0$ 时，计算 $t+\Delta t/2$ 时刻的节点速度；

④计算 $t+\Delta t$ 时刻的节点位移和位移增量；

⑤重复步骤③和步骤④直至计算结束。

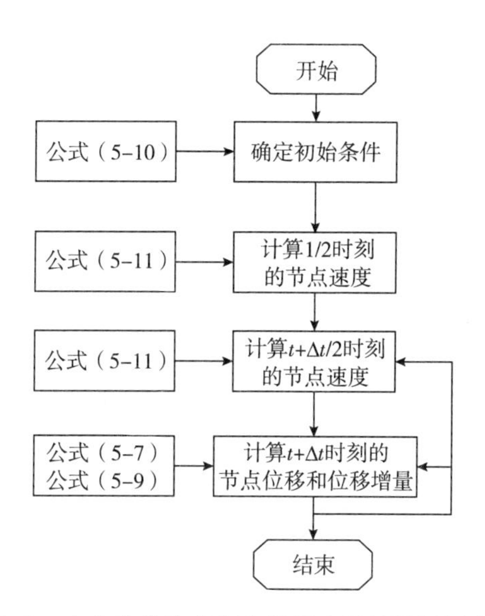

图 5-3　中心差分法求解有限元方程的流程示意图

三、有限元模型稳定时间极限的确定

中心差分算法是条件稳定的，为了保证系统计算的稳定性，庄茁（2009）指出对时间步长的大小必须加以限制，如果时间增量步大于最大允许时间，会导致数值不稳定和求解无限大现象，从而无法保障系统的计算稳定性。而稳定时间极限由模型最高阶频率（$\omega_{\max}$）决定，基于此对框架结构模型的数值求解进行限制避免结果的失真。

因此，在无阻尼状态下稳定时间极限为：

$$\Delta t_{stable}=\frac{2}{\omega_{\max}} \tag{5-12}$$

在有阻尼状态下稳定时间极限为：

$$\Delta t_{stable}=\frac{2}{\omega_{\max}}(\sqrt{1+\zeta^2}-\zeta) \tag{5-13}$$

式中，ζ 是最高阶频率对应的临界阻尼系数，系统的最高频率是由单元中最大的单元膨胀模式决定的。故而在 ABAQUS 软件中可以通过线性摄动分析，得到框架结构及摇摆墙式减震结构模型在多阶模态值中的最大频率，在显示动力分析中可计算每个单元的最高阶频率对应的稳定时间极限，如下所示：

$$\Delta t_{stable}=\frac{L_n^e}{C_d} \tag{5-14}$$

式中，L_n^e 代表第 n 状态 e 的名义长度，单位为米；C_d 代表模型材料的波速，单位为米/秒，$C_d=\sqrt{\frac{E}{\rho}}$；$E$ 代表材料的弹性模量，单位为兆帕；ρ 代表材料密度，单位为千克/立方米。

因此根据公式（5-14）可知，稳定时间极限的变化与弹性模量呈负相关关系，与材料密度呈正相关关系，即弹性模量越大，波速越大，稳定时间极限越小；而密度越大，则波速越小，稳定时间极限越大。因此，在对框架结构模型及框架—摇摆墙式减震结构模型进行有限元分析时，如果知道最小的单元尺寸和材料的波速，则稳定极限便可估算出。一般通过网格细化和质量缩放来控制材料的波速实现稳定时间极限的控制。

本书框架结构模型选用的是八节点六面体单元，在计算其稳定时间极限时，该单元的名义长度取单元中相距最近的两个节点之间的距离，或者相距最近的两个积分点之间的距离。如图 5-4 所示，需要先计算各个面的名义长度 $L_k=A_k/\max(d_{k1},d_{k2})$，式中 A_k 是单元某面的面积，单位为平方米；d_{k1}、d_{k2} 是此面对角线长度，单位为米。求得各个面到的名义长度之后，比较这些名义长度，将最小值作为确定时间步的单元名义长度 L_n^e；如果选择的八节点六面体单元是规则的正方体，则名义长度的取值选择一个面上最小值即可，其他情况需要各个尺寸方向上进行对比最后选择最小值。对于显示算法而言，其增量步较小，一般低于 10^{-4}s，而本书的框架模型结构及钢筋混凝土框架—摇摆墙式减震结构模型计算得到的稳定增量步时间为 2.32×10^{-5}s 及 2.49×10^{-5}s，因此为了保证计算的收敛采用自动增量步进行分析。

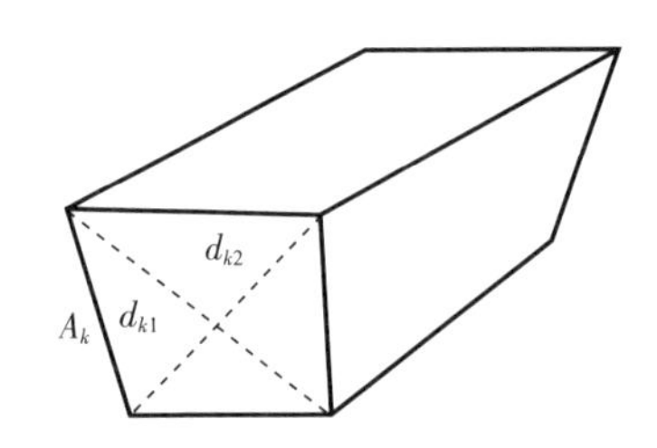

图 5-4　八节点六面体单元名义长度

第四节　动力分析模型的精度控制

显式算法虽然可以提高结构模型的计算效率，但是剪切自锁与沙漏是常见的影响有限元分析结果精度的现象，尤其是在以弯矩变形为主的薄壳结构中，不合理的剪切自锁和沙漏会使有限元分析结果与实际分析结果相差甚远，导致模型的失真，因此在对框架结构模型及框架—摇摆墙式减震结构模型进行有限元分析时，有必要对这两个问题进行检查与控制。

数值积分方法主要采用高斯数值积分，不同的单元形式积分点数不同，而高斯积分的阶数与插值函数的最高方次项有关。对于公式（5-1）中的 $\int_V \rho\ [N]^T\ [N]\ dV$ 的表达式而言，被积分多项式包括两个形函数矩阵的乘积，所以被积分多项式的阶次 m 为偶数，而积分阶次 n 多采用经验公式 $n=(m+1)/2$ 确定，可以得到 $n=0.5$、1.5、2.5，因此在进行积分阶次选择时有减缩积分或者完全积分两种情况（张学宾，2008）。当高斯积分阶数与被积函数所有项次精确积分所需要的阶数相同的积分方案称为完全积分，而低于被积函数所有项次精确积分所需要的阶数的积分方案称为减缩积分。

在求解内力时，完全积分能够保证结果的稳定性和收敛性，缺点是计算成本大，而且对于不可压缩材料，可能导致体积锁死；而减缩积分可以避免此类情况的发生，缺点是可能导致结构不稳定或者沙漏现象的发生，而本书的有限元模型是基于显式算法进行的，采用的是减缩积分，因此需要消除体积锁死与沙漏现象对计算结果的影响。

一、剪切自锁

一般常见的几种自锁现象有：泊松比自锁、剪切自锁、横向剪切自锁、厚度自锁、梯形自锁、膜自锁。泊松比自锁和不可压材料（高泊松比材料）相关，膜自锁来源于膜单元，梯形自锁和单元形状相关，厚度自锁起源于板壳厚度方向的插值精度，横向剪切自锁存在于横向承受剪切力的板壳单元（包刚强等，2012）。剪切自锁是抗震分析中经常出现的问题。剪切闭锁现象一般发生在出现弯曲变形的线性完全积分单元中（例如 CPS4、

CPE4、C3D8），当单元的位移场不能模拟由于弯曲而引起的剪切变形和弯曲变形时，就会出现剪切闭锁现象；当单元长度与厚度的数量级相同或长度大于厚度时，此现象会更严重（曹金凤和石亦平，2009）。

因此，为了解决剪切自锁的现象，可以采用不需要增加算法的减缩积分单元、完全二阶单元和细分单元网格，以及需要通过特殊单元算法来实现的利用其他变分原理得到的混合板单元或者应力杂交单元、利用矩阵内插代替参数内插、节点位移计算应变等手段和措施。不需要算法的措施中比较经济有效的是适用减缩积分单元，这是因为完全二阶单元相比于完全一阶单元的计算成本大大增加，而细分单元网格能在一定程度上缓解剪切自锁，但不能从根本上消除；而减缩积分单元，变形后单元边界及水平点线即使保持为直线，但在减缩积分点处，夹角依然为直角，没有转动和多余的剪切力产生，剪切自锁不会发生。

二、沙漏现象

相比完全积分，减缩积分不仅提高了计算效率，而且提高了计算精度，然而其缺点是容易产生沙漏现象且过于柔软。在 ABAQUS 软件中沙漏现象的产生是单元自身存在的一种数值问题；沙漏模式是非物理的零能模式，产生的根本原因是减缩积分可能导致系统刚度矩阵的奇异性，从而使分析结果中包含了除刚体运动以外的变形伪模式。

沙漏模式下的结构表现得相当的柔软，结果和真实解相比可能相差很大。沙漏模式主要出现在 CPS4R、CAX4R、C3D8R 等线性减缩积分单元的应力/位移场分析中。常用的判断沙漏现象的方法有两种：一种是比较直接的方法即查看单元的变形，如果单元出现交替的梯形形状，则可能出现了沙漏模式；另一种方法是查看 CAE 后处理中伪应变能（ALLAE）与总内能（ALLIE）之间的比值，如果低于 5%则说明沙漏现象对于分析结果的精度影响不大，当伪应变能超过总内能的 10%时，说明沙漏现象比较严重，如果不加以控制则计算结果与真实结果偏差较大。

三、沙漏控制

目前常用的沙漏控制算法主要有两种：一种是人工粘性阻尼算法，另一种是弹性刚度算法；人工阻尼法通常采用对沙漏方向上的速度附加人为阻尼，即采用施加沙漏阻力的计算方法。

$$\begin{cases} {}^{d}F_{iI}^{hg} = a_h \sum_{j=1}^{4} h_{ij}\Gamma_{jI} \quad i = 1, 2, 3 \\ a_h = Q_{hg}\rho V_e^{2/3} c/4 \end{cases} \tag{5-15}$$

式中，${}^{d}F_{iI}^{hg}$ 代表沙漏阻力，$h_{ij} = \sum_{k=1}^{8} \dot{u}_{ik}\Gamma_{jk}$，$V_e$ 代表单元体积；c 代表材料声速，Q_{hg} 代表沙漏控制系数，一般取值范围是 0.05～0.15，通常取 0.10。

人工刚度法是增加抵抗沙漏模式的刚度但不增加刚体运动和线性变形的方法。在这种方法中，构造了沙漏形向量 γ_{aI}：

$$\gamma_{aI} = \Gamma_{aI} - \frac{1}{V} B_{iI} x_{ij} \Gamma_{aI} \tag{5-16}$$

因此，人工刚度沙漏力由公式（5-17）计算：

$$\begin{cases} {}^{s}F_{iI}^{hg} = Q_{i\alpha}\gamma_{aI} \\ Q_{i\alpha} = k\dfrac{(\lambda + 2\mu) B_{iI} B_{iI} \Delta t}{3V} \mu_{iI}\gamma_{\alpha I}/\sqrt{8} \end{cases} \tag{5-17}$$

式中，α 代表四种沙漏模式，$\alpha = 1 \sim 4$；I 代表六面体单元的八个节点，$I = 1 \sim 8$；B_{iI} 代表应变矩阵，x_{ij} 代表节点坐标，V 代表单元体积，k 代表人工刚度沙漏系数，Γ_{aI} 代表沙漏基向量。

如果六面体是平行六面体时，沙漏基向量 Γ_{aI} 和沙漏形向量 γ_{aI} 是一致的；Γ_{aI} 用来定义沙漏的形态，γ_{aI} 则用来精确地度量沙漏的大小。对于一般的六面体，γ_{aI} 与线性速度场正交，所以沙漏形向量 γ_{aI} 的引入不会导致线性速度场做功的增加。

这两种算法分别通过引入沙漏方向上的阻尼约束力和刚度约束力来控制沙漏变形。人工阻尼法的优点是阻尼对低频响应的影响很小，不必存储多余的数组。但是，阻尼法并不能保证稳定性，由于缺少恢复力，单元的扭曲会永久地保留下来。人工刚度法只需要很小的沙漏控制系数就能控制沙漏，但其缺点是如果刚度系数太大，就会造成单元体积的锁定。

因此综合以上两种方法的优点，同时为避免人工刚度沙漏力造成单元刚度过大，可以使用组合方法，即将人工阻尼沙漏力和人工刚度沙漏力分

别乘以一个权系数 φ 和（$1-\varphi$），构成组合沙漏力 F_{iI}^{hg}，如下所示：

$$F_{iI}^{hg}=\varphi^{d}F_{iI}^{hg}+(1-\varphi)^{s}F_{iI}^{hg} \tag{5-18}$$

大量研究表明，采用组合方法比人工阻尼法或人工刚度法更好地控制结构发生沙漏，但是在有些分析中沙漏现象仍然严重，因此需要更多的控制措施。对于三维实体 C3D8 单元来说，除了以上减少沙漏现象的措施，还可以通过采用全积分单元（C3D8），使节点变形在积分点处总能得到对应的应变；减缩积分二阶单元（C3D20R），此方式对于二层以上的单元可以完全避免沙漏，但是单层单元不能从根本上消除沙漏现象；另外一种可以完全消除沙漏现象的措施是将减缩积分转换为全积分，第四节的第一部分对于完全积分出现的剪切自锁问题已经进行了说明。而在 ABAQUS 软件中也可以采用非协调基的泡函数单元如 C3D8I 来克服剪切自锁，并且通过减少单元网格数量来缓解沙漏，但是此单元不能用于显式分析中，而且在结构达到极限荷载时，收敛就会比较困难（曹金凤和石亦平，2009）。并且在定义了接触与弹塑性材料的区域后，不能使用 C3D20、C3D20R、C3D10 等二次单元。

综上所述，本书采用一阶线性减缩积分单元（C3D8R），该单元可以克服剪切自锁现象，但是容易产生沙漏现象，因此为了减少沙漏现象对结果的影响，本书通过加密网格来缓解剪切沙漏现象，沿着厚度方向划分了四个单元以上，并将荷载的加载点和边界条件约束区域进行调整，将荷载或边界条件定义在一个包含在该区域上的参考；并采用显式分析中特有的沙漏现象控制方式即增强（Enhanced）及沙漏现象控制参数来降低沙漏影响；最后为了更好地控制沙漏现象并提高计算效率，采用仅对单元稳态时间增量低于给定值的单元进行质量缩放的方式定义缩放因子，可以改善较小网格尺寸对分析时间和沙漏现象的影响。最后通过在 ABAQUS 软件中对框架结构模型及框架—摇摆墙式减震结构模型的结果进行检查，两组模型结构通过质量缩放之后，质量改变率分别为 1.098%和 1.12%，均小于 2%，因此分析精度基本不受影响；通过查看模型的单元变形及伪应变能均没有出现沙漏现象，说明了精度控制的可靠性，为后续的非线性分析提供基础。

第五节 材料本构关系

一、混凝土的本构关系

混凝土的应力—应变关系反映了混凝土基本的力学特性。混凝土的应力—应变关系已经进行了大量研究，并提出了许多模型，比如 Hognestad 的模型、Saenz 的模型、Mander 等的模型，以及各国规范中推荐的模型（贡金鑫等，2009）。

ABAQUS 软件中混凝土有三种本构模型，分别为混凝土塑性损伤模型、弥散裂纹模型和脆性破裂模型（王玉镯和傅传国，2010）；混凝土非线性分析模型常用的是混凝土损伤模型，其中塑性损伤模型（Concrete Damaged Plasticity Model）采用能够更好地模拟材料的损伤开裂、刚度退化等特征，混凝土的弹塑性特征通过各向同性弹性损伤结合各向同性拉伸和压缩塑性理论来表达（江见鲸等，2005），适用于有限应力状态下的单调加载、周期性加载及动力作用等多种受力方式，并考虑混凝土受力过程中的损伤，可更真实地反映混凝土在受拉、受压状态下的破坏，比较适合做弹塑性分析。因此，在研究钢筋混凝土框架结构及钢筋混凝土框架—摇摆墙式减震结构模型在不同地震激励下的抗震性能时，此种本构模型可以更好地表达摇摆墙式减震系统对结构振动控制的效果。ABAQUS 软件中提供了混凝土材料的本构模型，但是需要用户指定受压时 $\sigma-\bar{\varepsilon}_c^{in}$ 与受拉时 $\sigma-\bar{\varepsilon}_t^{ck}$ 的关系，在实际结构模型模拟分析时，受制于试验数据的缺乏，可以结合《混凝土结构设计规范》（GB 50010-2010）中给出的混凝土应力—应变公式来确定模型结构中的具体参数。

二、钢筋的本构关系

由于钢筋在构件中主要承受拉力作用，以弥补混凝土材料抗拉性能差的问题，钢筋的本构模型中一般不考虑由于钢筋作为细长杆时的屈曲失稳问题，并且钢筋材质不像混凝土材料那样复杂，其受拉性能相对比较稳定，一般都会存在弹性阶段、屈服阶段和强化阶段，因此钢筋的本构模型相对比较简单（任凤鸣，2012）。目前已经提出多种计算模型，如双线性滞回模型、塑性理论模型、Ramberg-Osgood 模型、Menegotto 和 Pinto 模型等；而在 ABAQUS 软件中比较常用的本构模型有以下三种，包括图 5-5（a）的理想弹塑性本构模型，图 5-5（b）的双折线弹塑性本构模型，以及图 5-5（c）的硬化弹塑性本构模型。在钢筋单调加载时，上述三种本构模型都可以选择，不同钢筋的应力—应变关系简化曲线适用于不同的情况。理想弹塑性本构模型适用于流幅较长的低强度钢材：双折线弹塑性本构模型适用于描述没有明显流幅的高强钢筋或钢丝，二次强化刚度与弹性模量之比一般较小（刘克东，2018）。而本书在建立钢筋混凝土框架结构及钢筋混凝土框架—摇摆墙式减震结构模型时，金属材料主要用于钢筋混凝土结构中的钢筋部位，且在混凝土结构中，混凝土的抗压能力较好，但当钢筋混凝土结构中的混凝土出现塑性损伤累积并且不断发展形成塑性铰之后，该区域内混凝土的极限压应变一般较小，且混凝土出现塑性铰的区域早于钢筋强化变形区域的出现，此时钢筋与混凝土之间的粘结作用失效，所以本书选择理想弹塑性本构关系对模型进行非线性分析（杨罡，2019）。

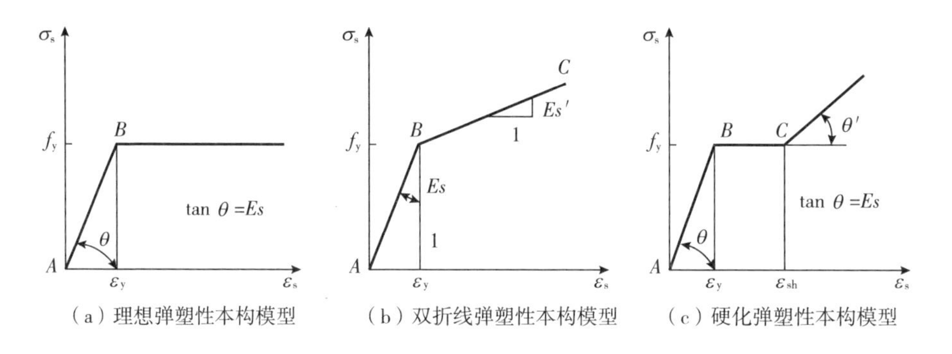

（a）理想弹塑性本构模型　（b）双折线弹塑性本构模型　（c）硬化弹塑性本构模型

图 5-5　钢筋本构模型

第六节　动力分析模型的建立

地震模拟振动台试验是研究及结构损伤机理破坏特征的一种重要方法，但是由于受振动台承载能力、台面尺寸、实验室空间、试验周期等多方面的限制，并不能进行所有工况的模型试验，因此有必要采用有限元模拟方法对试验结果进行补充和验证。

一、框架结构模型的建立

本书在进行非线性动力分析的对象为原型结构，其设计参数见第三章第二节中的介绍。为了提高计算的效率和精度，采用 ABAQUS/ Explicit 分析，但采用显式分析是有条件稳定性的，因此结合本章第三节的控制措施，对两组模型结构分别建立有限元模型来进一步完善补充振动台试验数据。基于前面的分析，两组模型结构的混凝土采用塑性损伤模型（Concrete Damage Plasticity），采用三维实体线性缩减积分单元（C3D8R）；钢筋（纵筋和箍筋）采用理想弹塑性本构关系，均使用二节点直线桁架单元（T3D2）来模拟；摇摆墙体中的混凝土单元也采用 C3D8R，钢筋采用的是 T3D2 进行模拟，各节点都有三个位移自由度。通过 ABAQUS 软件中自带的接触方式即埋入（Embedded）将混凝土单元和钢筋单元联系起来并协同工作，且忽略钢筋与混凝土之间的滑移问题，钢筋与混凝土之间的连接效果如图 5-6 所示。F model 一共有 60884 个单元、77615 个节点数，而 FR model 一共有 61010 个单元、77837 个节点数。本书不考虑土与结构相互作用，两个模型与基础之间采用刚性固结的方式进行连接，最终的有限元结构模型如图 5-7（a）所示，而 FR model 一共有 61010 个单元、77837 个节点数，最终的有限元结构模型如图 5-7（b）所示。

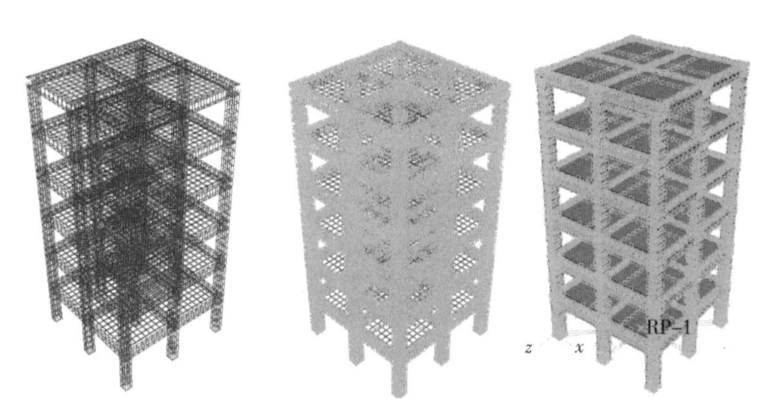

图 5-6　钢筋与混凝土之间的连接

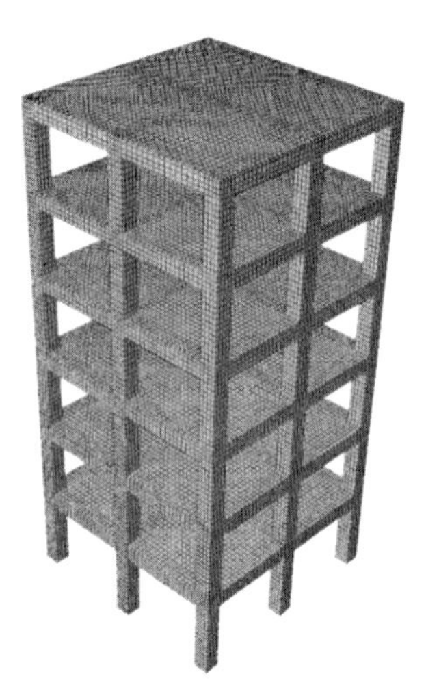

（a）框架结构有限元模型

（b）钢筋混凝土框架—摇摆墙式减震结构有限元模型

图 5-7　有限元结构模型示意图

二、钢筋混凝土框架—摇摆墙式减震结构模型的建立

钢筋混凝土框架—摇摆墙结构作为摇摆结构中的一种，其优良的减震效果已经被国内外很多学者加以证明。在实际工程设计中，一般将摇摆墙的墙底经过特殊的设计与底部钢梁实现铰接连接，而与框架结构之间常用金属屈服型阻尼器连接，这是因为摇摆墙在外激励下发生摇摆时，增加了与结构中某些部位之间的相对位移，因此有助于在摇摆接触面上添加一些耗能装置，比如阻尼器或者阻尼材料等，消耗地震输入能量，提高了结构的承载能力。然而大量研究结果表明，摇摆墙结构中存在两个主要的关键设计技术，一个是摇摆墙底部铰接的连接设计，另一个是摇摆墙与框架结构的连接件设计。基于这两个设计难点，本书在第三章第二节中的第七部分已经进行了详细的介绍，本章主要介绍在有限元模型中如何实现对这两个设计难点的模拟。由于实际建筑物的复杂性，为了避免有限元模型建模困难和收敛性差等问题，需要对钢筋混凝土框架—摇摆墙式减震结构模型进行相应的简化处理，但是需要保证简化后的模型与实际建筑物在受力特点和结构特征方面尽量相似，因此对于有限元模型进行简化的关键要素主

要包括以下三点，去除冗余的建筑构件、整合外形和功能相似的构件、灵活地利用力的合成与分解等都是将复杂结构简化的方法（杨罡，2019）。

（一）钢筋混凝土框架—摇摆墙式减震结构底部铰接模拟

摇摆墙体底部铰接的有限元模拟相对简单，将所选的三种地震波分别为 EL Centro 波、Taft 波及人工波的加速度峰值分别调整成 0.1g 和 0.2g，然后将地震作用直接作用在框架结构底层所有柱子底部截面而不直接施加给摇摆墙，但是需要将摇摆墙体底部截面设置为铰接连接，进而实现对摇摆墙底部弯矩的释放。

（二）框架与摇摆墙连接构件的模拟

摇摆墙结构中另外一个设计难点就是摇摆墙与框架结构的连接，本章根据摇摆墙结构的特殊性能要求，采用 ABAQUS 软件中的平动连接器 Translator 来模拟摇摆墙与框架结构之间的连接件，需要注意的是在 ABAQUS 软件中使用 Translator 必须创建线特征，线特征需要沿着全局（或者局部）坐标系的 X 方向上，并且 Translator 参数设置中只考虑刚度与阻尼的线性范围，由于地震激励是单向激励（X 方向），因此 Translator 只在地震激励方向设置相应的参数。而 Translator 与框架的连接通过小钢块（100 毫米×100 毫米×600 毫米）连接，其中小钢块与框架梁进行 Tie 连接来模拟实际框架梁中的预埋件，然后将与小钢块耦合的参考点 1 与摇摆墙中每层高度处的参考点 2 通过 Translator 进行连接，其相应的示意图如图 5-8 所示；

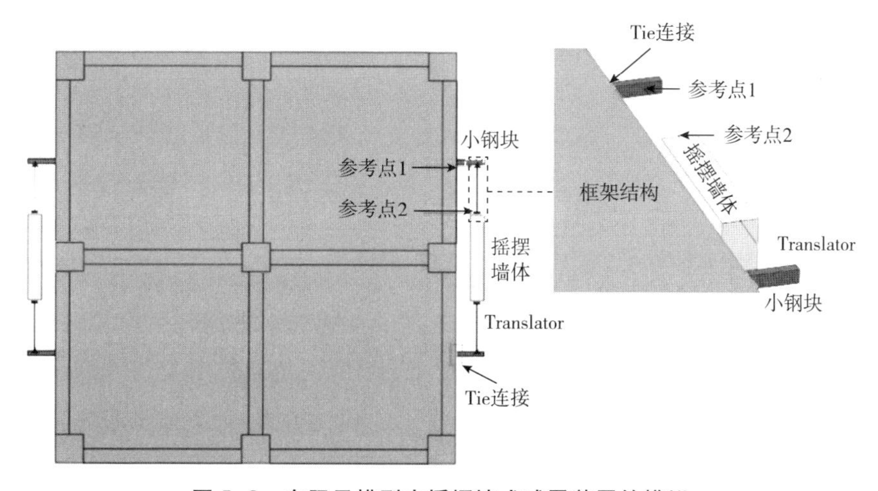

图 5-8　有限元模型中摇摆墙式减震装置的模拟

另外需要保证小钢块上的参考点1和摇摆墙上的参考点2之间的连接在同一高度处，避免出现错位连接造成连接件的损伤，最终钢筋混凝土框架—摇摆墙式减震结构的有限元模型如图5-7（b）所示。

第七节　仿真分析与试验结果动力特性对比

由于数值模拟对实际模型进行了简化，其结果具有一定的随机性，因此一般有三种方式可以用来检验数值模拟结果的正确性和有效性：

第一，对比分析试验结果与数值模拟结果来验证数值模拟结果的可行性，为丰富研究内容提供可靠的依据。

第二，通过理论模型分析结果进行验证数值模拟结果的正确性。

第三，多种有限元分析软件的结果相互验证来证明结构模型的正确性。

因此，本章采用第一种方法来对验证数值模型的准确性和有效性，为其他工况的研究提供支撑。本书采用ABAQUS软件建立钢筋混凝土框架—摇摆墙式减震结构以及框架结构的数值模型，将归一化的原型波（EL Centro波、Taft波及人工波）按照相似关系换算后作为有限元模型的地震激励，对两组模型结构分别在7度基本设防及8度基本设防烈度下的非线性响应进行分析。根据数值模拟计算结果按照相似关系换算后与模型结构的试验结果进行对比分析来验证数值模型建立方法的有效性及模型精度控制的合理性。

一、动力特性

在进行振动台试验时，可以通过白噪声扫频得到模型结构在不同工况下的自振频率，将其与有限元分析结果进行对比，来验证有限元模型建立方法的正确性。本书采用ABAQUS有限元分析软件中的Lancaos算法对结构进行模态分析。Lancaos算法是综合瑞利—里茨法（Rayleigh-Ritz Method）与向量迭代法形成的一种新的特征值算法。另外，与子空间迭代法相比，在求解同一问题时，Lancaos算法的运算速度可以提高5倍以上。

通过表5-2可以看到，在动力特性上原型结构的计算结果和模型结构的试验结果虽然存在一些差异，但是两组模型结构在前三阶的平均误差均在12%以内，且基本规律相同，表明钢筋混凝土框架—摇摆墙式减震结构与框架结构有限元模型建立方法的正确性与可行性，可以较好地模拟振动台试验模型的动力特性。一般情况下，模型结构的试验结果不同于有限元模型的计算结果的原因主要有以下三个方面：模型上布置的人工质量的数量和位置与有限元模型的密度分布的差异，模型的材料特性与设计值的差异，有限元模型的离散程度与试验模型的差异（黄襄云等，2011）。

表5-2 模型结构的自振频率和周期

	振型	框架结构模型			钢筋混凝土框架—摇摆墙式减震结构模型		
		一阶	二阶	三阶	一阶	二阶	三阶
试验值	频率（赫兹）	6.108	8.853	19.624	6.216	11.575	21.342
	周期（秒）	0.164	0.113	0.051	0.161	0.086	0.047
计算值	频率（赫兹）	6.488	9.775	22.794	6.699	12.908	24.410
	周期（秒）	0.154	0.102	0.044	0.149	0.077	0.041
误差	误差分析（%）	6.223	10.420	16.156	7.759	11.521	14.373
	平均误差（%）	10.933			11.218		

二、加速度响应分析

考虑到振动台的输入荷载与实际载荷之间的误差，结合第二章中给出的原型结构与试验模型结构之间的相似关系，根据公式（5-19）可以计算出有限元模型结构相对于振动台试验过程中各个采集点的最大加速度响应。

$$a_{pi}=\frac{a_m a_{mi}}{a_0 S_a} \tag{5-19}$$

式中，a_{pi} 代表原型结构第 i 测点最大加速度反应（米/平方秒），a_{mi} 代表模型结构第 i 测点最大加速度反应（米/平方秒），a_m 代表根据加速度相似比求得的模型输入加速度峰值（米/平方秒）（名义加速度峰值），a_0 代表与 a_{mi} 相对应的模型实测基底最大加速度（米/平方秒）（实际加速度峰值），S_a 代表模型与原型结构的加速度相似系数。

（一）楼层加速度峰值对比分析

由于试验中采集到的第六层的加速度数据失真，因此在试验分析时将其剔除，但是并不影响试验研究的目的。为了更好地验证数值模型的可行性，本部分也只取第一层至第五层的加速度响应进行对比分析，位移响应分析也是同理。因此根据公式（5-19）可以得到两组模型结构分别在EL Centro 波、Taft 波及人工波激励下，各测点层加速度计算值的最大值与试验实测最大值之间的对比情况，如表 5-3 和表 5-4 所示。从表中可知，F model 在不同工况下的加速度峰值的绝对误差在 3.96%~16.09%，平均误差分别控制在 6%~12%；FR model 在不同工况下的加速度峰值的绝对误差在 2.09%~13.14%，平均误差控制在 4%~10%。但是在不同的工况下，F model 和 FR model 各层加速度峰值的试验值与计算值整体误差均在 16%以内，且沿着结构高度的变化趋势大致相同，可认为计算值与试验值之间的变化规律基本吻合，说明了有限元模型结构在模拟结构动力响应分析时的正确性和可行性，这也可以从下一部分的加速度放大系数对比图中得以体现。

表 5-3　F model 在不同地震动作用下楼层加速度对比

PGA（g）	0.2			0.4		
	试验值（米/平方秒）	计算值（米/平方秒）	绝对误差（%）	试验值（米/平方秒）	计算值（米/平方秒）	绝对误差（%）
楼层序号	输入 EL Centro 波的峰值加速度					
1	2.16	2.26	4.63	4.08	4.36	6.86
2	4.68	5.07	8.33	5.79	6.11	5.53
3	4.80	4.61	3.96	6.17	6.84	10.86
4	5.23	5.65	8.03	8.00	8.61	7.62
5	5.31	5.73	7.91	8.34	9.23	10.67
平均误差			6.57			8.31
楼层序号	输入 Taft 波的峰值加速度					
1	2.44	2.57	5.33	3.99	4.23	6.02
2	5.42	5.95	9.78	5.65	6.11	8.14
3	4.90	5.24	6.94	5.69	5.26	7.56
4	5.13	5.71	11.31	7.24	7.95	9.81
5	5.86	6.41	9.39	8.15	9.25	13.50
平均误差			8.55			9.00

续表

PGA（g）	0.2			0.4		
	试验值（米/平方秒）	计算值（米/平方秒）	绝对误差（%）	试验值（米/平方秒）	计算值（米/平方秒）	绝对误差（%）
楼层序号	输入人工波的峰值加速度					
1	2.34	2.50	6.84	4.13	4.42	7.02
2	3.96	4.35	9.85	5.6	6.21	10.89
3	4.28	4.87	13.79	6.26	7.13	13.90
4	4.95	5.39	8.89	7.96	8.84	11.06
5	5.68	6.21	9.33	8.95	10.39	16.09
平均误差			9.74			11.79

表 5-4 FR model 在不同地震动作用下楼层加速度对比

PGA（g）	0.2			0.4		
	试验值（米/平方秒）	计算值（米/平方秒）	绝对误差（%）	试验值（米/平方秒）	计算值（米/平方秒）	绝对误差（%）
楼层序号	输入 EL Centro 波的峰值加速度					
1	2.02	2.1	3.96	3.89	4.14	6.43
2	3.51	3.75	6.84	3.94	4.11	4.31
3	3.83	3.91	2.09	4.15	4.58	10.36
4	4.37	4.54	3.89	4.85	5.09	4.95
5	4.68	4.96	5.98	5.34	5.86	9.74
平均误差			4.55			7.16
楼层序号	输入 Taft 波的峰值加速度					
1	2.24	2.31	3.12	3.91	4.1	4.86
2	3.73	3.95	5.90	4.18	4.53	8.37
3	4.14	4.51	8.94	5.03	5.57	10.74
4	4.64	4.77	2.80	5.99	6.42	7.18
5	5.03	5.53	9.94	6.55	7.25	10.69
平均误差			6.14			8.37

续表

PGA（g）	0.2			0.4		
	试验值（米/平方秒）	计算值（米/平方秒）	绝对误差（%）	试验值（米/平方秒）	计算值（米/平方秒）	绝对误差（%）
楼层序号	输入人工波的峰值加速度					
1	2.27	2.34	3.08	3.95	4.2	6.33
2	3.51	3.81	8.55	4.43	4.73	6.77
3	3.59	3.86	7.52	4.11	4.65	13.14
4	4.53	4.79	5.74	5.76	6.33	9.90
5	4.8	5.25	9.38	5.61	6.18	10.16
平均误差			6.85			9.26

另外通过表5-3、表5-4中数据可知，对有限元模型结构进行非线性分析得到的加速度响应随着激励强度的增加，计算模型的塑性损伤程度不断增加，累积损伤不断增大，导致计算结果与试验结果之间的差异性较大，比如在PGA=0.2g时，F model在EL Centro波、Taft波及人工波激励下计算值与试验值之间的平均误差分别为6.57%、8.55%、9.74%，而FR model在相同的地震波激励下的平均误差分别为4.55%、6.14%、6.85%；随着地震强度的增加，即PGA=0.4g时，F model在EL Centro波、Taft波及人工波激励下计算值与试验值之间的平均误差分别为8.31%、9.00%、11.79%，而相应地，FR model在相同的地震波激励下的平均误差分别为7.16%、8.37%、9.26%，说明随着地震强度的增加，由于试验模型与有限元模型材料性质存在差异，导致有限元模型的损伤机理与试验模型结构有所不同，并且受到高阶振型的影响，且模型结构的塑性损伤不断累积，导致其计算结果与试验结果存在较大的差异。另外，FR model相比F model，在不同的地震波激励下，计算值与试验值的平均误差相对较小，这是因为摇摆墙式减震装置可以有效地衰减主结构的振动响应，延缓主结构的损伤进程，可以减少主结构的累积损伤；而在有限元模型分析时未考虑分析模型的累积损伤，因此FR model的计算值与试验值误差相对较小。

（二）加速度放大系数

将F model与FR model有限元分析得到的加速度放大系数通过相似关

系换算之后与振动台试验模型的结果进行对比分析，各楼层在不同工况下的加速度放大系数如图 5-9 至图 5-12 所示。

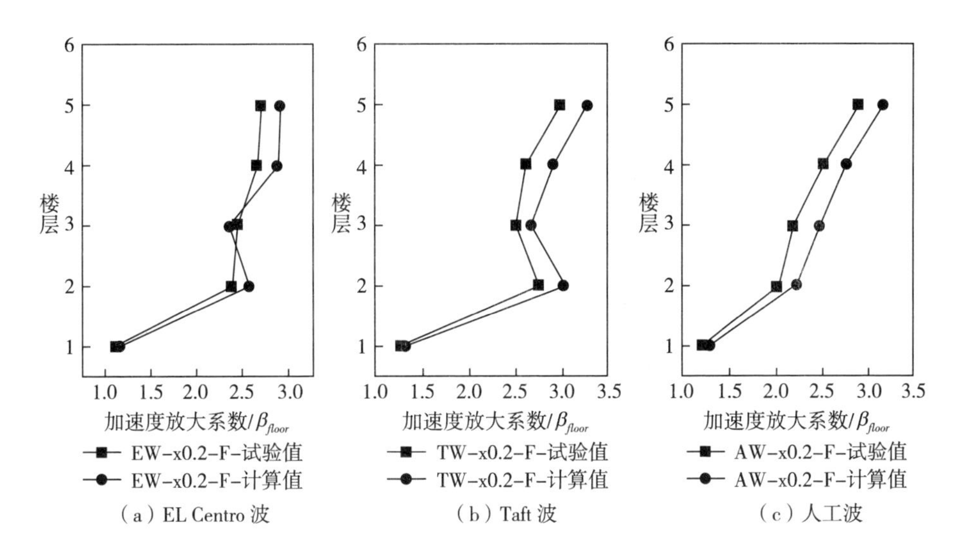

图 5-9　F model 在 PGA = 0. 2g 下加速度放大系数对比情况

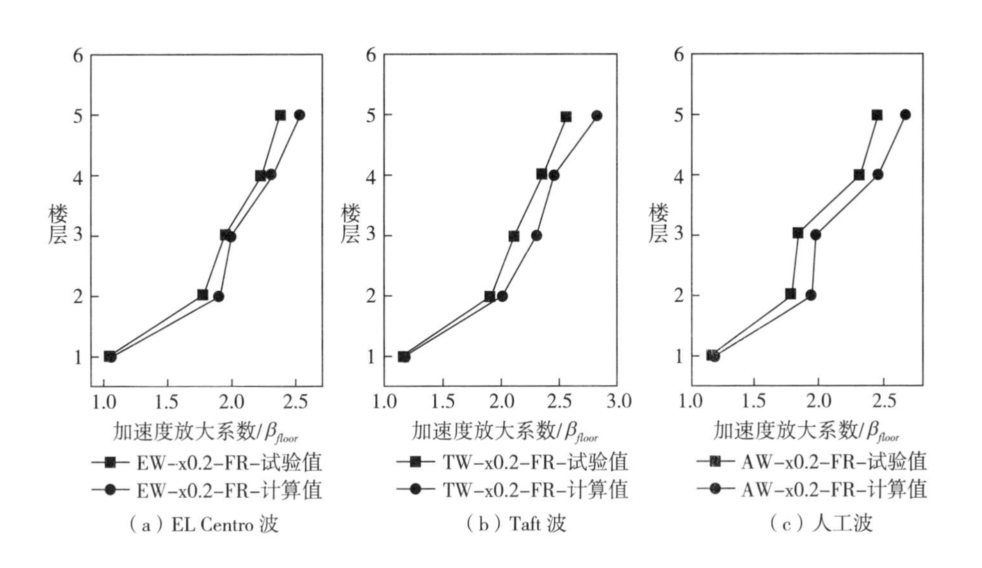

图 5-10　FR model 在 PGA = 0. 2g 下加速度放大系数对比情况

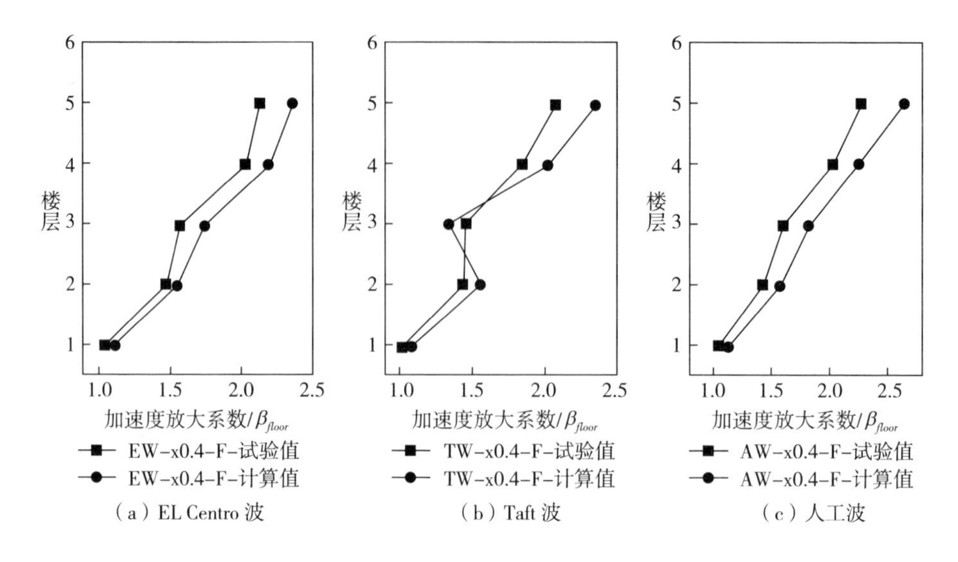

（a）EL Centro 波　（b）Taft 波　（c）人工波

图 5-11　F model 在 PGA＝0. 4g 下加速度放大系数对比情况

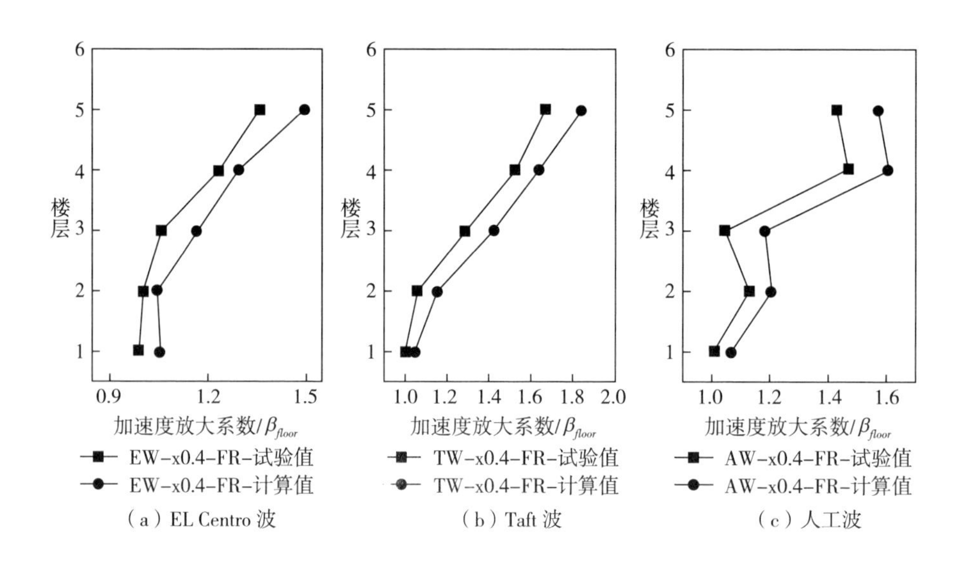

（a）EL Centro 波　（b）Taft 波　（c）人工波

图 5-12　FR model 在 PGA＝0. 4g 下加速度放大系数对比情况

从图 5-9 至图 5-12 中可以看到，各层的加速度放大系数随着楼层的增加而增加，数值计算的各楼层加速度放大系数整体稍大于试验结果，但是反应趋势基本一致。随着加速度峰值的增加，F model 与 FR model 数值计算的加速度放大系数的变化趋势与试验模型一致，呈现减小的趋势，但是相比 7 度设防地震激励，在 8 度设防地震激励下，计算结果与试验结果之间的差异性相对更大。

在 PGA=0.2g 的 EL Centro 波激励下，F model 第三层的数值计算结果稍小于试验结果，如图 5-9（a）所示，这是因为有限元模型的材料是均质的，不存在施工误差，构件之间的连接更加可靠，而试验模型在振动的过程中增加了微粒混凝土材料之间的密实度，提高了模型的承载力，未表现出明显的损伤特征；而在 PGA=0.4g 的 Taft 波激励下，也出现了 F model 第三层的数值计算结果稍小于试验结果的现象，如图 5-11（b）所示，这是因为模型结构在经历几次的地震激励后，试验模型的累积损伤随着时间的推移发生了变化，在模型结构中形成了“呼吸裂缝”，而在第三层，裂缝闭合增加了模型结构的刚度。而在 ABAQUS 软件中，模型结构的混凝土本构采用的是塑性损伤模型，因此可以通过在软件中定义抗压刚度恢复系数及损伤因子，对混凝土模型在不同地震激励下的受压刚度和受拉刚度进行折减，以此来反映模型结构的刚度降低及损伤情况。因此，对有限元模型进行非线性动力时程分析时，将严格遵循有限元程序中设定的应力—应变曲线和滞回规律进行加载和刚性折减，这使有限元模型具有更加严格的刚度折减判定准则，对结构的损伤反应更加敏感，当有限元模型结构出现损伤后，结构的刚度和阻尼的变化相比于试验模型将更加明显。

当 PGA=0.2g 时，F model 在 EL Centro 波、Taft 波及人工波激励下，试验值与计算值之间相差最大的加速度放大系数分别为 2.388、2.587、2.617 与 2.913、2.184、2.485，最大误差分别为 8.33%、11.31% 及 13.79%；在 PGA=0.4g 的三种地震波激励下，F model 试验值与计算值之间差异性最大的加速度放大系数分别为 1.574、1.745、2.079 与 2.360、2.283、2.651，最大误差分别为 10.86%、13.50%、16.09%；相应地，当 PGA=0.2g 时，FR model 分别在 EL Centro 波、Taft 波及人工波激励下试验值与计算值之间差异性最大的加速度放大系数分别为 1.791、1.913、2.566 与 2.821、2.449、2.679，最大误差分别为 6.84%、9.94%、9.38%；在 PGA=0.4g 的三种地震波激励下，FR model 试验值与计算值之间差距最大的加速度放大系数分别为 1.059、1.168、1.283 与 1.421、

1.048、1.186，最大误差分别为10.36%、10.74%、13.14%；其主要原因在于试验模型的损伤随地震激励强度的增大而逐步累积，从而引起了模型结构动力特性的改变，在不同频谱特性的地震波作用下，模型结构被激发的振动响应有所不同，而有限元计算模型在进行动力分析时未考虑分析模型的累积损伤，并且原型结构所使用的混凝土材料与钢筋的本构关系特征值，不同于试验模型中降低强度和弹性模量的细石微粒混凝土及镀锌铁丝，致使有限元模型的计算结果与模型结构的试验结果差异性相对较大，但是整体的变化趋势基本相似。

另外，从图5-9至图5-12中可以发现，FR model在不同烈度的地震波激励下的计算结果与试验结构之间整体差异性比F model小，这与加速度峰值的分析结果一致，如FR model顶层的试验值与计算值分别为1.431与1.577，F model顶层的试验值与计算值分别为2.283与2.651，计算值与试验值之间的差距分别为10.16%与16.09%，而且从图5-10中也能明显看到FR model计算值与试验值之间相对差距较小，这是因为摇摆墙体与主结构之间的连接需要在沿着振动方向的框架梁上预埋钢片，而这些钢片增加了模型结构的刚度，延缓了主结构的损伤进程，加上FR model的累计损伤相对F model较小，在有限元模型结构的分析没有考虑累计损伤的影响情况，导致FR model的计算值与试验值之间的差异性相对较小，但是随着地震强度的增加，试验值与计算值之间的误差也越来越大。在同一地震烈度下，不同地震波作用下，模型加速度放大系数差别显著，说明结构动力特性受地震波频谱特性影响很大，但是整体的变化趋势是相似的，F model与FR model在不同工况下计算值与试验值之间的最大误差分别在8%~17%及6%~14%，再次验证了有限元模型计算结果与模型结构的试验结果整体吻合性较好，证明了钢筋混凝土框架—摇摆墙式减震结构及框架结构有限元模型建立方法，以及参数设置的正确性和合理性，可以很好地实现对振动台试验模型的仿真。

三、位移响应对比

相应地，与加速度分析方法相似，考虑到振动台的输入荷载与实际载荷之间的误差，结合第二章中给出的原型结构与试验模型结构之间的相似关系，根据公式（5-20）可以得到有限元结果推算试验结构的最大位移反应：

$$d_{pi}=\frac{a_m d_{mi}}{a_0 S_d} \tag{5-20}$$

式中，d_{pi} 代表原型结构第 i 测点最大位移反应（毫米），d_{mi} 代表模型结构第 i 测点最大位移反应（毫米），a_m 代表按照相似关系要求的模型输入台面最大加速度（米/平方秒）（名义加速度峰值），a_0 代表模型结构实测台面最大加速度（米/平方秒）（实际加速度峰值），S_d 代表模型与原型结构的位移相似系数。

（一）楼层相对位移响应

根据公式（5-20）可以得到两组有限元模型结构分别在 EL Centro 波、Taft 波及人工波激励下，相对应于模型结构中各层加速度测点处的相对位移时程，取其绝对峰值即为楼层相对位移最大值，因此可以得到在不同工况下有限元模型的计算值与模型结构的试验值在各层的位移对比情况，如表 5-5 与表 5-6 所示，相应的包络图曲线如图 5-13 至图 5-16 所示。

表 5-5　F model 在不同地震动作用下楼层相对位移对比

PGA（g）	0.2			0.4		
	试验值（毫米）	计算值（毫米）	绝对误差（%）	试验值（毫米）	计算值（毫米）	绝对误差（%）
楼层序号	输入 EL Centro 波相对位移峰值					
1	0.82	0.74	9.76	1.29	1.16	10.08
2	1.95	1.73	11.28	2.79	2.36	15.41
3	2.67	2.30	13.86	3.56	3.04	14.61
4	3.38	3.08	8.88	4.31	3.87	10.21
5	3.67	3.32	9.54	4.68	4.06	13.25
平均误差			10.66			12.71
楼层序号	输入 Taft 波的相对位移峰值					
1	1.13	1.02	9.73	1.45	1.23	15.17
2	2.42	2.13	11.98	2.80	2.27	18.93
3	3.34	3.15	5.69	3.78	3.11	17.72
4	3.75	3.32	11.47	4.57	4.02	12.04
5	3.95	3.48	11.90	4.71	4.14	12.10
平均误差			10.15			15.19

续表

PGA (g)	0.2			0.4		
	试验值（毫米）	计算值（毫米）	绝对误差（%）	试验值（毫米）	计算值（毫米）	绝对误差（%）
楼层序号	输入人工波的相对位移峰值					
1	1.18	1.05	11.02	1.52	1.27	16.45
2	2.54	2.17	14.57	3.36	2.60	22.62
3	3.43	2.92	14.87	4.54	3.64	19.82
4	4.09	3.50	14.43	5.10	4.40	13.73
5	4.22	3.71	12.09	5.28	4.63	12.31
平均误差			13.39			16.99

表 5-6　FR model 在不同地震动作用下楼层相对位移对比

PGA (g)	0.2			0.4		
	试验值（毫米）	计算值（毫米）	绝对误差（%）	试验值（毫米）	计算值（毫米）	绝对误差（%）
楼层序号	输入 EL Centro 波的相对位移峰值					
1	0.77	0.72	6.49	1.14	1.02	10.53
2	1.70	1.57	7.65	2.24	2.05	8.48
3	2.28	2.04	10.53	2.92	2.61	10.62
4	2.75	2.54	7.64	3.42	3.07	10.23
5	3.15	2.87	8.89	3.86	3.45	10.62
平均误差			8.24			10.10
楼层序号	输入 Taft 波的相对位移峰值					
1	1.09	1.01	7.34	1.34	1.22	8.96
2	2.22	2.05	7.66	2.46	2.19	10.98
3	2.95	2.60	11.86	3.23	2.87	11.15
4	3.32	3.04	8.43	3.95	3.40	13.92
5	3.66	3.32	9.29	4.07	3.57	12.29
平均误差			8.92			11.46

续表

PGA（g）	0.2			0.4		
	试验值（毫米）	计算值（毫米）	绝对误差（%）	试验值（毫米）	计算值（毫米）	绝对误差（%）
楼层序号	输入人工波的相对位移峰值					
1	1.10	1.00	9.09	1.35	1.21	10.37
2	2.25	2.03	9.78	2.87	2.54	11.50
3	2.95	2.66	9.83	3.78	3.17	16.14
4	3.43	3.06	10.79	4.26	3.81	10.56
5	3.75	3.30	12.00	4.52	4.01	11.28
平均误差			10.30			11.97

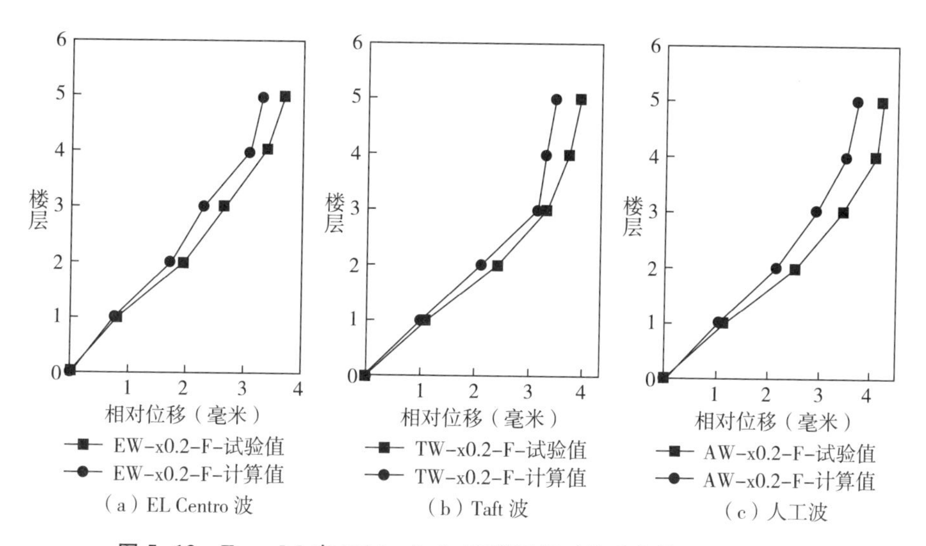

图 5-13　F model 在 PGA=0.2g 下楼层相对位移包络图对比情况

由表 5-5 至表 5-6 可知，F model 在 PGA=0.2g 的 EL Centro 波、Taft 波及人工波激励下的平均误差分别为 10.66%、10.15%、13.39%；当 PGA=0.4g 时，F model 在三种地震波激励下的平均误差分别为 12.71%、15.19%、16.99%；相应地，FR model 在 PGA=0.2g 时，EL Centro 波、Taft 波、人工波激励下的平均误差分别为 8.24%、8.92%、10.30%；当 PGA=0.4g 时，F model 在三种地震波激励下的平均误差分别为 10.10%、

11.46%、11.97%，因此 F model 与 FR model 在三种不同地震波及不同强度激励下的相对位移峰值误差范围分别在 10%~17% 及 8%~12%，但是与加速度峰值响应的误差相比，相对位移的试验值与计算值之间的误差偏大，这是因为试验模型中的位移响应是利用 MATLAB 编程将加速度数据进行二次积分变换获得，在振动参数变换的过程中存在一定的误差。

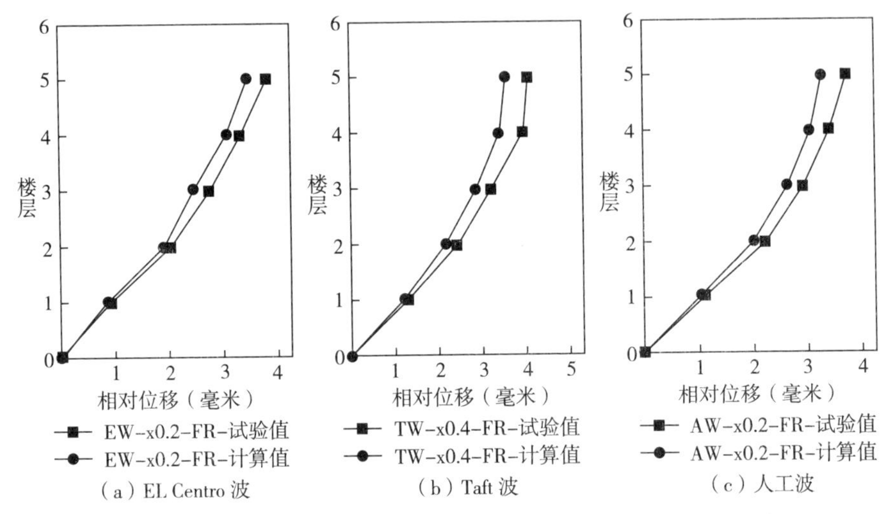

图 5-14　FR model 在 PGA=0.2g 下楼层相对位移包络图对比情况

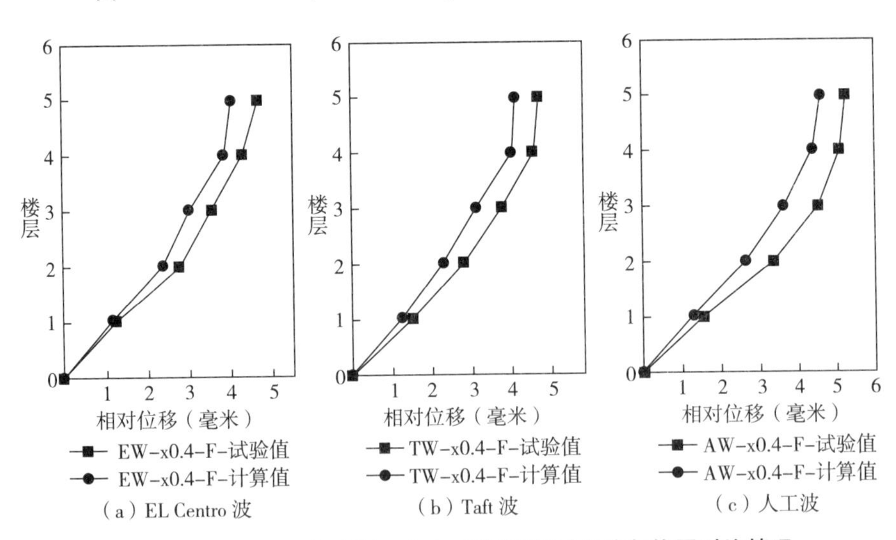

图 5-15　F model 在 PGA=0.4g 下楼层相对位移包络图对比情况

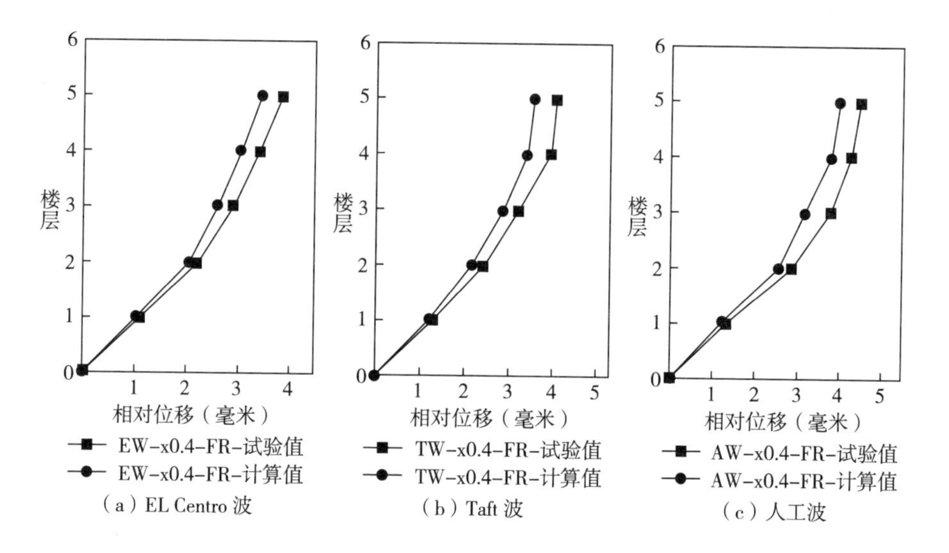

图 5-16　FR model 在 PGA=0.4g 下楼层相对位移包络图对比情况

通过图 5-13 至图 5-16 可以看到，两组模型结构数值计算的楼层相对位移与试验结果相差不大，并且随着楼层高度的增加而增大，顶层位移最大，在 7 度设防的 EL Centro 波、Taft 波及人工波激励下，F model 的顶层相对位移的试验值与计算值分别为 3.67 毫米、3.95 毫米、4.22 毫米与 3.32 毫米、3.48 毫米、3.71 毫米，误差分别为 9.54%、11.90%、12.09%；相应地，FR model 在相同的地震波激励下顶层相对位移的试验值与计算值分别为 3.15 毫米、3.66 毫米、3.75 毫米与 2.87 毫米、3.32 毫米、3.30 毫米，误差分别为 8.89%、9.29%、12.00%；在 8 度设防的 EL Centro 波、Taft 波、人工波激励下，F model 的顶层相对位移的试验值与计算值分别为 4.68 毫米、4.71 毫米、5.28 毫米与 4.06 毫米、4.14 毫米、4.63 毫米，误差分别为 13.25%、12.10%、12.31%；相应地，FR model 在相同的地震波激励下顶层相对位移的试验值与计算值分别为 3.86 毫米、4.07 毫米、4.52 毫米与 3.45 毫米、3.57 毫米、4.01 毫米，误差分别为 10.62%、12.29%、11.28%。可以发现，随着激励强度的增加，计算值与试验值之间的误差逐渐增加，这是因为试验模型在地震的反复作用下，对结构造成的严重累计损伤较大，频率降低幅值越大，并且在下次地震作用下结构次生损伤加剧使结构体系刚度下降越明显，结构稳定性降低，离散性比较明显；并且相比于 F model，FR model 在三种地震波不同强度的激励下的计算值与试验值相差较小，这与加速度响应的结论一致，从图 5-13 至图 5-15 中也能看到，这是因为摇摆墙式减震装置的存在可以分担地震输入结构中的能量，并且摇摆墙式减震装置与主结构存在异相振动的效果，因此在地震激励下，主结构的侧向位移被限制，也即摇摆墙式减振装置对主结构的振动起到阻碍效果，因此可以减小主结构的侧向变形，降低主结构的动力响应，减少地震能量对主结构的冲击，延缓主结构的损伤进程；另外 FR model 的试验模型在与摇摆墙式减震装置进行连接时，在主结构的部分框架梁上预埋了钢片起到了加固效果，提高了主结构的刚度，因此 FR model 的累计损伤相对较小，与有限元模型之间的响应差距相对较小。

从表 5-5 中可以看到，当 PGA = 0.2g 时，F model 分别在 EL Centro 波、Taft 波及人工波激励下试验值与计算值之间误差最大的楼层主要分布在 3 层以下，最大误差分别为 13.86%（3 层）、11.98%（2 层）、14.87%（3 层）；当 PGA = 0.4g 时，F model 在三种地震波激励下试验值与计算值最大误差均在 2 层，最大误差分别为 15.41%、18.93%、22.62%，说明 F model 的第 2 层与第 3 层中梁柱节点及构件在地震作用下存储的弹性应变能达到了极限，需要通过塑性损伤来消耗地震输入模型中的能量，因此导致结构构件产生一定的裂缝，并且随着地震强度的增加，模型结构的累积损伤较大，刚度折减增加，容易发展形成薄弱层，而有限元模型未考虑累积损伤，并且其对刚度降低的判定准则比较严格，因此导致计算值与试验值之间的误差较大。相应地，与 F model 相比，FR model 在不同工况下相对位移的计算值与试验值之间最大误差出现的楼层分布比较广泛，不仅分布在底部薄弱层，也存在于上部楼层，如表 5-6 所示。比如当 PGA = 0.2g 时，FR model 在 EL Centro 波、Taft 波、人工波激励下的试验值与计算值之间最大误差分别为 10.53%（3 层）、11.86%（3 层）、12.00%（5 层）；当 PGA = 0.4g 时，FR model 在三种地震波激励下，试验值与计算值最大误差分别为 10.62%（5 层）、13.92%（4 层）、16.14%（3 层），说明 FR model 中摇摆墙式减震装置与主结构之间存在相对位移，可以控制主结构的侧向变形，改善主结构的变形模型，使主结构底层的裂缝能向上层延伸，避免由于薄弱层的破坏而导致整个模型结构的倒塌破坏，提高了框架结构的抗震能力。

（二）层间位移角对比分析

将 ABAQUS 有限元模型与试验测点相对应的位置处相邻楼层的相对位移时程相减，取最大值之后再除以相邻刚心点总的层高，得到原型结构对应相邻测点之间的层间位移角，三条地震波单向作用下对应测点的层间位移角计算值与试验值对比情况如图 5-17 至图 5-20 所示。

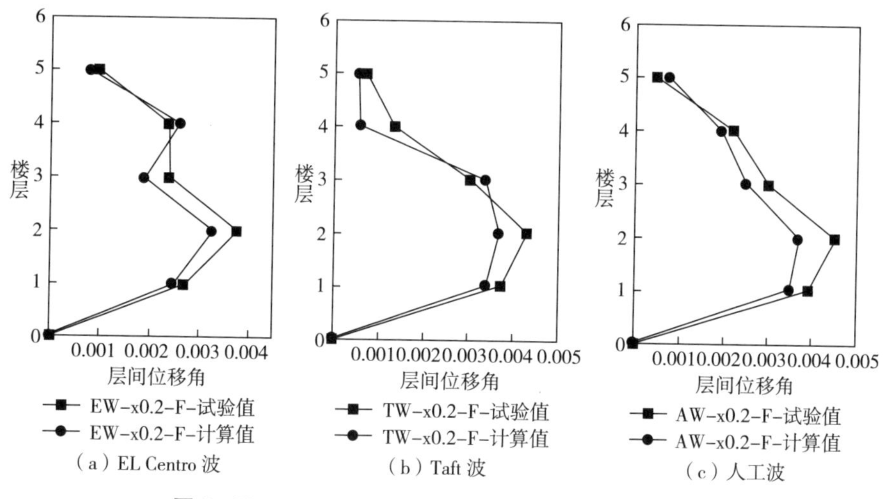

图 5-17　F model 在 PGA = 0. 2g 下层间位移角对比

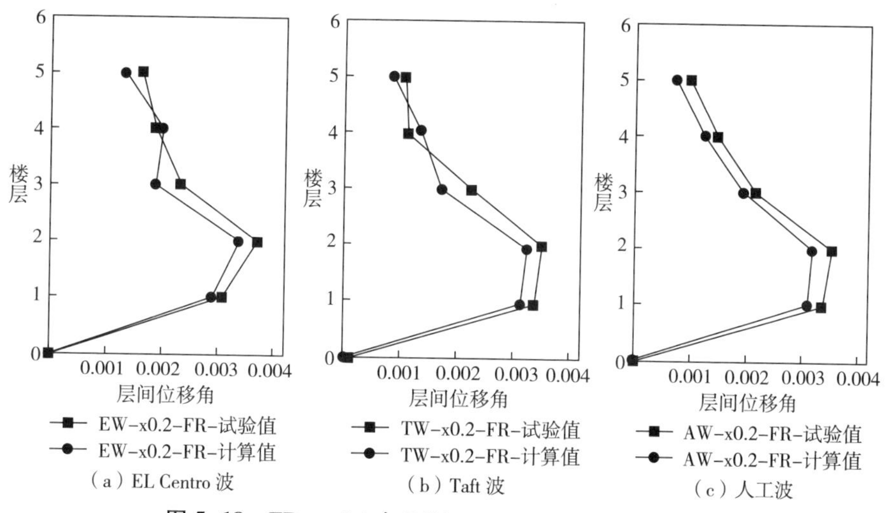

图 5-18　FR model 在 PGA = 0. 2g 下层间位移角对比

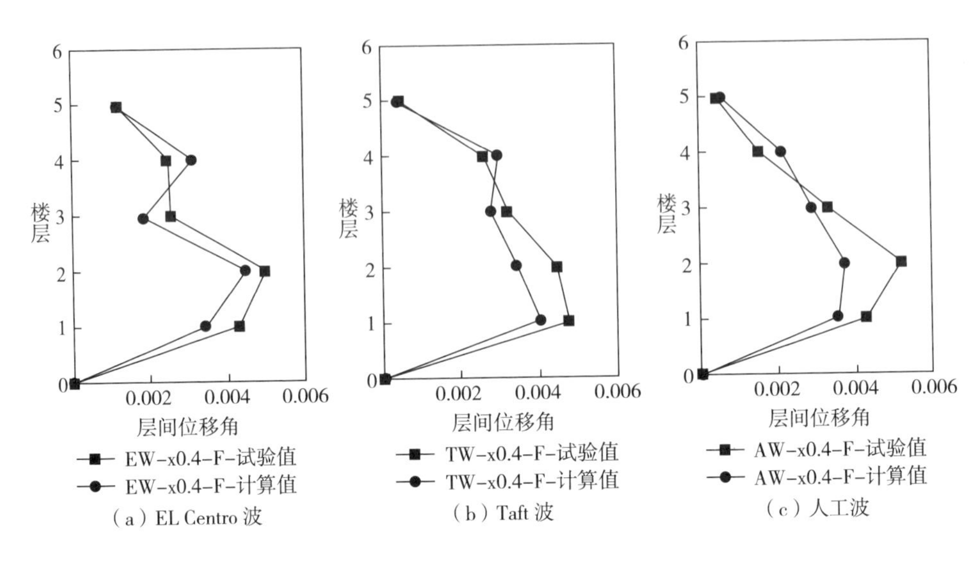

（a）EL Centro 波　（b）Taft 波　（c）人工波

图 5-19　F model 在 PGA=0.4g 下层间位移角对比

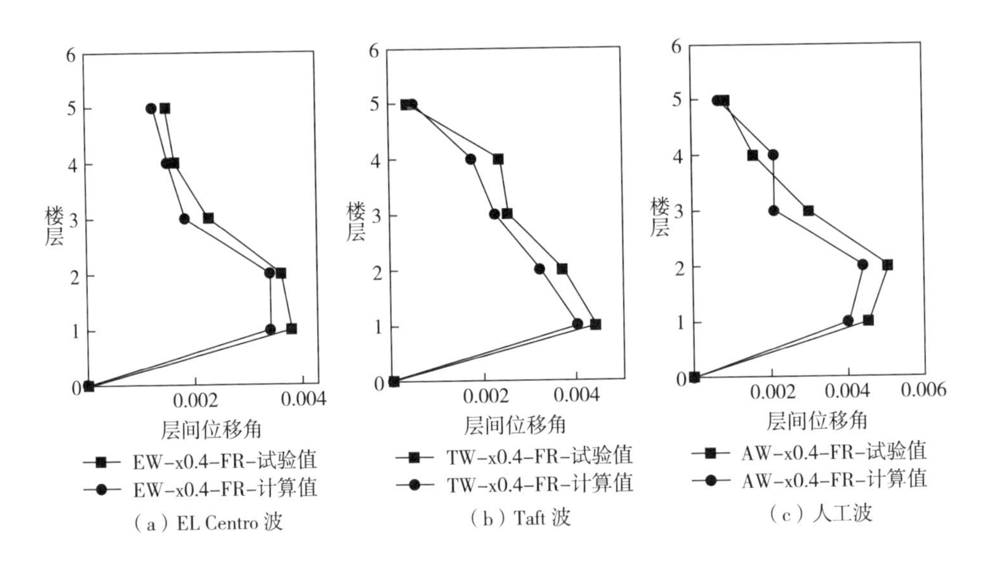

（a）EL Centro 波　（b）Taft 波　（c）人工波

图 5-20　FR model 在 PGA=0.4g 下层间位移角对比

从图 5-17 至图 5-20 中可以看到，F model 与 FR model 在不同地震波激励下，层间位移角的数值计算结果与试验结果除了在底部三层差距较大，其他楼层的结果比较吻合，这是因为模型结构在薄弱层的损伤累积大于其他楼层，因此上部楼层的层间位移角拟合较好，而薄弱层的层间位移角误差相对较大，并且模型结构的非线性特征随着加速度峰值的增加而逐渐增大，各层构件的塑性损伤耗能比较明显，刚度下降幅度明显，数值计算结果与试验结果误差增加，说明数值计算结果在塑性阶段的精确度相对较差，但是试验模型与有限元模型沿着结构高度方向上的层间位移角整体吻合较好，反映了各楼层的实际刚度得到了较好的模拟。但是，我国《建筑抗震设计规范》（GB 50011-2010）规定，验算结构在多遇地震作用下变形时，其弹性层间位移角限值为 1/550，罕遇地震时弹塑性层间位移角限值为 1/50。通过图 5-16 至图 5-19 可以看到，两组模型结构各层的层间位移角都满足规范要求。随着 PGA 的增加，F model 与 FR model 的非线性特征较为明显，结构各楼层的层间位移角变化相对较大，但是 FR model 相比 F model 整体的计算值与试验值之间的差距相对较小，说明摇摆墙式减震装置的存在不仅有助于减缓主结构的损伤进程，而且其摇摆振动有助于改善框架主结构的侧向变形模式，使各层的层间变形相对均匀，因此，有限元模型与试验模型的层间位移角拟合性相对较好。

四、动力破坏形态对比分析

本书在进行非线性动力分析时，采用混凝土塑性损伤本构模型，在有限元分析软件中采用受拉损伤因子（dt）、受压损伤因子（dc）、刚度恢复因子来模拟混凝土构件的开裂、损伤及刚度恢复的情况，其值均在 0~1 变化，0 代表无损伤，1 代表完全损伤开裂。通过 ABAQUS 软件后处理中这些因子数值和分布情况，可以表示混凝土模型结构在地震作用下的整体损伤程度及裂缝发展和分布情况。

从两组模型的受拉损伤（如图 5-21 所示），受压损伤（如图 5-22 所示），应力（如图 5-23 所示），刚度退化（如图 5-24 所示）。可以看到，在相同的地震作用下，框架结构模型的集中应力应变及损伤要集中在第三层以下，其中第一层与第二层的ⒷⒸ跨与ⒶⒷ跨的梁端损伤较大，极易形成薄弱层导致层屈服破坏；而框架摇摆墙结构由于摇摆墙式减震装置沿着结构高度方向对主结构的减震效果比较明显，在一定程度上改善了层屈服破坏特征，并且通过阻尼耗能和摩擦耗能消耗地震输入能量，延缓了框架结构的损伤进程，从图中也能看到，地震能量能够向上部楼层传递，使上部构件出现塑性损伤耗能，表现出整体屈服机制，具体的分析如下所示。

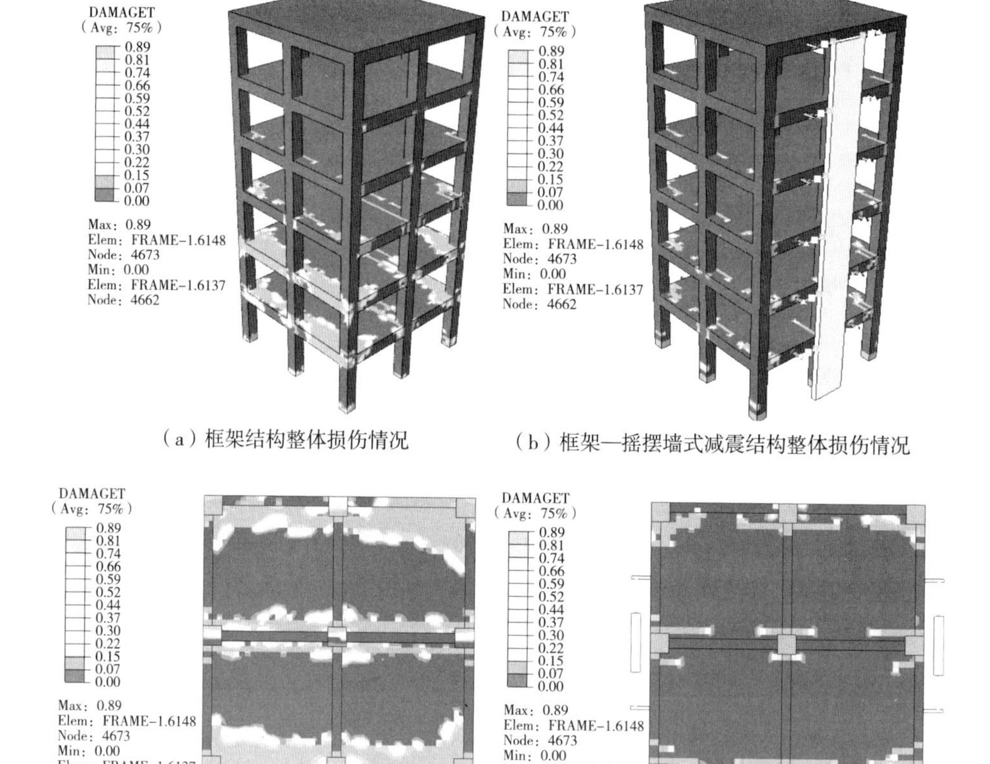

（a）框架结构整体损伤情况　　（b）框架—摇摆墙式减震结构整体损伤情况

（c）框架结构底层损伤情况　　（d）框架—摇摆墙式减震结构底层损伤情况

图 5-21　模型结构受拉损伤发展分布

通过图 5-21 中框架结构模型与框架—摇摆墙式减震结构模型的受拉损伤发展分布图可以清晰地看到，在相同的地震作用下，框架结构模型的整体损伤程度大于框架—摇摆墙式减震结构模型，两组模型结构的受拉损伤介于 0~0.89，小于 1，因此混凝土并未完全损伤开裂，表现出较强的塑性损伤特征。通过图 5-21（a）与图 5-21（c）可以看到，框架结构垂直地震振动方向的损伤主要集中在第一层与第二层的ⒷⒸ跨与ⒶⒷ跨，尤其是

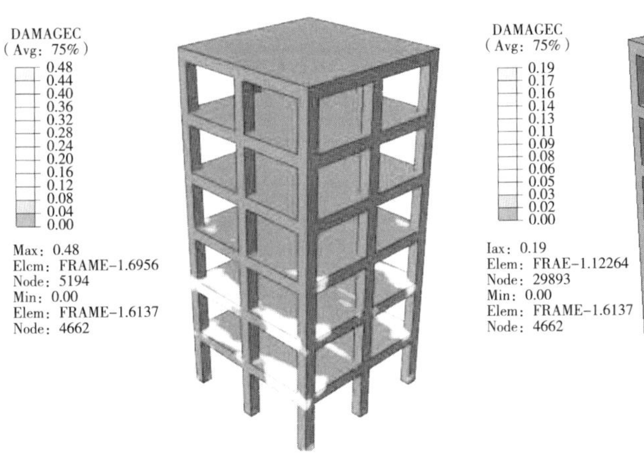

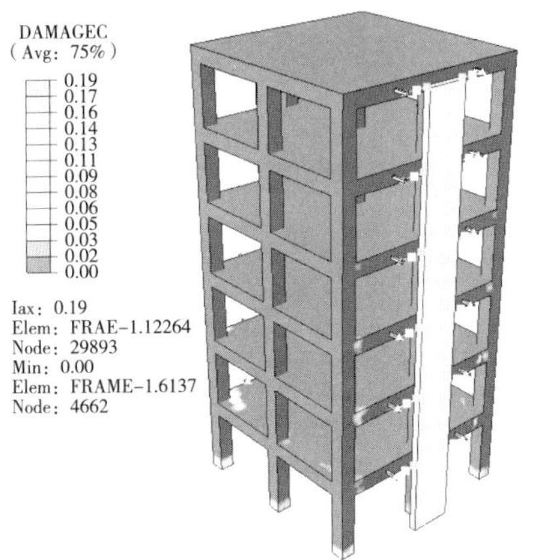

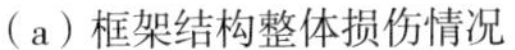

（a）框架结构整体损伤情况　　（b）框架—摇摆墙式减震结构整体损伤情况

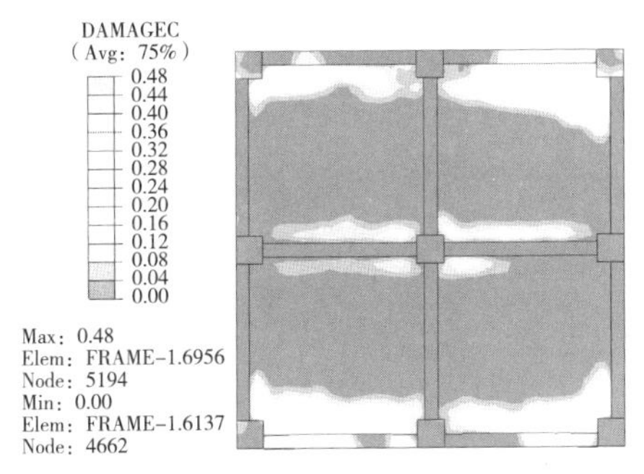

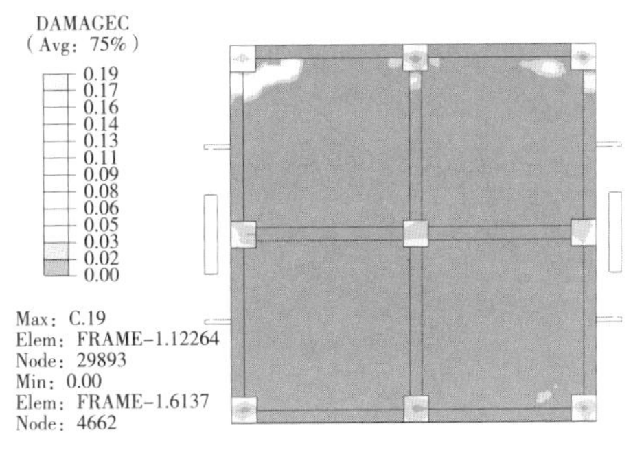

（c）框架结构底层整体损伤情况　　（d）框架—摇摆墙式减震结构底层损伤情况

图 5-22　模型结构受压损伤发展分布

第二层梁端的受拉损伤最为严重，刚度退化程度最大，如图 5-24（a）与图 5-24（c）所示，这与试验中框架结构的破坏现象相一致；之后梁柱节点处的拉应力区域融合并扩散到梁周围甚至到楼板中，如图 5-21（c）所示，楼板处拉应变集中，表现为角柱从梁柱节点处的最大拉应变处不断向楼板角部开始融合扩展，导致楼板的应力集中比较明显，如图 5-23（a）与图 5-23（c）所示，随后拉应力向另一端延伸趋势逐渐减弱，梁另一端最终变为受压区，最后该区域的压应力损伤也相对较大，如图 5-22（a）与图 5-22（c）所示。由于混凝土材料耐压不耐拉，因此梁柱模型结构的受压损伤程度整体小于受拉损伤。综上可知，框架结构在第一层与第二层

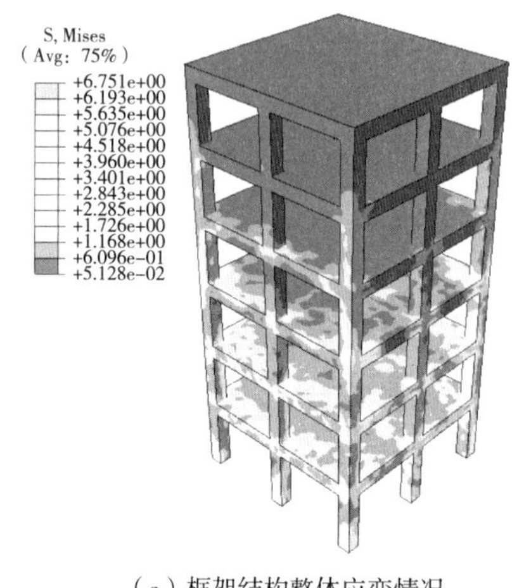

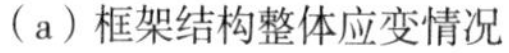

（a）框架结构整体应变情况

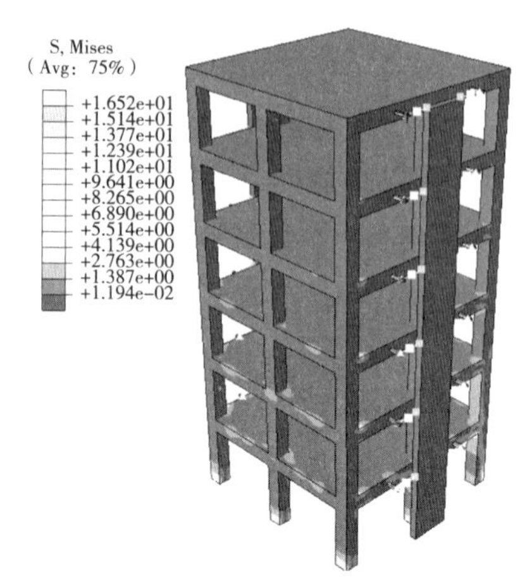

（b）框架—摇摆墙式减震结构整体应变退化情况

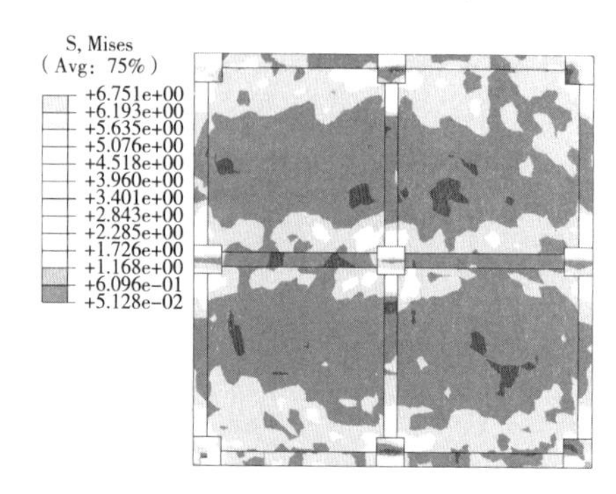

（c）框架结构底层应变情况

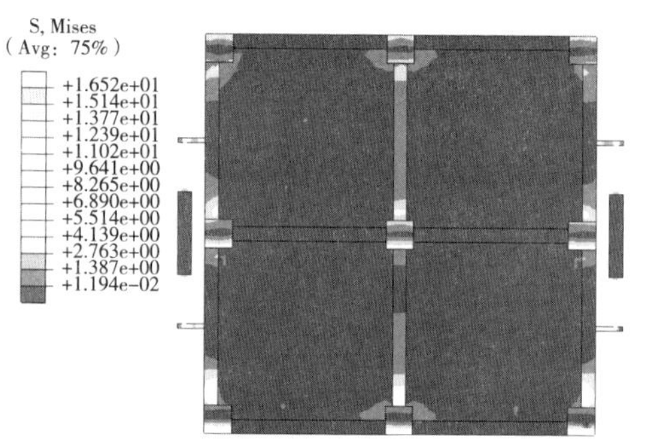

（d）框架—摇摆墙式减震结构底层应变情况

图 5-23　模型结构应力发展分布

形成薄弱层的概率最大，容易最先形成“梁铰机制”；与之对应部分的受压损伤也相对集中，第二层ⒷⒸ跨与ⒶⒷ跨靠近角柱的梁端受压损伤也是最大的，如图 5-22（a）所示，并且底层的上下面的受压与受拉损伤交替明显，如图 5-21（c）与图 5-22（c）所示，因此，框架结构模型整体表现出典型的层屈服破坏特征，在框架结构模型的第二层极易形成薄弱层。

通过图 5-21（b）与图 5-21（d）可以看到，框架—摇摆墙式减震结构模型整体的受拉损伤程度明显小于框架结构模型，且摇摆墙体表现出无损状态，满足摇摆结构可以有效控制结构侧向变形模式及减少结构动力响应的设计目标。另外，通过图 5-21（a）与图 5-21（b）的整体受拉损伤

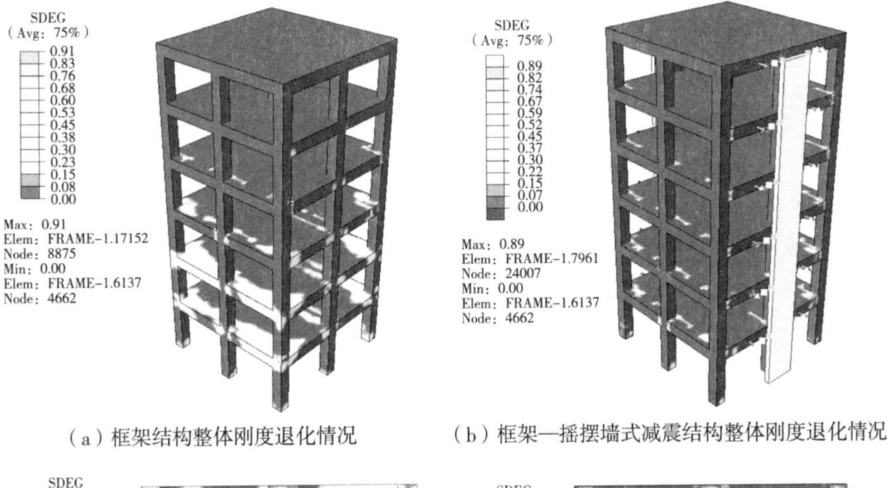

（a）框架结构整体刚度退化情况　　（b）框架—摇摆墙式减震结构整体刚度退化情况

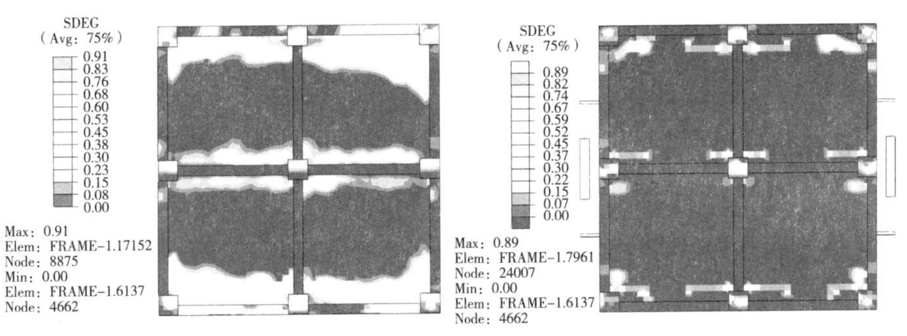

（c）框架结构底层刚度退化情况　　（d）框架—摇摆墙式减震结构底层刚度退化情况

图 5-24　模型结构刚度退化发展分布

情况可以看到，框架—摇摆墙式减震结构沿着结构高度方向的受拉损伤主要出现在梁端，并且底层的振动能量能够向上层传递，如图 5-21（b）所示，沿着地震作用方向的第一层至第五层的梁端都有相应的受拉损伤，使各层构件都能发挥其抗震能力，沿着结构高度方向的整体刚度退化相对较小，如图 5-24（b）所示；而框架结构模型的受拉损伤主要集中在第三层以下，第四层出现轻微的损伤如图 5-21（a）所示。因此，如图 5-24（a）与图 5-24（b）所示，框架结构模型第三层以下的刚度退化程度较大，而框架—摇摆墙式减震结构模型第五层以下对应的梁端出现损伤之后刚度退化程度较小，且主要集中在梁端，这是因为摇摆墙式减震装置的存在可以将地震输入的能量向上层有效传递，发挥各层构件的抗震能力，减少底部薄弱层所承担的压力，避免形成层屈服破坏，这与框架—摇摆墙式减震结构的试验现象相一致。另外，通过图 5-21（c）可以看到框架模型的底层受拉损伤在梁板柱之间蔓延和加深，角柱的损伤比较严重并且向板内及梁内扩展，而中间柱的损伤程度有所减缓，与之对应部位的刚度退化程度比较大，如图 5-24（c）所示。由于框架梁可以将楼板的荷载传递至框架柱，共同形成抗侧力体系，当结构受横向荷载作用时，底部固结的框架柱轴向变形较小，对梁两端的相对侧移的影响很小，因此框架梁的塑性损伤程度较大；而钢筋混凝土框架—摇摆墙式减震结构由于在地震作用下可以发生摇摆振动，与主结构之间存在相对位移，产生的阻碍主结构发生更大侧向变形的反作用力，可以改善框架结构的侧向变形模式，增大了与摇摆墙连接的梁两端的相对侧移，从而可以有效地控制结构的损伤程度，如图 5-21（d）所示，而且底层梁柱的集中应力相比框架结构大大降低，如图 5-23（d）所示，提高了框架结构部分的承载能力，并且在地震的往复作用下损伤向周围板的发展区域较小，所受的集中应力也相对较小，如图 5-23（b）与图 5-23（d）所示。

综上所述，由于摇摆墙式减震装置沿着结构的高度方向布置，在每一层都与框架结构通过楼层连接装置进行连接，因此在主结构振动时，通过每层的连接装置将地震能量传递至子结构中，增加了各层的动量交换能力，并且子结构可以将接收的地震能量存储起来，随后以弹性势能、动能、阻尼耗能、摩擦耗能等形式进行转化与释放，在地震输入能量一定的情况下，可以减少地震能量对框架主结构部分的冲击作用，延缓了主结构的整体损伤进程，因此相比框架结构模型，框架—摇摆墙式减震结构模型在整体受拉损伤程度相对较轻，整体稳定性较好，显著地改善框架结构层屈服破坏的特征，并且通过后处理分析的结果与试验分析结果相一致，证明了有限元模型建立方法的正确性及模型精度控制的合理性。

第八节　本章小结

本章主要利用有限元分析软件 ABAQUS 模拟框架结构与框架—摇摆墙式减震结构分别在不同强度的 EL Centro 波、Taft 波及人工波激励下的非线性动力分析，并对有限元模型结构的加速度峰值、加速度放大系数、楼层相对位移、层间位移角、动力破坏特征等地震响应与模型结构的试验结果进行了对比分析，主要研究内容如下所示：

第一，ABAQUS/Explicit 可以显著提高计算效率并且计算成本相对较低，因此在工程抗震中应用较多，但是显式计算方法中的剪切自锁与沙漏是影响有限元模型精度的主要问题，本章从有限元方程求解、精度控制、材料本构、单元选择等方面详细介绍了有限元模型建立过程中的要点，并且对框架—摇摆墙式减震结构在建立有限元模型中的难点问题进行了介绍。

第二，通过相似关系将有限元模型结果经过换算后与试验结果在不同设防烈度地震作用下的加速度结果进行了对比，结果表明框架—摇摆墙式减震结构的整体减震效果显著，并且可以延缓结构的损伤进程，累积损伤相对较小，计算值与试验值之间的误差小于框架结构模型，但是两组模型在整体趋势上均与试验结果吻合较好，验证了有限元模型建立的正确性及参数设置的合理性，可以较好地反映模型结构在地震作用下的动力反应，为进一步的研究提供了基础。

第三，有限元模型各层的加速度放大系数随着楼层高度的增加而增大，且计算结果稍大于试验结果，但是由于试验模型在振动过程中增加了构件中材料的密实度，相比于材料均质的有限元模型而言，增加了试验模型的刚度，因此在 PGA = 0. 2g 的 EL Centro 波激励下出现计算结果略小于试验结果的现象。另外，随着地震的往复振动，模型结构中形成了呼吸裂缝，当裂缝闭合时增加了模型的刚度，而有限元模型对损伤及刚度比较敏感且判断的规则比较严格，且未考虑试验模型的累计损伤，因此在 PGA = 0. 4g 的 Taft 波激励下计算结果也略小于试验结果。

第四，有限元模型的位移响应与试验结果之间的误差大于加速度响应，这是因为位移响应是加速度响应经过二次积分得到，在振动参数变换的过程中存在一定的误差，且模型结构的损伤随着地震强度的增加而逐渐累积，使试验模型结构与有限元模型结构的楼层位移差异较大，但是 F model 与 FR model 在三种不同设防烈度的地震作用下的相对位移峰值误差范围分别在 10%~17%及 8%~12%，且层间位移角均满足规范要求。

第五，对比分析了有限元模型与试验模型的动力破坏特征，证明了有限元模型与试验模型的破坏现象具有较好的一致性。框架结构模型的应力应变及损伤主要集中在三层以下，尤其是第一层与第二层极易发展成薄弱层，形成层屈服破坏，而框架—摇摆墙式减震结构可以控制框架结构的侧向变形模式，使地震能量向上层传递，发挥了各层构件的抗震能力，消耗了地震输入能量，延缓了主结构的损伤进程，表现出整体屈服机制。

第六章

钢筋混凝土框架—摇摆墙式减震结构减震机理分析

随着建筑物多样性的发展及人们生活水平的不断提高，建筑物在保证基本的安全性的同时，人们对结构的振动响应控制提出了更高的要求，比如减少结构变形，降低结构加速度响应等来满足结构舒适度也成为制约传统结构振动控制理论的重要问题（尤婷，2020）。摇摆墙结构体系作为一种可恢复功能结构得到了迅速发展，并且取得了较好的整体减震效果；其不仅可运用于新建建筑物中，也可以用在已有建筑物的抗震加固中，并且曲哲和叶列平（2009）的研究表明，摇摆墙结构在抗震加固中的可行性。而传统的摇摆墙结构设计中通过与主结构之间设计金属阻尼器或者延性连接构件来实现局部损伤来分担主结构能量，基于此，本书通过在摇摆界面布置弹簧与阻尼材料增加摇摆墙的摇摆运动，发挥其对主结构的振动控制效果。由于主结构与摇摆墙之间存在相对位移，因此利用这个相对位移来实现主结构与摇摆墙结构之间的异相振动，异相振动越明显，则其对于主结构的侧向变形的阻碍效果越大，因此减震效果也就更加明显，并且本书在设计摇摆墙与主结构连接时，具有方便快捷、经济性高、可更换等优势。为了更好地分析摇摆墙式减震结构的减震原理，本章基于拉格朗日方程的原理，将对摇摆墙减震体系分别在单自由度系统及多自由度系统下的运动微分方程进行推导和分析，从理论分析角度对其减震原理进行介绍，为新型减震结构的抗震设计提供理论基础。

第一节 拉格朗日方程简介

拉格朗日方程是分析力学中一种用于描述物体运动的方程，于 1788 年由法国数学家约瑟夫·拉格朗日所创立，是拉格朗日力学的主要方程（R. 克拉夫和 J. 彭津，2006）。拉格朗日方程特别适用于理论物理的研究，现代力学应用也十分广泛。大多数结构体系的动能和势能均可由广义坐标及其线性函数表示，其中后者只需广义坐标单独表示。同时，非保守力在虚位移上所做虚功可由一组任意变分的线性函数表示，且该虚位移由变分所引起（王亚敏，2015），具体表示如下：

$$\begin{cases} T=T(q_1, q_2, \cdots, q_N, \dot{q}_1, \dot{q}_2, \cdots, \dot{q}_N) \\ V=V(q_1, q_2, \cdots, q_N) \\ \delta W_{nc}=Q_1\delta q_1+Q_1\delta q_2+\cdots+Q_N\delta q_N \end{cases} \tag{6-1}$$

公式(6-1)中，$Q=(Q_1, Q_2, \cdots, Q_N)$分别是对应于广义坐标 $q=(q_1, q_2, \cdots, q_N)$的广义力函数。

根据 Hamilton 变分表达式：

$$\int_{t_1}^{t_2}\delta[T(t)-V(t)]\mathrm{d}t+\int_{t_1}^{t_2}\delta W_{nc}(t)\ \mathrm{d}t=0 \tag{6-2}$$

将公式（6-1）代入公式（6-2）中进行分部积分可以得到如下表达方程：

$$\frac{\mathrm{d}}{\mathrm{d}t}\left(\frac{\partial T}{\partial \dot{q}_i}\right)-\frac{\partial T}{\partial q_i}+\frac{\partial V}{\partial q_i}=Q_i^{nc},\ i=1, 2, \cdots, N \tag{6-3}$$

式中，T 代表动能，V 代表势能。

当外力包含非保守力做功时，Q_i^{nc} = （Q_1^{nc}，Q_2^{nc}，…，Q_N^{nc}）为非保守力虚功向量，且沿着虚位移方向做功，q_i 和 $\dot{q}_i$ 是系统的广义坐标和广义速度，这就是拉格朗日方程的原理，拉格朗日方程通常应用于整个物理系统的状态描述。

第二节　基于单自由度的钢筋混凝土框架—摇摆墙式减震系统运动方程建立

一、摇摆墙式减震系统附加刚度计算

单自由度系统下，摇摆墙式减震系统的受力模型如图 6-1（a）所示，近似地，视其为一个长度为 a，厚度为 b，高度为 h 的长方体，其物理模型如图 6-1（b）所示。通过在长方体沿转轴 Z 方向取一长为 dy，宽为 dx，高为 b 的细长方体，由于该细长方体横截面非常小，因此横截面上任意一处可看成一个坐标为（x，y，z）的点，通过该点计算摇摆墙体的转动惯量，为后文运用拉格朗日方程推导钢筋混凝土框架—摇摆墙式减震结构体系的运动方程提供理论基础。

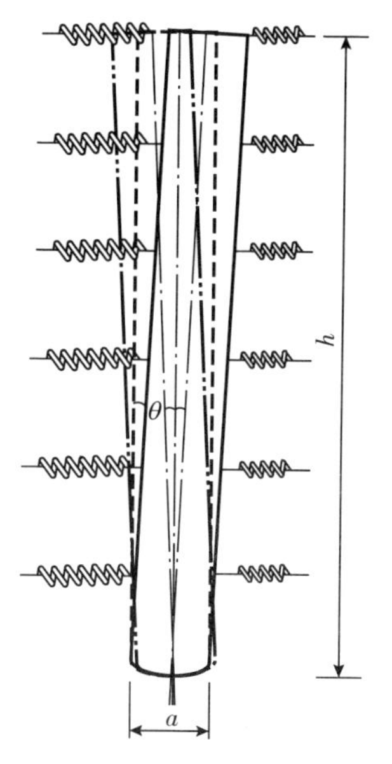

（a）摇摆墙减震系统力学模型

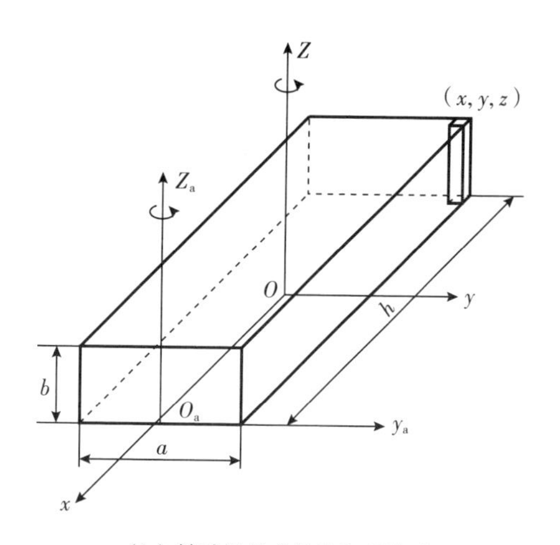

（b）转动惯量求解的物理模型

图 6-1　摇摆墙体物理模型示意图

因此，所取的细长方体密度为$\rho=\dfrac{m}{abh}$，转动半径为$r=\sqrt{x^2+y^2}$，质量为$dm_0=\rho bdxdy$，转动惯量为$dJ=r^2dm_0=(x^2+y^2)\rho bdxdy$，可以得到整个摇摆墙体质量块绕$O$点的转动惯量如下所示：

$$J_c=\iint_{\sigma}(x^2+y^2)\rho bdxdy=\int_{-\frac{a}{2}}^{\frac{a}{2}}\int_{-\frac{h}{2}}^{\frac{h}{2}}(x^2+y^2)\rho bdxdy=\frac{m}{12}(a^2+h^2) \tag{6-4}$$

根据平行轴定理可得，摇摆墙体绕点O_a的转动惯量为：

$$J_0=J_c+m\left(\frac{h}{2}\right)^2=\frac{m}{12}(a^2+h^2)+\frac{m}{4}h^2=\frac{ma^2}{12}+\frac{mh^2}{3} \tag{6-5}$$

为了将摇摆墙减震系统运用拉格朗日方程来表达其附加刚度，有以下三个假设：

（1）摇摆墙减震系统在运行过程中没有能量损失。

（2）m_d和$\theta(t)$作为摇摆墙减震系统的广义坐标，其中m_d为摇摆墙体的质量，角$\theta(t)$是经过原点的垂直线向外摆动的角度。

（3）取摇摆墙体最低点作为结构的零势能点，设系统的原点为摇摆墙体未发生摆动即$\theta(t)=0$。为了表达式的简洁，公式（6-6）推导过程中均隐去了时间变量t，则根据拉格朗日方程的原理可以得到摇摆墙减震系统的动能为：

$$T_d=\frac{1}{2}m_dV_c^2+\frac{1}{2}J_0\omega^2=\frac{1}{2}m_d\left(\frac{h}{2}\dot{\theta}\right)^2+\frac{1}{2}\left(\frac{m_da^2}{12}+\frac{m_dh^2}{3}\right)\dot{\theta}^2=\frac{m_d}{24}(a^2+7h^2)\dot{\theta}^2 \tag{6-6}$$

摇摆墙减震系统的势能为：

$$V_d=\frac{m_dgh}{2}(1-\cos\theta)+\frac{k_d(h\sin\theta)^2}{2} \tag{6-7}$$

式中，T_d和V_d分别为摇摆墙减震系统的动能和势能，其势能包括重力势能和弹性势能。

将公式（6-6）和公式（6-7）代入拉格朗日方程（6-3）中可以得到如下等式：

$$\frac{m_d(a^2+7h^2)}{12}\ddot{\theta}+\left(\frac{m_dgh}{2}+k_dh^2\right)\theta=0 \tag{6-8}$$

设公式（6-8）的通解为$\theta=A\sin(\omega_dt+\varphi)$。

因此可以得到摇摆墙减震系统的自振频率为：

$$\omega_d=\sqrt{\frac{6gh}{a^2+7h^2}+\frac{12k_dh^2}{m_d(a^2+7h^2)}} \tag{6-9}$$

根据公式（6-9）可以得到摇摆墙减震系统的弹簧刚度计算公式为：

$$k_d=\frac{m_d}{12h^2}[\omega_d^2(a^2+7h^2)-6gh] \tag{6-10}$$

二、无阻尼钢筋混凝土框架—摇摆墙式减震子结构的减震机理分析

由于摇摆墙体两侧的连接结构与主结构之间的连接方式是并联，因此为了方便分析，将摇摆墙每侧的六个弹簧和阻尼等效成一个总弹簧与总阻尼；而对于多质点体系的剪切型结构在地震或风力作用下，其第一振型的振动反应占结构总反应约80%以上，因此可近似将六层框架结构模型简化为具有基本振型的等效单质点体系进行分析，进而可以在单自由度系统下钢筋混凝土框架—摇摆墙式减震结构的计算模型如图6-2所示，其中m_s、k_s、c_s分别表示框架主结构的质量、刚度及阻尼；m_d、k_d、c_d分别表示摇摆墙式减震子结构的质量、刚度和阻尼；x_s、$\dot{x}_s$、$\ddot{x}_s$分别表示框架主结构相对于地面的位移、速度和加速度；x_d、$\dot{x}_d$、$\ddot{x}_d$分别表示摇摆墙式减震子结构相对于地面的角位移、角速度和角加速度；根据公式（6-9）可以计算摇

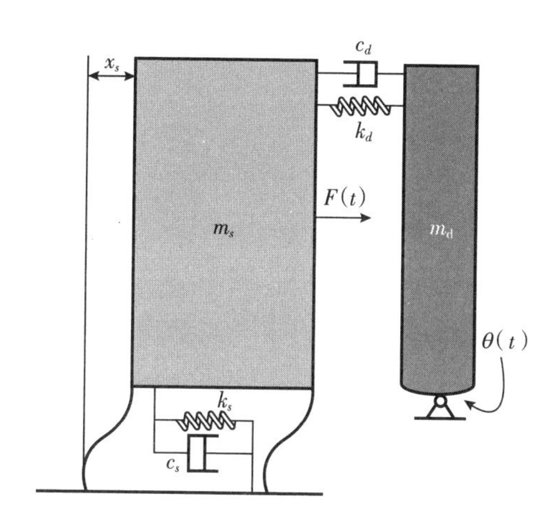

图6-2　单质点主结构受随机激励的计算模型

摆墙体减震系统的自振频率，结合摇摆墙体的尺寸设计，具体参见第三章第二节的内容，发现摇摆墙式减震装置的长度 a 和厚度 b 相对于其高度 h 比较小，并且大量研究表明，摇摆墙体被设计成无损墙体，也即刚度相对较大，因此为了方便方程式的表达，公式（6-9）简化成如下表达式：

$$\omega_d=\sqrt{\frac{6g}{7h}+\frac{12k_d}{7m_d}} \tag{6-11}$$

由于在工程实际结构中，框架主结构的阻尼比较小（一般小于 0.05），为了更加清晰地了解摇摆墙式减震子结构的减震原理，这里忽略主结构的阻尼，即 $c_s=0$，并且对子结构的阻尼情况进行讨论。首先分析当摇摆墙式减震子结构无阻尼（$c_d=0$）时，将其附加到框架结构体系后的计算模型如图 6-2 所示，采用拉格朗日原理推导无阻尼摇摆墙式减震子结构体系的运动微分方程，具体如下所示：

由于系统有两个自由度，这里选择框架主结构系统的水平位移 x_s（t）和摇摆墙减震子结构的转动角度 θ（t）作为广义坐标，并将摇摆墙体的质心位置用广义坐标来表示，因此可以得到整个结构系统在平面坐标系内的位置关系：

$$\begin{cases} x_s=x_s \\ y_s=0 \\ x_{dc}=x_s+\dfrac{h}{2}\sin\theta \\ y_{dc}=\dfrac{h}{2}\cos\theta \end{cases} \tag{6-12}$$

因此，可以得到整个减震系统的动能为：

$$\begin{aligned} T&=\frac{1}{2}m_s\dot{x}_s^2+\frac{1}{2}m_d(\dot{x}_{dc}^2+\dot{y}_{dc}^2)+\frac{1}{2}J_0\dot{\theta}^2 \\ &=\frac{1}{2}m_s\dot{x}_s^2+\frac{1}{2}m_d\left[\left(\dot{x}_s+\frac{h}{2}\cos\theta\dot{\theta}\right)^2+\left(\frac{h}{2}\sin\theta\dot{\theta}\right)^2\right]+\frac{1}{2}\frac{m_dh^2}{3}\dot{\theta}^2 \end{aligned} \tag{6-13}$$

由于在进行分析时选择摇摆墙体的最低点位置作为系统的零势能位移，因此可以得到整个系统的势能为：

$$V=\frac{m_dgh}{2}(1-\cos\theta)+\frac{k_d(h\sin\theta)^2}{2}+\frac{k_sx_s^2}{2} \tag{6-14}$$

非保守力 Q_i^{nc}，$i=1$，2，…，$2n$ 可由虚功原理推导得到，因此在不考虑摇摆墙式减震子结构阻尼和框架主结构阻尼的单自由度系统中非保守力所做虚功只有外力做功，如下所示：

$$\delta W = \sum Q_i \delta q_i = f\delta x_s \tag{6-15}$$

将公式（6-13）至公式（6-15）代入公式（6-3）可得单自由度下框架主结构与摇摆墙式减震子结构体系的运动微分方程：

$$\begin{cases} (m_s+m_d)\ddot{x}_s+\dfrac{m_d h}{2}\ddot{\theta}+k_s x_s=f(t) \\ \ddot{\theta}+\dfrac{6}{7h}\ddot{x}_s+\dfrac{6m_d gh+12k_d h^2}{7m_d h^2}\theta=0 \end{cases} \tag{6-16}$$

根据公式（6-16）可以得到整个钢筋混凝土框架—摇摆墙式减震系统的矩阵形式为：

$$\begin{bmatrix} m_s+m_d & \dfrac{m_d h}{2} \\ \dfrac{6}{7h} & 1 \end{bmatrix}\begin{Bmatrix} \ddot{x}_s \\ \ddot{\theta} \end{Bmatrix}+\begin{bmatrix} k_s & 0 \\ 0 & \dfrac{6m_d gh+12k_d h^2}{7m_d h^2} \end{bmatrix}\begin{Bmatrix} x_s \\ \theta \end{Bmatrix}=\begin{bmatrix} f(t) \\ 0 \end{bmatrix} \tag{6-17}$$

因此，不考虑摇摆墙式减震子结构阻尼的单自由度结构体系的质量矩阵、刚度矩阵和外力向量分别为：

$$\begin{cases} M=\begin{bmatrix} m_s+m_d & \dfrac{m_d h}{2} \\ \dfrac{6}{7h} & 1 \end{bmatrix} \\ K=\begin{bmatrix} k_s & 0 \\ 0 & \dfrac{6m_d gh+12k_d h^2}{7m_d h^2} \end{bmatrix} \\ M=F(t)=\begin{bmatrix} f(t) \\ 0 \end{bmatrix} \end{cases}$$

为了求公式（6-7）的解，本书采用传递函数解法，设框架主结构和摇摆墙式减震子结构的位移反应分别为 x_s（t）及 θ（t），则框架主结构和摇摆墙式减震子结构的传递函数分别为 H_s（ω）及 H_d（ω），可得：

$$H_s(\omega)=\frac{x_s(t)}{f(t)},\ H_d(\omega)=\frac{\theta(t)}{f(t)} \tag{6-18}$$

因此主结构与子结构的位移反应分别为：

$$x_s(t)=H_s(\omega)f(t)=H_s(\omega)f_0\sin\omega t \tag{6-19}$$

$$\theta(t)=H_d(\omega)f(t)=H_d(\omega)f_0\sin\omega t \tag{6-20}$$

将公式（6-19）和公式（6-20）代入公式（6-17）中可以得到

$$H_s(\omega)=\frac{m_d(6g-7h\omega^2)+12k_dh}{[m_d(6g-7h\omega^2)+12k_dh][k_s-\omega^2(m_s+m_d)]-3h(m_d\omega^2)^2} \tag{6-21}$$

$$H_d(\omega)=\frac{6m_d\omega^2}{[m_d(6g-7h\omega^2)+12k_dh][k_s-\omega^2(m_s+m_d)]-3h(m_d\omega^2)^2} \tag{6-22}$$

从公式（6-21）和公式（6-22）可以看出，频率响应函数与 m、k 和 c 均有关系。此外，频率响应函数是反映结构固有特性的量，是以外激励频率 ω 为参变量的非参数模型；对于无阻尼系统，频率响应函数为实函数，反映响应与激励之间没有相位差；而对于有阻尼系统，频率响应函数为复函数，反映响应与激励之间存在相位差（曹树谦等，2001），而框架主结构与摇摆墙式减震子结构之间存在的相对位移及相位差正是摇摆墙减震子结构可以实现控制框架结构侧向变形模式以及衰减结构动力响应的关键。

因此，根据公式（6-19）至公式（6-22）可以得到框架主结构和无阻尼的摇摆墙式减震子结构在单自由度系统下的位移反应最大值为：

$$x_s(t)=\frac{f_0}{k_s}\frac{7(f^2-p^2)}{7(f^2-p^2)[1-p^2(1+\mu)]-3\mu p^4}=\delta_{st}\frac{f^2-p^2}{\left(1+\frac{4}{7}\mu\right)p^4-[1+f^2(1+\mu)]p^2+f^2} \tag{6-23}$$

$$\theta(t)=\frac{6\delta_{st}}{7h}\frac{p^2}{\left(1+\frac{4}{7}\mu\right)p^4-[1+f^2(1+\mu)]p^2+f^2} \tag{6-24}$$

式中，δ_{st} 代表主结构在外激励下的最大等效静力位移，单位为毫米，$\delta_{st}=\frac{f_0}{k_s}$；$\omega_s$ 代表主结构固有频率，单位为赫兹，$\omega_s=\sqrt{\frac{k_s}{m_s}}$；$\omega_d$ 代表子结构的固有频率，单位为赫兹，$\omega_d=\sqrt{\frac{6g}{7h}+\frac{12k_d}{7m_d}}$；$f$ 代表子结构与主结构的固有频率

比，$f=\frac{\omega_d}{\omega_s}$；$p$ 代表外激励与主结构之间的频率比，$p=\frac{\omega}{\omega_s}$；$\mu$ 代表子结构与主结构的质量比，$\mu=\frac{m_d}{m_s}$。

因此，可以将公式（6-23）和公式（6-24）表示为：

$$\begin{cases} x_s(t)=\delta_{st}A_s \\ \theta(t)=\delta_{st}A_d \end{cases} \tag{6-25}$$

式中，A_s 代表框架主结构相对于等效静力位移的位移反应动力放大系数，A_d 代表无阻尼的摇摆墙式减震子结构相对于等效静力位移的位移反应动力放大系数。

$$A_s=\frac{f^2-p^2}{\left(1+\frac{4}{7}\mu\right)p^4-[1+f^2(1+\mu)]p^2+f^2} \tag{6-26}$$

$$A_d=\frac{6}{7h}\frac{p^2}{\left(1+\frac{4}{7}\mu\right)p^4-[1+f^2(1+\mu)]p^2+f^2} \tag{6-27}$$

因此根据公式（6-26）和公式（6-27）可以对摇摆墙系统的减震原理进行分析：A_s 是框架主结构动力作用放大系数，表示在风荷载或者地震作用下框架主结构对外激励的衰减或者放大程度，因此其值是决定整个结构体系振动反应的关键函数，如果 $A_s>1$，则框架主结构受外力（地震、风等）的冲击发生振动放大效应；如果 $A_s<1$，则框架主结构体系对外激励作用有衰减效应，其分界线为动力放大系数是否为 1。而在实际工程中结构共振现象难以避免，这是因为地震、风等大都属于随机冲击荷载，频带较宽（即 ω 的范围较大），因此与结构自振频率（ω_s）发生共振（$\omega=\omega_s$）是难以避免的，无论是长持时的共振还是瞬时的共振，都会大大增加结构的振动反应即动力放大系数，这对结构的安全性存在威胁。因此对于现存的各种减震结构，比如调谐质量阻尼器、隔振支座、摇摆墙、自复位系统等主要的目的是实现对框架主结构的振动控制，减少主结构的动力放大系数，进而实现降低主结构的振动响应的目的。

本书对摇摆墙式减震系统进行设计时，根据公式（6-26）可以看到，摇摆墙式减震系统实现减震的目的是尽量减少框架主结构的动力放大系数，避免发生共振现象，因此需要考虑动力放大系数的两个极端情况：

（1）主结构的动力响应为零。即在设计时，将摇摆墙式减震子结构的固有频率等于框架主结构的激励频率，即 $\omega_d=\omega$，则 $f=p$，这种情况下可以实现框架主结构的动力响应为零，达到理想的减震效果。

（2）发生共振。当摇摆墙式减震子结构的固有频率等于框架主结构的固有频率时，此时框架主结构达到最优调谐减震效果即共振消失的调谐条件，此时框架结构的动力响应衰减效果最佳。

然而，大量研究结果表明，子结构无阻尼时的激励只适用于外部激励比较稳定的外荷载激励，并且具有一定的敏感性，因此为了更好地分析摇摆墙式减震子系统的减震原理，本书将对不同阻尼比下的钢筋混凝土—摇摆墙式减震子结构进行详细分析。

三、有阻尼钢筋混凝土框架—摇摆墙式减震子结构的减震机理分析

根据上一节的分析结果可知，不考虑框架—摇摆墙式减震子结构的阻尼时，其调谐的频率范围有限，并且在超过一定的频率范围时，其减震效果波动较大，因此本部分对不考虑框架主结构的阻尼 $c_s=0$，设子结构的阻尼为 c_d（$c_d\neq0$）的系统进行分析，其计算模型如图 6-2 所示，假设阻尼器和弹簧保持水平；相比于无阻尼的减震子结构节，考虑摇摆墙式减震子结构阻尼之后的系统，其动能和势能与无阻尼子结构的调谐减震系统相同，由于不考虑摆动过程中的摩擦损失，因此系统的非保守力所做的功发生变化：

$$\delta W=\sum Q_i\delta q_i=f\delta x_s-c_d(h\dot{\theta})\delta(h\theta) \tag{6-28}$$

其中非保守力分别为 $Q_1^{nc}=f(t)$，$Q_2^{nc}=-h^2c_d\dot{\theta}$

将其代入拉格朗日公方程（6-3）中可以得到考虑摇摆墙式减震装置系统阻尼的运动微分方程：

$$\begin{cases}(m_s+m_d)\ddot{x}_s+\dfrac{m_dh}{2}\ddot{\theta}+k_sx_s=f(t)\\ \ddot{\theta}+\dfrac{6}{7h}\ddot{x}_s+\dfrac{12c_d}{7m_d}\dot{\theta}+\dfrac{6m_dg+12k_dh}{7m_dh}\theta=0\end{cases} \tag{6-29}$$

整理上面的方程可以得到整个系统的矩阵形式为：

$$\begin{bmatrix} m_s+m_d & \frac{m_d h}{2} \\ \frac{6}{7h} & 1 \end{bmatrix}\begin{Bmatrix} \ddot{x}_s \\ \ddot{\theta} \end{Bmatrix}+\begin{bmatrix} 0 & 0 \\ 0 & \frac{12c_d}{7m_d} \end{bmatrix}\begin{Bmatrix} \dot{x}_s \\ \dot{\theta} \end{Bmatrix}+\begin{bmatrix} k_s & 0 \\ 0 & \frac{6m_d gh+12k_d h^2}{7m_d h^2} \end{bmatrix}\begin{Bmatrix} x_s \\ \theta \end{Bmatrix}=\begin{bmatrix} f(t) \\ 0 \end{bmatrix} \tag{6-30}$$

为了解上述方程，采用传递函数的方法可以得到：

$$x_s(t)=H_s(\omega)e^{i(\omega t+\varphi)} \tag{6-31}$$

$$\theta(t)=H_d(\omega)e^{i(\omega t+\varphi)} \tag{6-32}$$

将公式（6-31）和公式（6-32）代入公式（6-30）中可以得到主结构与子结构的传递函数表达式：

$$H_s(\omega)=\frac{1}{k_s}\frac{24ipf\zeta_d+7(f^2-p^2)}{24ipf\zeta_d[1-p^2(1+\mu)]+7(f^2-p^2)[1-p^2(1+\mu)]-3\mu p^4} \tag{6-33}$$

$$H_d(\omega)=\frac{1}{k_s h}\frac{6p^2 f_0}{24ipf\zeta_d[1-p^2(1+\mu)]+7(f^2-p^2)[1-p^2(1+\mu)]-3\mu p^4} \tag{6-34}$$

根据公式（6-25）和公式（6-33）可以得到主结构的动力响应放大系数：

$$A_s=\sqrt{\frac{\left(\frac{24}{7}\zeta_d pf\right)^2+(p^2-f^2)^2}{\left(\frac{24}{7}\zeta_d pf\right)^2[p^2-1+p^2\mu)]^2+\left\{\frac{3}{7}\mu p^4-(p^2-f^2)[p^2-1+p^2\mu]\right\}^2}} \tag{6-35}$$

周福霖（1997）也曾指出结构消能减震的实质是在结构内设置非结构构件的消能构件（或消能装置）为结构提供较大的阻尼，使得结构在地震作用下发生振动时通过消能构件或者耗能元件被动地往复产生相对变形，或者使耗能元件间产生往复运动的相对速度，在地震输入能量一定的条件下，可以实现大量消耗输入至结构中的震动能量，使框架主结构只吸收或者存储一小部分的地震能量，因此可以有效地衰减框架主结构的地震响应，提高了结构的抗震性能，并且研究了阻尼对结构响应衰减程度的影响，结果表明，如果在框架主结构中设置消能构件或者消能装置，为主结构提供足够的阻尼时，可以显著衰减主结构的振动响应。因此有必要对摇摆墙式减震装置在不同阻尼下的动力放大系数进行分析。另外，由于摇摆墙式减震系统在进行设计时与调谐质量阻尼器的调谐原理相似，都是通过主结构与子结构之间的相互作用来实现减震效果，并且阻尼对减震效果影响较大，因此将摇摆墙式减震系统与被动控制技术中经典的调谐质量阻尼器的减震原理进行对比分析，来表征其共同点与不同点，为框架—摇摆墙式减震结构的减震机理分析提供理论支撑。

四、阻尼比对摇摆墙式减震系统减震机理的影响

1. 不同阻尼比下摇摆墙式减震系统的减震原理分析

由于子结构阻尼值 ζ_d 大小不同对 A_s 的影响结果不同，因此有必要对其减震效果进行讨论；并且由于激励频率的随机性，本部分主要探讨框架主结构与摇摆墙式减震子结构固有频率相同的条件下，分析在四种不同阻尼比即 ζ_d 分别为 0、0. 1、0. 32 及 ∞ 四种情况，因此根据公式（6-35）可以得到不同的 A_s 与 p 的关系曲线，如图 6-3 与图 6-4 所示。从图中可以发现，对于单自由度结构体系而言，由于摇摆墙式减震结构与调谐质量阻尼器都属于被动控制措施中的一类，并且在此处分析时未考虑框架主结构的阻尼，因此两种结构系统都满足振动控制经典的定点理论，A_s-g 曲线在不同的阻尼比下的曲线有两个公共的交叉点 A 和 B。

周福霖（1997）指出子结构在不同的阻尼比下代表着不同的结构体系，本书参考调谐被动减震原理对摇摆墙式减震系统在不同阻尼比下的减震原理进行以下分析：

（1）ζ_d=0 代表的是摇摆墙式减震无阻尼子结构调谐体系，但是无阻尼减振器的缺点是子结构对于外激励频率的变化比较敏感，而实际的地震及风等都属于随机荷载，因此在实际工程中运用受限。

（2）ζ_d=∞ 代表框架主结构中未设置减震系统，由于摇摆墙式减震子结构的阻尼比无限大，限制了子结构与主结构之间的相对运动趋势，因此子结构在这种情况下与主结构之间的连接是固定连接，此时的摇摆墙式减震子结构属于框架主结构的附属部分，与未设置减震装置的框架结构无差别，因此通过图 6-3 与图 6-4 可以看到，在此种阻尼比下，A_S-p 曲线在共振状态下有一个无穷大的位移峰值，表明摇摆墙式减震子结构未衰减框架主结构的动力响应，其减震效果未体现。

（3）ζ_d=0. 32 对于传统调谐质量阻尼器系统而言代表的是消能减震结

构体系，这是由于此时子结构的阻尼比较大，当子结构与主结构之间发生相对位移时，相比调谐作用，子结构的消能作用更加显著，此时子结构的作用相当于减震装置而非调谐装置，因而这就是调谐质量阻尼器与消能减震装置的区别，而且阻尼器本身的输出力可以看作等效刚度力和等效阻尼力的叠加，因此阻尼器中不同的刚度和阻尼对结构体系在地震作用下的影响也是有所不同的（江志伟，2013），在这方面消能减震与振动控制又是相似的。通过国内外的研究发现，摇摆墙结构在工程实际中运用较小，主要原因在于其连接结构设计的复杂性和繁琐性，而调谐质量阻尼器由于其构造简单，理论成熟，易于控制，已经成功地运用在各个领域，因此摇摆墙式减震结构可以利用其减震原理通过调整其楼层连接装置的参数来实现不同的震动控制效果，可以为摇摆墙式减震结构的抗震设计提供理论支撑，而且摇摆墙体沿着结构高度布置具有较好的整体减震效果，且在连接结果出现损伤之后方便更换，这为摇摆墙式减震结构的工程运用提供了有利的条件，可以有效地降低震后的修复时间，提高建筑物的抗震韧性。

2. 不同阻尼比下摇摆墙式减震系统与调谐质量阻尼器减震原理对比分析

（1）相同点：通过图 6-3 与图 6-4 可以发现，无论是摇摆式减震结构还是调谐质量阻尼器，只要对主结构添加被动控制装置，其主结构的位移放大系数都得到不同程度的降低，这是因为相比无控结构，子结构存在阻尼，主结构的位移响应可以被子结构的消能装置消耗实现衰减主结构响应的效果。

（2）不同点：第一，通过对比传统调谐质量阻尼器系统与摇摆墙式减震系统在相同质量比（0.05）下的动力放大系数曲线，即图 6-3（b）和图 6-4 可以看到，调谐质量阻尼器系统中 $\zeta_d=0.32$ 与 $\zeta_d=0.1$ 之间的相对位移放大系数之间的差距小于摇摆墙式减震系统，说明当摇摆墙体质量较小时，摇摆墙式减震系统对子结构的阻尼比变化比较敏感，并且在此条件下，摇摆墙式减震结构整体的动力放大系数数值大于传统的调谐质量阻尼器系统，说明沿着结构高度布置的摇摆墙式减震装置在小质量比下的减震效果在单自由度系统下低于传统的调谐质量阻尼器系统，这可能是由于单自由度结构体系不能体现摇摆墙式减震装置在各层的减震情况其减震效果

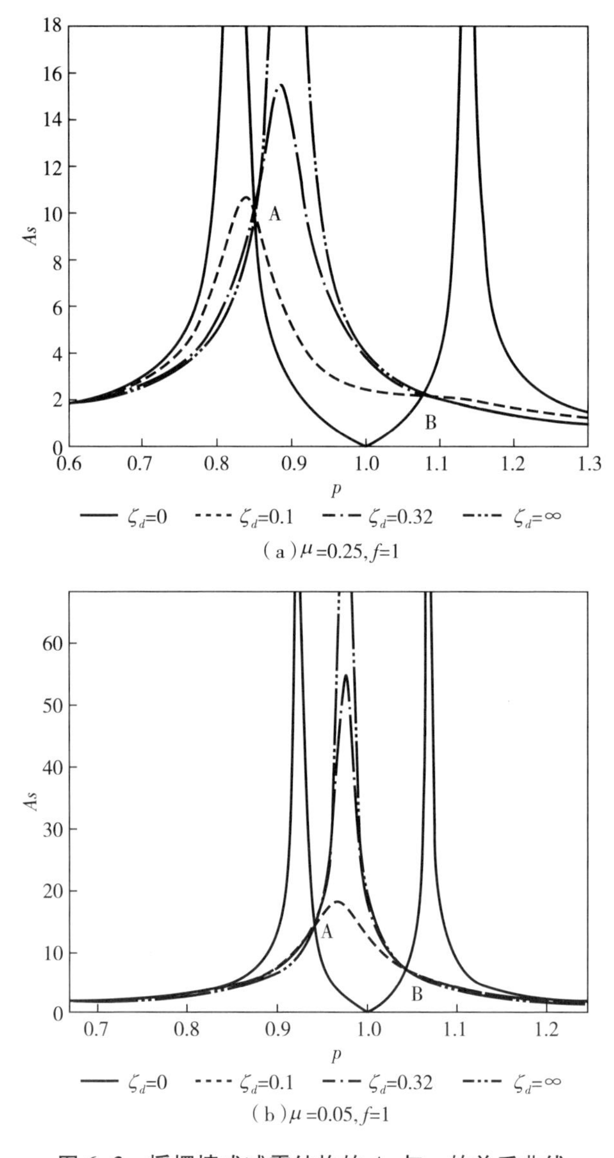

图 6-3 摇摆墙式减震结构的 *As* 与 *g* 的关系曲线

受限，因此有必要对多自由度结构体系下的动力方程进行分析。第二，通过对比传统调谐质量阻尼器系统与摇摆墙式减震子结构在不同质量比下的动力放大系数曲线，即图 6-3（a）和图 6-4 可以看到，摇摆墙式减震子结构在 $\mu=0.25$ 时的 $As-p$ 曲线与调谐质量阻尼器系统的 $\mu=0.05$ 时的 $As-p$ 曲线趋势接近，说明摇摆墙式减震结构沿着结构高度进行布置，不仅可以拓宽子结构的质量，具有更广的运用范围，而且具有与传统调谐质量阻尼器系统相类似的减震效果，证明了摇摆墙式减震结构在振动控制中的有效性。第三，通过对比在单自由度系统下摇摆墙式减震系统在不同质量比下的动力放大系数曲线，即图 6-3（a）和图 6-3（b）发现，随着子结构系统质量比的增加，摇摆墙结构体系的优势不断得到体现，在简谐激励下的消能减震作用相比调谐作用也相对越来越明显，其减震的效果也越来越好，说明质量比是影响子结构系统效应的主要影响因素之一。并且，杨树标等（2014）通过有限元软件 SAP2000 对 1 个 4 层钢筋混凝土框架结构模型附加不同刚度的摇摆墙结构进行了静力非线性分析，分析结果表明，随着摇摆墙刚度的增大可以逐渐改善框架的抗震性能，使框架变形更加均匀，层间位移角更趋于一致，但是摇摆墙的刚度比增加至一定程度后对抗震性能影响不大。因此，无论是摇摆墙式减震结构还是调谐质量阻尼器，其振动控制设计时需要对其参数进行合理选择，以便更好地发挥其减震效果。

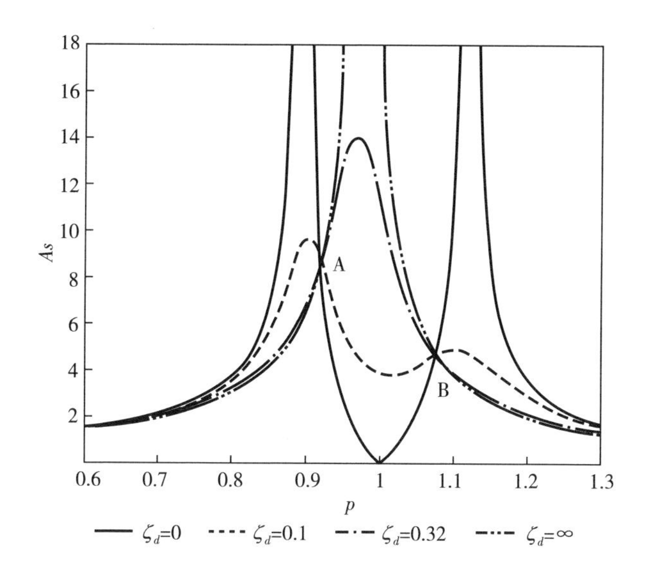

图 6-4　传统调谐质量阻尼器系统有阻尼子结构的 *As* 与 *p* 的关系曲线（其中 $\mu=0.05$，$f=1$）

资料来源：周福霖（1997）。

第三节 基于多自由度的钢筋混凝土框架—摇摆墙式减震系统运动方程建立

采用拉格朗日方程对本章第二节的单自由度系统进行了研究，讨论了摇摆墙式减震系统在不同阻尼比下的减震原理及与调谐质量阻尼器的区别，证明了摇摆墙式减震系统在不同参数下的减震有效性和优越性；但是单自由度系统的相关推导均是使用简谐激励，它只是地震波的特殊情况，不同于实际地震激励，另外多自由度系统具有多个主振型是区别于单自由度系统的本质之处，而且实际建筑物为剪切结构，通常简化为多自由度系统可以更好地反映结构的受力特征，并且通过第二节的分析结果可知，单自由度系统不能很好地体现摇摆墙式减震子结构的整体减震效果，因此进一步研究在多自由度下，钢筋混凝土框架—摇摆墙式减震系统的减震原理，为实际建筑物的设计提供理论支撑很有必要。

对多自由度结构体系进行简化建模时，应该把握所研究问题的实质，依据相关的准则和原理对建模过程进行合适的简化，忽略一些不影响问题实质的次要因素，这样的建模简化才是科学而有利于解决研究问题的（张亮亮，2007）。依据该原则，本部分将六层钢筋混凝土框架结构模型简化为层剪切模型，以每个楼层作为一个质点，结构每层质量分别集中于各层楼盖标高处，假设梁和板平面内的刚度无穷大，结构只在水平方向发生水平位移，而不考虑转动和竖向位移（徐怀兵和欧进萍，2017）。并且在第二节的第四部分中从单自由度系统角度对摇摆墙式减震结构与传统调谐质量阻尼器的区别进行了分析，结果表明，在相同的质量比下，摇摆墙式减震子结构的动力放大系数数值大于传统的调谐质量阻尼器减震系统，由于摇摆墙式减震系统沿着结构的高度布置，对主结构每一层的侧向变形都有一定的影响，而传统的调谐质量阻尼器一般被安装在结构的顶层，即结构相对于地面的最大位移发生的位置时，能够与结构的第一振型相调谐，因此其在此种条件下可以得到最佳的振动控制效果，并且在实际工程中经常出现最优参数失调问题、频率敏感性及失效风险，这也是限制调谐质量阻尼器在实际建筑物运用的关键因素。因此为了便于分析，本书参考调谐质量阻尼器的减震原理，选择摇摆墙式减震结构的第一振型作为控制振型对其进行设计，而且曲哲等（2011）研究表明，通过摇摆墙体系控制结构在地震作用下的变形模式，强制结构以第一振型振动，在地震作用下，不仅可以有效地提高结构损伤机制的预测性，避免出现其他的破坏机制，还有利于实现对预期损伤部位的设计和更换，有助于整个结构中各个构件充分发挥其抗震性能，进而提高结构的整体抗震能力。因此，建立多自由度系统下钢筋混凝土框架—摇摆墙式减震结构的物理模型，如图 6-5 所示。

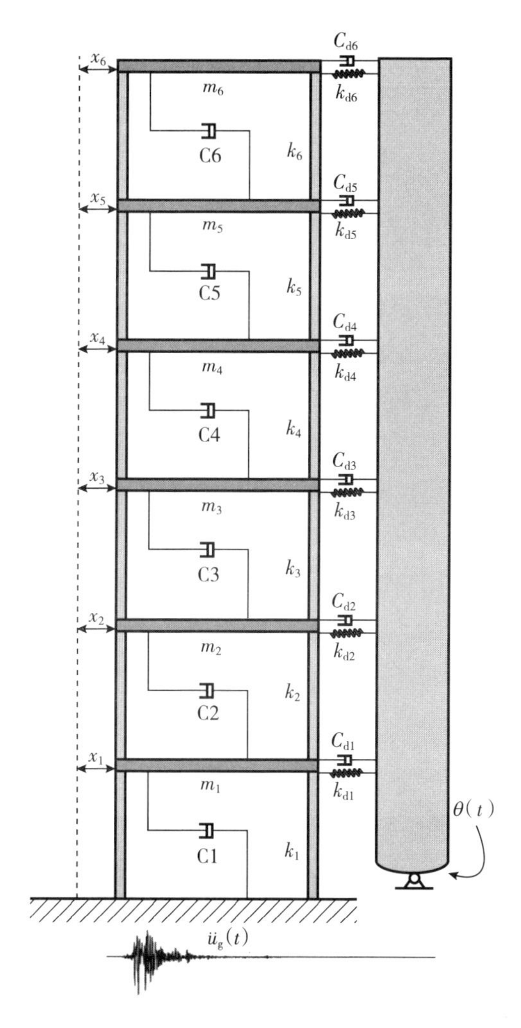

图 6-5　摇摆墙式减震系统力学模型

本书以摇摆墙式减震结构的最大位移及最大层间位移角为设计目标，将摇摆墙式减震装置沿着建筑高度布置。为了简化计算，有以下几个假设：第一，摇摆墙假设为质地均匀的刚体，每层连接结构的系数相同，并且摇摆墙沿着结构高度的位移呈现倒三角分布，其力学模型如图 6-5 所示；第二，结构系统受单向地震激励；第三，未考虑土—结构相互作用的影响；第四，摇摆墙体（长方体）的厚度和长度远小于高度。

因此对如图 6-5 所示的计算模型，列出以下运动方程：

$$
\begin{aligned}
& m_1\ddot{x}_1+(c_1+c_2)\dot{x}_1+(k_1+k_2)x_1-c_2\dot{x}_2-k_2x_2-c_{d1}(h_1\dot{\theta}-\dot{x}_1)-k_{d1}(h_1\theta-x_1)=-m_1\ddot{u}_g(t) \\
& m_2\ddot{x}_2-c_2\dot{x}_1+(c_2+c_3)\dot{x}_2-c_3\dot{x}_3-k_2x_1+(k_2+k_3)x_2-k_3x_3-c_{d2}(h_2\dot{\theta}-\dot{x}_2)-k_{d2}(h_2\theta-x_2)=-m_2\ddot{u}_g(t) \\
& \vdots \\
& m_6\ddot{x}_6+c_6(\dot{x}_6-\dot{x}_5)+k_6(x_6-x_5)-c_{d6}(h_6\dot{\theta}-\dot{x}_6)-k_{d6}(h_6\theta-x_6)=-m_6\ddot{u}_g(t)
\end{aligned}
\tag{6-36}
$$

$$
J_0\ddot{\theta}+c_{di}h_i^2\dot{\theta}-c_{di}h_i\dot{x}_i+k_{di}h_i^2\theta-k_{di}h_ix_i=-m_dh_i\ddot{u}_g \tag{6-37}
$$

式中，h 代表摇摆墙的高度（等于框架高度），h_i 代表每层楼层高度，$i=1, 2, \cdots, 6$；J_0 代表摇摆墙的转动惯性矩，m_i、k_i、c_i 代表框架结构第 i 层的质量、刚度和阻尼，m_d、k_{di}、c_{di} 代表摇摆墙式减震系统第 i 层的质量、刚度与阻尼，x_d、$\dot{x}_d$、$\ddot{x}_d$ 代表框架结构第 i 层相对于地面的位移、速度和加速度，θ、$\dot{\theta}$、$\ddot{\theta}$ 代表摇摆墙式减震系统的角位移、角速度和角加速度，$\ddot{u}_g(t)$ 代表地面激励加速度。

因此，可以得到每层结构的运动方程，将公式（6-36）与公式（6-37）写成矩阵形式如下所示：

$$
[M]\{\ddot{x}\}+[C]\{\dot{x}\}+[K]\{x\}=[C_d]\{h_i\}\dot{\theta}+[K_d]\{h_i\}\theta-[M]\{I\}\ddot{u}_g(t) \tag{6-38}
$$

$$
J_0\ddot{\theta}+\{h_i\}[C_d](\{h_i\}\dot{\theta}-\{\dot{x}\})+\{h_i\}[K_d](\{h_i\}\theta-\{x\})=-m_d\{h_i\}\ddot{u}_g \tag{6-39}
$$

式中，$[M]$、$[K]$、$[C]$ 分别为主结构的质量矩阵、刚度矩阵和阻尼矩阵，$\{I\}$ 是单位矩阵，$[K_d]$ 和 $[C_d]$ 分别为摇摆墙式减震系统的附加刚度矩阵和阻尼矩阵，分别如下所示：

$$K=\begin{bmatrix} k_1+k_2+k_{d1} & -k_2 & & & & \\ -k_2 & k_2+k_3+k_{d2} & -k_3 & & & \\ & -k_3 & k_3+k_4+k_{d3} & -k_4 & & \\ & & -k_4 & k_4+k_5+k_{d4} & -k_5 & \\ & & & -k_5 & k_5+k_6+k_{d5} & -k_6 \\ & & & & -k_6 & k_6+k_{d6} \end{bmatrix}$$

$$C=\begin{bmatrix} c_1+c_2+c_{d1} & -c_2 & & & & \\ -c_2 & c_2+c_3+c_{d2} & -c_3 & & & \\ & -c_3 & c_3+c_4+c_{d3} & -c_4 & & \\ & & -c_4 & c_4+c_5+c_{d4} & -c_5 & \\ & & & -c_5 & c_5+c_6+c_{d5} & -c_6 \\ & & & & -c_6 & c_6+c_{d6} \end{bmatrix}$$

$$K_d=\begin{bmatrix} h_1k_{d1} & & & & & \\ & h_2k_{d2} & & & & \\ & & h_3k_{d3} & & & \\ & & & h_4k_{d4} & & \\ & & & & h_5k_{d5} & \\ & & & & & h_6k_{d6} \end{bmatrix}$$

$$C_d=\begin{bmatrix} h_1c_{d1} & & & & & \\ & h_2c_{d2} & & & & \\ & & h_3c_{d3} & & & \\ & & & h_4c_{d4} & & \\ & & & & h_5c_{d5} & \\ & & & & & h_6c_{d6} \end{bmatrix}$$

$$M=\begin{bmatrix} m_1 & & & & & \\ & m_2 & & & & \\ & & m_3 & & & \\ & & & m_4 & & \\ & & & & m_5 & \\ & & & & & m_6 \end{bmatrix}$$

$$\{x\}=\begin{bmatrix} x_1 \\ x_2 \\ x_3 \\ x_4 \\ x_5 \\ x_6 \end{bmatrix},\quad \{h_i\}=\begin{bmatrix} h_1 \\ h_2 \\ h_3 \\ h_4 \\ h_5 \\ h_6 \end{bmatrix}$$

为了求解多自由度系统下的运动方程，引入模态坐标，对其进行模态分解，设

$$\{x(t)\}=[\Phi]\{q(t)\}=\sum_{i=1}^{6} q_i(t)\varphi_i \tag{6-40}$$

式中，$[\Phi]$ 代表结构振型向量矩阵，$\{q(t)\}$ 代表广义坐标列向量，$\{q(t)\}=\{q_1(t),\ q_2(t),\ q_3(t),\ q_4(t),\ q_5(t),\ q_6(t)\}^T$。

由于在实际工程设计中，相同的参数设置更加有利于施工，为了方便设计，本书假设摇摆墙式减震系统的每层刚度和阻尼系数相同，即 $c_{d1}=c_{d2}=c_{d3}=c_{d4}=c_{d5}=c_{d6}$，$k_{d1}=k_{d2}=k_{d3}=k_{d4}=k_{d5}=k_{d6}$；另外摇摆墙式减震系统中每层楼层连接装置是并联连接的，因此摇摆墙式减震系统的总刚度和总阻尼可以分别用 c_d 和 k_d 表示。

将公式（6-40）代入公式（6-38）中并前乘 Φ^T，利用正交性可得：

$$\{\ddot{q}(t)\}+[C^*]\{\dot{q}(t)\}+[K^*]\{q\}=-\{\gamma_d\}([C_d]\dot{\theta}+[K_d]\theta)-\{\gamma\}\ddot{u}_g(t) \tag{6-41}$$

式中，$\{\gamma\}=[M^*]^{-1}[\Phi]^T[M]\{I\}$，$\{\gamma_d\}=[M^*]^{-1}[\Phi]^T\{h_j\}$，$[M^*]=[\Phi]^T[M][\Phi]$，$[C^*]=[M^*]^{-1}[\Phi]^T[C][\Phi]$，$[K^*]=[M^*]^{-1}[\Phi]^T[K][\Phi]$。

当结构的地震反应以某一振型（如第 m 振型）为主时，只考虑结构第 m 振型反应对摇摆墙式减震系统的影响，则公式（6-39）可以写成如下形式：

$$\ddot{\theta}+\frac{24}{a^2+4h^2}\xi_d\omega_d h_i(h_i\dot{\theta}-\Phi_{im}\dot{q})+\frac{12}{a^2+4h^2}\omega_d^2 h_i(h_i\theta-\Phi_{im}q)=-\frac{12h_i}{a^2+4h^2}\ddot{u}_g \tag{6-42}$$

在广义坐标下，公式（6-41）中多自由度系统中各个方程相互独立，其中第 m 个方程为：

$$\ddot{q}_m+2\xi_m\omega_m\dot{q}_m+\omega_m^2 q_m=\mu_m h_i\Phi_{im}(2\xi_d\omega_d\dot{\theta}+\omega_d^2\theta)-\gamma_m\ddot{u}_g(t)\,(m=1,\ 2,\ \cdots,\ 6) \tag{6-43}$$

式中，μ_m 代表质量比，$\mu_m=\frac{m_d}{m_m^*}$；γ_m 代表结构第 m 振型参与系数，$\gamma_m=\frac{\sum_{m=1}^{6}m_m\Phi_{im}}{m_m^*}$；$m_m^*$ 代表第 m 振型的广义质量，$m_m^*=\sum_{m=1}^{6}m_m\Phi_{im}^2$；$\Phi_{im}$ 代表结构第 m 振型向量在第 i 层的广义自由度坐标。

与单自由度系统类似，这里在解公式（6-42）与公式（6-43）时，采用传递函数的方法求解方程，假定系统为单位简谐基底输入，$\ddot{u}_g$（t）$=-\exp$（$j\omega t$）

则多自由度系统响应可以表述如下：

$$\begin{Bmatrix} q_m \\ \theta \end{Bmatrix}=\begin{Bmatrix} H_m(\omega) \\ H_d(\omega) \end{Bmatrix}\exp(j\omega t) \tag{6-44}$$

将公式（6-44）代入公式（6-42）和公式（6-43）中可以得到框架主结构与摇摆墙式减震子结构控制振型的频率响应函数：

$$H_m(i\omega)=\frac{\left[f^2(\gamma_m+\Phi_{im}\mu_m)-\gamma_m p^2\left(\frac{a^2}{12h_i^2}+\frac{h^2}{3h_i^2}\right)+2jpf\zeta_d(\gamma_m+\Phi_{im}\mu_m)\right]}{Z(\omega)\omega_m^2} \tag{6-45}$$

$$H_d(i\omega)=\frac{1-p^2+\Phi_{im}\gamma_m f^2+2jp(\zeta_m+\Phi_{im}\gamma_m\zeta_d f)}{h_i\omega_m^2 Z(\omega)} \tag{6-46}$$

其中：

$$Z(\omega)=\left[f^2-p^2\left(\frac{a^2}{12h_i^2}+\frac{h^2}{3h_i^2}\right)\right](1-p^2)-4p^2f\zeta_d(\zeta_m-\Phi_{im}^2\mu_m\zeta_d f)-\Phi_{im}^2\mu_m f^4+$$
$$2ip\left\{f\zeta_d(1-p^2-2\Phi_{im}^2\mu_m f^2)+\zeta_m\left[f^2-p^2\left(\frac{a^2}{12h_i^2}+\frac{h^2}{3h_i^2}\right)\right]\right\}$$

无控钢筋混凝土框架多自由度结构的地震反应的传递函数为：

$$H_s(\omega)=\frac{\gamma_m}{-\omega^2+2j\omega\omega_m\zeta_m+\omega_m^2} \tag{6-47}$$

因此，可以得到多自由度系统下钢筋混凝土框架—摇摆墙式减震结构位移反应的传递函数为：

$$|H_m(i\omega)|^2=$$
$$\frac{\left[f^2(\gamma_m+\Phi_{im}\mu_m)-\gamma_m p^2\left(\frac{a^2}{12h_i^2}+\frac{h^2}{3h_i^2}\right)\right]^2+[2pf\zeta_d(\gamma_m+\Phi_{im}\mu_m)]^2}{\omega_m^4\left\{\begin{aligned}&\left[\left[f^2-p^2\left(\frac{a^2}{12h_i^2}+\frac{h^2}{3h_i^2}\right)\right](1-p^2)-4p^2f\zeta_d(\zeta_m-\Phi_{im}^2\mu_m\zeta_d f)-\Phi_{im}^2\mu_m f^4\right]^2+\\&4p^2\left\{f\zeta_d(1-p^2-2\Phi_{im}^2\mu_m f^2)-\zeta_m\left[f^2-p^2\left(\frac{a^2}{12h_i^2}+\frac{h^2}{3h_i^2}\right)\right]\right\}^2\end{aligned}\right\}} \tag{6-48}$$

从公式（6-48）可以看出，框架主结构和摇摆墙式减震系统对应于框架主结构的第 m 阶频域传递函数的影响因素主要有该阶振型频率、阻尼比、振型及摇摆墙式减震系统的固有频率、阻尼比、质量等。而传递函数决定了结构的输入与输出响应的一种对应关系，可以用来估算振动响应对输入地震波在频域内的放大或衰减作用（林鹏和卓家寿，1997）。因此，很多消能减震技术及被动控制措施常用传递函数来表征其减震效果，而不同的参数设计会有不同的减震结果，因此传递函数也是各种被动控制方法进行优化参数的目标函数，通过目标函数的最小化对减震系统的参数进行优化设计实现有效衰减主结构振动响应的效果，这为摇摆墙减震结构的抗震设计提供理论依据，为新型减震结构的研究提供理论基础。

第四节　本章小结

本章基于拉格朗日方程对添加摇摆墙式减震装置的单自由度及多自由

度结构体系进行了理论分析，并讨论了在不同阻尼比、质量比及频率比下，摇摆墙式减震子结构与传统的调谐质量阻尼器的减震机理的异同，为了更好地为实际建筑物提供理论设计依据，通过建立的多自由度系统运动方程对摇摆墙式减震结构的减震机理进行深入分析，为新型减震结构的研究提供理论基础，具体研究内容如下：

第一，通过讨论摇摆墙式减震系统有无阻尼的运动方程可以发现，摇摆墙式减震结构与传统的调谐质量阻尼器的减震原理既有相似之处又有不同之处。相似之处在于，两种减震装置都是利用主结构与主结构之间的相对运行趋势来产生一个与主结构运动方向相反的阻尼力，进而实现衰减主结构振动响应的效果；而不同之处在于，当子结构的阻尼比较大时，比如$\zeta_d=0.32$对于传统调谐质量阻尼器系统而言代表的是消能减震结构体系，由于子结构的阻尼比较大，当子结构与主结构之间发生相对位移时，相比调谐作用，子结构的消能作用更加显著，因此此时子结构的作用相当于减震装置而非调谐装置，这也是调谐质量阻尼器与减震装置的区别。

第二，通过讨论不同质量比下的摇摆墙式减震系统与传统的调谐质量阻尼器减震系统的传递函数可以发现，摇摆墙式减震结构在$\mu=0.25$时的$As-p$曲线与调谐质量阻尼器系统的$\mu=0.05$时的$As-p$曲线趋势接近，说明摇摆墙式减震结构沿着结构高度进行布置，不仅可以拓宽子结构的质量，具有更广的运用范围，而且具有与传统调谐质量阻尼器系统相类似的减震效果，可为新型钢筋混凝土框架—摇摆墙式减震结构的设计提供成熟的设计理论。

第三，多自由度系统具有多个主振型是区别于单自由度系统的本质之处，而且实际建筑物的剪切结构通常简化为多自由度系统，因此为了更好地扩大新型的摇摆墙减震系统在实际工程中的运用，本章对添加摇摆墙式减震装置的六层框架结构模型在基底受地震激励下的传递函数进行了推导，分析了影响减震机理的因素，为多自由度的优化设计提供了一个理论基础。

第七章
研究结论与未来展望

第一节　主要结论

本书综合经济效益、施工方便、震后易修复等因素，研发了一种可以避免与基础发生碰撞损伤的铰接底座及一种既能实现分散地震能量又能实现震后复位的楼层连接装置，基于此提出了一种新型的钢筋混凝土框架—摇摆墙式减震结构。为了验证该结构的有效性，首先按照一致相似律原理设计了缩尺比例为1/10的六层钢筋混凝土框架结构模型（F model），以及附加新型摇摆墙式减震装置的钢筋混凝土框架结构模型（FR model），并通过振动台试验对比分析了两组模型结构在不同设防烈度的地震作用下的破坏机理、动力特性、加速度响应、位移响应、楼层剪力等地震响应；其次在模型结构的精度得到有效控制的基础上，通过试验研究与数值仿真分析相结合的方法，证明有限元模型建立方法的正确性和合理性；最后对新型的钢筋混凝土框架—摇摆墙式减震结构的减震机理进行了理论分析，主要研究结论如下：

第一，钢筋混凝土框架—摇摆墙式减震结构可以显著改善框架结构层屈服破坏特征。在不同工况下，F model 的损伤指标均大于 FR model，并且 F model 的损伤主要集中在第一层与第二层，上部楼层的裂缝发展较少，表现出框架结构典型的层屈服破坏特征；而 FR model 具有更大的变形能力，可以通过摇摆振动控制框架结构的损伤机制，使结构的局部损伤有所缓解，裂缝不断向上发展，避免薄弱层破坏导致结构的整体破坏现象。且 FR model 若连接结构出现损伤后，可快速更换，极大地提高了建筑结构震后的可修复性，有利于韧性城市的发展。

第二，整体型的摇摆墙式减震系统可以有效地衰减框架主结构的动力响应，具有较好的减震能力。在输入能量一定的前提下，摇摆墙式减震系统可以通过楼层连接装置增加与框架主结构的能量交换，并通过摇摆振动将存储的地震能量以多种方式转化与消耗，使框架主结构在不同地震波激励下的加速度、基底剪力及位移响应的最大降低率分别达到 40%、32%及 21%。并且随着地震强度的增加，摇摆墙式减震子结构与框架主结构之间的异相振动越明显，对结构振动控制的效果越显著，楼层峰值加速度减幅可达到 2%~40%。

第三，钢筋混凝土框架—摇摆墙式减震结构在振动过程中存在时滞性。在振动初期，F model 与 FR model 的加速度时程曲线基本重合，减震效果发挥受限，随着输入能量的累积，摇摆墙式减震结构的摇摆振动不断增加，产生的作用于框架主结构的反力增大，改善了框架结构各层的受力特征，使各层的加速度时程曲线比较显著，发挥了各层构件的抗震能力，提高了结构的整体抗震性能。

第四，钢筋混凝土框架—摇摆墙式减震结构可以延缓框架主结构的损伤进程。在 PGA = 0.2g 的 Taft 波激励下，F model 第三层的加速度放大系数（β_{floor}）明显小于第二层，第三层的塑性损伤增加，刚度折减明显，而 FR model 在此工况下的 β_{floor} 变形趋势比较均匀，表现出相对稳定的整体抗震性能，直至 PGA = 0.2g 的人工波激励下，FR model 的 β_{floor} 也在第三层出现明显的转折，显著小于第二层，并且 FR model 结构在三种地震波激励下出现位移峰值的时间点分别延迟了 0.39 秒、0.32 秒和 0.80 秒，显著降低了框架结构的整体损伤程度，延缓了框架主结构的损伤进程。

第五，摇摆墙式减震子结构与框架主结构在地震作用下存在明显的相对位移，可以通过自重摆动及连接装置提供的弹性势能使摇摆墙体具有一定的自复位效果，这样不仅减少了结构的残余变形，而且可以产生一个与框架主结构运动方向相反的惯性反力，改善了框架主结构的侧向变形模式，使结构的相对位移及层间位移角沿着楼层高度方向变化趋势比较均匀。

第六，摇摆墙式减震子结构改善了框架主结构的损伤机制及各层的受力特征，使地震力能够有效地传递至上部楼层结构，发挥各层构件的抗震性能，使各层的加速度时程曲线比较显著，并且楼层剪力斜率变化趋势相对均匀，降低了结构的基底剪力，可以达到11%～32%的降低率，减少了底部薄弱层构件的承载压力，避免因局部累积损伤或者薄弱层破坏造成的层屈服破坏现象的发生，提高了结构的整体抗震性能。

第七，基于振动试验结果与非线性有限元模型，通过对比分析加速度、位移响应及结构损伤形态，验证了钢筋混凝土框架—摇摆墙式减震结构数值模拟方法的有效性，以及试验模型相似设计的可靠性。结果表明，由于非线性数值模型对损伤及刚度比较敏感且判断的规则比较严格，对于相似模型结构在地震往复振动过程中形成的呼吸裂缝闭合时提高结构的刚度，以及累积损伤问题不能得到很好地体现，致使结果存在一定的误差，但是均在规定范围内，其中摇摆墙式减震系统由于可以有效地衰减主结构的动力响应，延缓结构的损伤进程，使结构累积损伤相对较小，其计算值与试验值之间的误差小于框架结构模型。

第八，摇摆墙式减震子结构与调谐质量阻尼器之间的减震机理具有相似之处，均可通过产生的惯性力反作用在框架主结构上实现模态传递减震效果。但是在单自由度系统下，当子结构的阻尼比为0.32时，此时的调谐质量阻尼器系统表示的是消能减震装置而非调谐装置，而且质量比为0.25的摇摆墙式减震系统具有与调谐质量阻尼器相当的减震效果，说明钢筋混凝土框架—摇摆墙式减震结构沿着结构高度方向进行布置，不仅可以拓宽子结构的质量，具有更广的运用范围，而且可以通过调整阻尼比的大小来实现不同的减震效果，为摇摆墙式减震结构的推广运用提供了理论支撑。

第二节　创新点

钢筋混凝土框架结构具有传力路径清晰、整体性好、结构自重轻、建筑平面布置灵活、可与其他结构组合成混合结构形式等优点，在我国建筑结构中所占比例正在逐年增加。框架柱的灵活布置方便构成较大的活动空间，广泛的应用于住宅、学校、办公楼等房屋建筑中。但是框架混凝土结构在地震作用后容易出现由于柱端出铰而导致的层间屈服破坏现象，这在历次地震，尤其是2008年发生的汶川地震、2010年发生的青海玉树地震及2023年发生的土耳其大地震中得到了充分体现，框架结构的薄弱层破坏导致的房屋倒塌不仅造成了大量的人员伤亡和经济损失，而且对人们自身安全和社会共同安全存在威胁，影响社会稳定。虽然近几年我国发生特大型地震的频率降低，但是近几年世界各地发生的地震，比如2018年的阿拉斯加7.0级地震、2020年唐山的5.1级地震及2023年四川甘孜州泸定县的6.8级地震等，虽然没有导致框架结构的失效倒塌，但是大量建筑物也出现了不同程度的倒塌破坏和损伤，且非结构构件的损伤及部分构件的损坏，导致震后的可恢复性较差，修复成本较高，因此有必要从结构体系的角度出发，寻找改善框架结构的抗震性能并且降低震后修复成本的方法。而钢筋混凝土框架—摇摆墙结构可以通过摇摆墙体的摇摆振动控制框架主结构的侧向变形模式，使结构的损伤集中在预期损伤部位，避免因结构自身性能的不确定性及地震输入的随机性导致结构出现层屈服破坏模式，具有整体损伤机制的优势，不仅可以改善框架结构层屈服破坏的特征，避免由于局部损伤导致连续倒塌的现象，而且也是我国韧性城市发展与建设及建筑安全性能提高所迫切需要解决的问题。基于此，本书利用摇摆结构侧向变形均匀和失效模式单一的优势，同时充分发挥摇摆墙楼层连接装置的自复位耗能作用，结合RC框架结构的实际工程背景和发展需求，突出机理与机制研究、理论与方法创新、数学力学模型建立等基础性问题，具有以下五个方面的独特创新之处：

第一，针对钢筋混凝土框架—摇摆墙结构在工程运用中陷入施工工艺、摇摆幅度和成本控制等突出问题，为了更好地发挥摇摆墙的摇摆功能，基于可更换理念，本书研发了经济安全、震后易更换且具有自复位耗能能力的一种连接框架与摇摆墙的楼层连接构件，可以有效利用摇摆墙结构摇摆振动的特征，增大与框架主结构之间的相互作用，改善框架结构的侧向变形模型，实现框架结构的整体屈服破坏模式。

第二，为了实现摇摆墙结构无损设计且减少与基础之间的碰撞损伤，本书设计了一种弱约束下的铰接底座实现摇摆墙与基础之间的连接，使摇摆墙体的转动中心从墙底的边缘转至墙底内侧的一点，而且墙体任意一端的抬起都不会产生抵抗弯矩，进而降低了摇摆墙体对抗弯承载能力的需求。

第三，为了实现模型结构固定端约束的力学特点，发明了易拆卸、可循环使用的连接混凝土结构模型与振动台台面的基础底座及不同材料属性构件之间连接的方法，可任意调整底座角度以适用于不同地基沉降要求的模型研究，不仅有助于实现试验模型在不同沉降变形条件下的抗震性能分析，而且解决了混凝土试验模型与刚性底座重复利用的问题，提高了试验效率。

第四，结合被动控制技术减震原理以及摇摆墙结构变形模式可控的理念，从交叉组合减震视角对摇摆墙结构运用受限困局这一核心关键问题展开研究，提出具有自复位耗能连接的 RC 框架—摇摆墙式减震结构这一新论题，相比于传统的框架与摇摆墙之间相对位移较小、摇摆墙摇摆振动受限、预应力筋锚固施工困难且预应力损失严重、阻尼器利用率低且造价高等方面的问题，具有研究问题和研究视角上的创新。

第五，结构的层间抗推刚度、框架柱轴向刚度及框架梁抗弯刚度等对连续分布参数模型的分析精度有重要影响，按照静力线性分析设计的承载力、刚度和延性需求，无法刻画结构的非线性响应和地震失效模式，也不能体现结构在多种因素耦合作用后的动态损伤累积过程，本书利用被动控制技术的减震原理对摇摆墙体系建立考虑动力荷载作用的力学模型，对分析框架与摇摆墙减震系统之间的相互作用及减震原理分析具有重要作用，为提高 RC 框架结构的抗倒塌能力提供理论支撑和设计实践，具有研究方法应用上的创新。

第三节　未来展望

本书通过试验研究、数值仿真及理论分析的方法对钢筋混凝土框架—摇摆墙式减震结构在整体承载能力储备和变形能力，损伤模式的控制，以及改善钢筋混凝土框架结构屈服机制等方面的有效性进行了研究，并对该结构的减震机理进行了分析和讨论。但是钢筋混凝土框架—摇摆墙式减震结构在振动控制领域内的研究工作仍有很多需要继续深入探讨和开展的内容，未来可在以下方面展开研究：

第一，本书分析主要考虑在单向地震作用下，对钢筋混凝土框架—摇摆墙式减震结构的可行性以及有效性进行了试验研究与有限元模拟，但是由于地震、风、波浪等都属于随机冲击激励，其作用方向具有不确定性，因此有必要考虑双向甚至三向地震作用下的振动控制效果，并且要注意双向地震作用时，摇摆墙式减震装置需要沿着结构的两个振动方向进行布置。

第二，钢筋混凝土框架—摇摆墙式减震结构是装配式建筑中的新型结构形式，在此结构体系中，摇摆墙体不仅可以发挥其非结构构件的特点，将使用区域按功能进行划分，而且与主结构之间的连接是可更换的，在建筑物全生命周期内可以有效地发挥减震性能。因此在将摇摆墙体用于建筑物中时，摇摆墙体不仅应当满足保温防水隔热等要求，墙体的整体性亦会对结构的动力特性造成不可忽视的影响，需要对摇摆墙体的整体性能进一步的研究。

第三，通过试验研究结果表明，设置摇摆墙方向的框架梁由于在反复碰撞摩擦过程中预埋构件的受力较大，因此框架梁的损伤程度相对于未设置摇摆墙方向的框架梁损伤程度较大，因此有必要研究具有可更换的耗能梁柱节点构件来提高新型减震结构的全生命周期及抗震性能。

第四，框架—摇摆墙结构是新型的可恢复功能结构中的一种，而该结构中框架与摇摆墙之间的连接，以及摇摆墙与基础之间的连接是实现该结构体系有效性的关键技术，本书设计的连接框架与摇摆墙之间的楼层连接装置虽然可以实现震后的复位效果，但是其耗能方式相对单一，为了更好地发挥摇摆墙减震系统的消能减震作用，可以增加该连接装置的耗能构件的设计形式，更好地耗散地震输入框架结构的能量，降低框架主结构的损伤程度。

第五，本书讨论了在不同阻尼比、质量比及频率比下，摇摆墙式减震子结构与传统的调谐质量阻尼器在单自由度系统下的减震机理的异同，而实际的钢筋混凝土框架结构多简化成多自由度系统，因此有必要讨论在多自由度系统下摇摆墙式减震结构与传统的调谐质量阻尼器的减震效果，为钢筋混凝土框架—摇摆墙减震结构的推广运用提供理论支撑。

参考文献

[1] Abe, M. Semi-active Tuned Mass Dampers for Seismic Protection of Civil Structure [J]. Earthquake Engineering and Structural Dynamics, 1996, 25 (7): 743-749.

[2] Aghagholizadeh M, Makris N. Seismic Response of a Yielding Structure Coupled with A Rocking Wall [J]. Journal of Structural Engineering, 2018, 144 (2).

[3] Alavi B, Krawinkler H. Strengthening of Moment-resisting Frame Structures against Near-fault Ground Motion Effects [J]. Earthquake Engineering and Structural Dynamics, 2004, 33 (6): 707-722.

[4] Anonymous. Signal Processing; MathWorks Delivers New Tools for Advanced Signal Processing in MATLAB and Simulink [J]. Computers, Networks & Communications, 2010.

[5] Arias A. A Measure of Earthquake Intensity [M]. USA: MIT Press, 1970.

[6] Bekdaş G, Nigdeli S M. Mass Ratio Factor for Optimum Tuned Mass Damper Strategies [J]. International Journal of Mechanical Sciences, 2013 (71): 68-84.

[7] Bhaskararao A V, Jangid R S. Seismic Analysis of Structures Connected with Friction Dampers [J]. Engineering Structures, 2006, 28 (5): 690-703.

[8] Blebo F C, Roke D A. Seismic-resistant Self-centering Rocking Core System [J]. Engineering Structures, 2015, 101 (15): 193-204.

[9] Boashash B, Aïssa-El-Bey A, Al-Saïd, et al. Multisensor Time-Frequency Signal Processing Software Matlab Package: An Analysis Tool for Multichannel Non-stationary Data [J]. Softwarex, 2018.

[10] Bull D, Marriott D, Palermo A G, et al. Improving the Seismic Performance of Existing Reinforced Concrete Buildings Using Advanced Rocking Wall Solutions [C]. Proceedings of the New Zealand Society Earthquake Engineering Conference NZEES, 2007: 1-8.

[11] Cabañas L B B, Herráiz M. An Approach to the Measurement of the Potential Structural Damage of Earthquake Ground Motions [J]. Earthq Eng Struct D, 2015, 26 (1): 79-92.

[12] Cao H, Reinhorn A M, Soong T T. Design of an Active Mass Damper for a Tall TV Tower in Nanjing, China [J]. Engineering Structures, 1998, 20 (3): 134-143.

[13] Carotti A, Turci E. A tuning Criterion for the Inertial Tuned Damper. Design Using Phasors in Argand-Gauss Plane [J]. Applie Mathematical Modeling, 1999, 23 (3): 199-217.

[14] Chen Y H, Huang Y H. Timoshenko Beam with Tuned Mass Dampers and its Design Curves [J]. Journal of Sound and Vibration, 2004, 278 (4-5): 873-888.

[15] De Domenico D, Ricciardi G, Takewaki I. Design Strategies of Viscous Dampers for Seismic Protection of Building Structures: A Review [J]. Soil Dynamics and Earthquake Engineering, 2019 (118): 144-165.

[16] Dehghan-Niri E, Zahrai S M, Mohtat A. Effectiveness-robustness Objectives in MTMD System Design: An Evolutionary Optimal Design Methodology [J]. Structural Control and Health Monitoring, 2010, 17 (2): 218-236.

[17] Den Hartog J P. Mechanical Vibrations [M]. New York: Mc Graw-Hall Book Company, 1947.

[18] Dipasquale E, Ju J-W, Askar A, et al. Relation between Global Damage Indices and Local Stiffness Degradation [J]. Journal of Structural Engineering, 1990, 116 (5): 1440-1456.

[19] Eason R P, Sun C, Dick A J, etal. Attenuation of a Linear Oscillator Using a Nonlinear and a Semi-active Tuned Mass Damper in Series [J]. Journal of Sound and Vibration, 2013, 332 (1): 154-166.

[20] Eatherton M R, Ma X, Krawinkler H, et al. Design Concepts for Controlled Rocking of Self-centering Steel-braced Frames [J]. Journal of Structural Engineering, 2014, 140 (11): 149.

[21] Eatherton M R, Ma X, Krawinkler H, et al. Quasi-static Cyclic Behavior of Controlled Rocking Steel Frames [J]. Journal of Structural Engineering, 2014, 140 (11) .

[22] Elias S, Matsagar V. Research Developments in Vibration Control of Structures Using Passive Tuned Mass Dampers [J]. Annual Reviews in Control, 2017 (44): 129-156.

[23] Ewins D-J. Modal Testing: Theory and Practice [M]. Letchworth: Research Studies Press, 1995.

[24] Feng M Q, Shinozuka M, Fuji S. Friction-controllable Sliding Isolation System [J]. Journal of Engineering Mechanics, 1993, 119 (9): 1845-1864.

[25] Fisco N R, Adeli H. Smart Structures: Part Ⅰ-Active and Semi-active Control [J]. Scientia Iranica, 2011, 18 (3): 275-284.

[26] Frahm, H. Device for Damping Vibrations of Bodies [P]. United States Patent No: 989958, 1909.

[27] Gao H, Kwok K C S, Samali B. Optimization of Tuned Liquid Column Dampers [J]. Engineering Structures, 1997, 19 (6): 476-486.

[28] Gioiella L, Tubaldi E, Gara F, et al. Modal Properties and Seismic Behaviour of Buildings Equipped with External Dissipative Pinned Rocking Braced Frames [J]. Engineering Structures, 2018, 172 (1): 807-819.

[29] Hajjar J, Eatherton M, Ma X, et al. Seismic Resilience of Self-centering Steel Braced Frames with Replaceable Energy-dissipating Fuses-Part Ⅰ: Large-scale Cyclic testing [C]. Proceedings of the Seventh International Conference on Urban Earthquake Engineering, 2010.

[30] Han B, Li C. Characteristics of Linearly Distributed Parameter based Multiple Tuned Mass Dampers [J]. Structural Control and Health Monitoring, 2008, 15 (6): 839-856.

[31] Harewood F J, Mchugh P E. Comparison of the Implicit and Explicit Finite Element Methods Using Crystal Plasticity [J]. Computational Materials Science, 2007, 39 (2): 481-494.

[32] Hariri-Ardebili M A, Sattar S, Estekanchi H E. Performance-based Seismic Assessment of Steel Frames Using Endurance Time Analysis [J]. Engineering Structures, 2014, 69 (15): 216-234.

[33] Harvey P S, Kelly K C. A Review of Rolling - type Seismic Isolation: Historical Development and Future Directions [J]. Engineering Structures, 2016 (125): 521-531.

[34] Hatzigeorgiou G D, Beskos D E. Dynamic Elastoplastic Analysis of 3-D Structures by the Domain/Boundary Element Method [J]. Computers and Structures, 2002, 80 (3): 339-347.

[35] Hermann F. Device for damping vibrations of bodies [P]. US: US0989958, 1909.

[36] Housner G W. Limit Design of Structures to Resist Earthquakes [C]. Proc. of 1st WCEE, 1956: 5-13.

[37] Housner G W. The Behavior of Inverted Pendulum Structures During Earthquakes [J]. Bulletin of the Seismological Society of America, 1963, 53 (2): 403-417.

[38] Housner G W, Bergman L A, Caughey T K, et al. Structure Control: Past, Present, and Future. ASCE Journal of Engneering Mechanics, 1997, 123 (9): 897-971.

[39] Hrovat D, Barak P, Rabins M. Semi-active Versus Passive or Active Tuned Mass Dampers for Structural Control [J]. Journal of Engineering Mechanics, 1983, 109 (3): 691-705.

[40] Huckelbridge A A, Clough R. Earthquake Simulation Tests of a Nine Story Steel Frame with Columns Allowed to Uplift [D]. Berkeley University of

California, 1977.

[41] Ji X, Liu D, Sun Y, etal. Seismic Performance Assessment of a Hybrid Coupled Wall System with Replaceable Steel Coupling Beams Versus Traditional RC Coupling Beams [J]. Earthquake Engineering and Structural Dynamics, 2017, 46 (4): 517-535.

[42] Kageyama M. A Study on Optimum Damping Systems for Connected Double Frame Structures [C]. First World Conference on Structural Control, 1994: 32-39.

[43] Kayania A M, Veneziano D, Biggs J M. Seismic Effectiveness of Tuned Mass Dampers [J]. Journal of Structural Division, 1981, 107 (8): 1465-1484.

[44] Kelly J M, Konstantinidis D A. Mechanics of Rubber Bearings for Seismic and Vibration Isolation [M]. Chichester: John Wiley and Sons, Ltd, 2011.

[45] Kitjasateanphun T, Shen J, Srivanich W, et al. Inelastic Analysis of Steel Frames with Reduced Beam Sections [J]. The Structural Design of Tall Buildings, 2001, 10 (4): 231-244.

[46] Kobori T. Technology Development and Forecast of Dynamical Intelligent Building (DIB) [J]. Journal of Intelligent Material Systems and Structures, 1990, 1 (4): 391-407.

[47] Kobori, T, Takahashi, M, Nasu, T, et al. Seismic Response Controlled Structure with Active Variable Stiffness System [J]. Earthquake Engineering and Structure Dynamics. 1993, 22 (11): 925-941.

[48] Kurama Y C. Unbonded Post-tensioned Precast Concrete Walls with Supplemental Viscous Damping [J]. ACI Structural Journal, 2000, 97 (4): 648-658.

[49] Kurama Y, Sause R, Pessiki S. Lateral Load Behavior and Seismic Design of Unbonded Post-tensioned Precast Concrete Walls [J]. ACI Structural Journal, 1999, 96 (4): 622-632.

[50] Laursen P T, Ingham J M. Structural Testing of Enhanced Post-tensioned

Concrete Masonry Walls [J]. ACI Structural Journal, 2004, 101 (6): 852-862.

[51] Li Q, Xu W, Zhang D, etal. Improved Method and Application of EMD Endpoint Continuation Processing for Blasting Vibration Signals [J]. Journal of Beijing Institute of Technology, 2019, 28 (3): 428-436.

[52] Lin T Y, Stotesbury S D. Structural Concepts and Systems for Architects and Engineers [M]. Wiley, 1981.

[53] Lin, C C, Wang, J F, Ueng, J M. Vibration Control Identification of Seismically Excited MDOF Structure-PTMD Systems [J]. Journal of Sound and Vibration, 2001, 240 (1), 87-115.

[54] Liu W, Hutchinson T C, Gavras A G, et al. Seismic Behavior of Frame-wall-rocking Foundation Systems. I: Test Program and Slow Cyclic Results [J]. Journal of Structural Engineering, 2015, 141 (12) .

[55] Loh C H, Lin P Y, Chung N H. Experimental Verification of Building Control Using Active Bracing System [J]. Earthquake Engineering and Structural Dynamics, 1999, 28 (10): 1099-1119.

[56] Lukkunaprasit P, Wanitkorkul A. Inelastic Buildings with Tuned Mass Dampers under Moderate Ground Motions from Distant Earthquakes [J]. Earthquake Engineering and Structural Dynamics, 2001, 30 (4): 537-551.

[57] Macrae G A, Kimura Y, Roeder C. Effect of Column Stiffness on Braced Frame Seismic Behavior [J]. J Struct Eng, 2004, 130 (3): 381-391.

[58] Makris N, Aghagholizadeh M. The Dynamics of an Elastic Structure Coupled with a Rocking Wall [J]. Earthquake Engineering and Structural Dynamics, 2017, 46 (6): 945-962.

[59] Marriott D, Pampanin S, Palermo A. Quasi-static and Pseudo-dynamic Testing of Unbonded Post-tensioned Rocking Bridge Piers with External Replaceable Dissipaters [J]. Earthquake Engineering and Structural Dynamics, 2009, 38 (3): 331-354.

[60] Midorikawa M, Azuhata T, Ishihara T, et al. Earthquake Response Reduction of Buildings by Rocking Structural Systems [C]. Proceedings of

SPIE-The International Society for Optical Engineering, 2002: 265-272.

[61] Midorikawa M, Azuhata T, Ishihara T, et al. Shaking Table Tests on Seismic Response of Steel Braced Frames with Column Uplift [J]. Earthquake Engineering and Structural Dynamics, 2006, 35 (14): 1767-1785.

[62] Minowa C, Hayashida T, Abe I, et al. A Shaking Table Damage Test of Actual Size RC Frame [C]. Proceedings of the 11th World Conference on Earthquake Engineering, 1996.

[63] Mita A, Kaneko M. Vibration Control of Tall Buildings Utilizing Energy Transfer into Sub-structural Systems [C]. Proc. 1st World Conf. on Struct. Control, 1994: 31-40.

[64] Ou J P, Wu B, Soong T T. Recent Advances in Research on Applications of Passive Energy Dissipation Systems [J]. Earthquake Engineering & Structural Dynamics, 1996, 16 (3): 72-96.

[65] Panian L, Steyer M, Tipping S. Post-tensioned Shotcrete Shearwalls: An Innovative Approach to Earthquake Safety and Concrete Construction in Buildings [J]. Concrete international, 2007, 29 (10): 39-45.

[66] Perez F J, Sause R, Pessiki S. Analytical and Experimental Lateral Load Behavior of Unbonded Posttensioned Precast Concrete Walls [J]. Journal of Structural Engineering, 2007, 133 (11): 1531-1540.

[67] Perez F J, Sause R, Pessiki S. Experimental Lateral Load Response of Unbonded Post-tensioned Precast Concrete Walls [J]. ACI Structural Journal, 2013, 110 (6): 1045-1056.

[68] Priestley M N, Tao JR. Seismic Response of Precast Prestressed Concrete Frames with Partially Debonded Tendons [J]. PCI Journal, 1993, 38 (1): 58-69.

[69] Priestley M, Evison R, Carr A. Seismic Response of Structures Free to Rock on Their Foundations [J]. Bulletin of the New Zealand Society for Earthquake Engineering, 1978, 11 (3): 141-150.

[70] Qu Z, Wada A, Motoyui S, et al. Pin-supported Walls for Enhancing the Seismic Performance of Building Structures [J]. Earthquake Engineering and

Structural Dynamics, 2012, 41 (14): 2075-2091.

[71] Rana R, Soong T T. Parametric Study and Simplified Design of Tuned Mass Dampers [J]. Engineering Structures, 1998, 20 (3): 193-204.

[72] Ricles J M, Sause R, Peng S, et al. Experimental Evaluation of Earthquake Resistant Posttensioned Steel Connections [J]. Journal of Structural Engineering, 2002, 128 (7): 850-859.

[73] Roh H S. Seismic Behavior of Structures Using Rocking Columns and Viscous Dampers [M]. State University of New York, 2007.

[74] Roh H, Reinhorn A M. Analytical Modeling of Rocking Elements [J]. Engineering Structures, 2009, 31 (5): 1179-1189.

[75] Roh H, Reinhorn A M. Modeling and Seismic Response of Structures with Concrete Rocking Columns and Viscous Dampers [J]. Engineering Structures, 2010, 32 (8): 2096-2107.

[76] Shukla A K, Datta T K. Optimal Use of Viscoelastic Dampers in Building Frames for Seismic Force [J]. Journal of Structural Engineering, 1999, 125 (4): 401-409.

[77] Sladek J R, Klinger R E. Effect of Tuned-mass Dampers on Seismic Response [J]. Journal of Structural Engineering, 1983, 109 (8), 2004-2009.

[78] Soares D. Dynamic Analysis of Elastoplastic Models Considering Combined Formulations of the Time-domain Boundary Element Method [J]. Engineering Analysis with Boundary Elements, 2015 (55): 28-39.

[79] Soong T T, Dargush G F. Passive Energy Dissipation Systems in Structural Engineering [M]. Chichester: John Wiley and Sons, Ltd, 1997.

[80] Spencer B F, Dyke S J, Deoskar H S. Benchmark Problems in Structural Control: Part Ⅱ-active Tendon System [J]. Earthquake Engineering and Structural Dynamics, 1998, 27 (11): 1141-1147.

[81] Stevenson M, Panian L, Korolyk M, et al. Post-tensioned Concrete Walls and Frames for Seismic-resistance—A Case Study of the David Brower Center [C]. Proceedings of the SEAOC Annual Convention, 2008: 1-8.

[82] Sun T, Kurama Y C, Ou J. Practical Displacement-based Seismic Design Approach for PWF Structures with Supplemental Yielding Dissipators [J]. Engineering Structures, 2018 (172): 538-553.

[83] Thoft-Christensen P, Murotsu Y. Application of Structural Systems Reliability Theory [M]. Springer Science and Business Media, 2012.

[84] Toranzo L A, Restrepo J I, Mander J B, et al. Shake-table Tests of Confined-masonry Rocking Walls with Supplementary Hysteretic Damping [J]. Journal of Earthquake Engineering, 2009, 13 (6): 882-898.

[85] Tsai H C. The Effect of Tuned-mass Dampers on the Seismic Response of Base-isolated Structures [J]. International Journal of Solids and Structures, 1995, 32 (8): 1195-1210.

[86] Varadarajan N, Satish Nagarajaiah M A. Wind Response Control of Building with Variable Stiffness Tuned Mass Damper Using Empirical Mode Decomposition/Hilbert Transform [J]. Journal of Engineering Mechanics, 2004, 130 (4): 451-458.

[87] Villaverde R. Seismic Control of Structures with Damped Resonant Appendages [J]. Proc of first World Conf on Struct Control, 1994, 1 (4): 113-122.

[88] Wada A, Qu Z, Motoyui S, et al. Seismic Retrofit of Existing SRC Frames Using Rocking Walls and Steel Dampers [J]. Frontiers of Architecture and Civil Engineering in China, 2011, 5 (3): 259-266.

[89] Warburton G B. Optimum Absorber Parameters for Various Combinations of Response and Excitation Parameters [J]. Earthquake Engineering & Structural Dynamics, 1982, 10 (3): 381-401.

[90] Warburton, G B, Ayorinde, E O. Optimum Absorber Parameters for Simple Systems [J]. Earthquake Engineering and Structural Dynamics, 1980, 8 (3): 197-217.

[91] Weber F, Boston C, Maślanka M. An Adaptive Tuned Mass Damper Based on the Emulation of Positive and Negative Stiffness with an MR Damper [J]. Smart Materials and Structures, 2011, 20 (1).

[92] Wight G D, Ingham J M, Kowalsky M J. Shake Table Testing of Rectangular Post-tensioned Concrete Masonry Walls [J]. ACI Structural Journal, 2006, 103 (4): 587-595.

[93] Wong K K, Johnson J. Seismic Energy Dissipation of Inelastic Structures with Multiple Tuned Mass Dampers [J]. Journal of Engineering Mechanics, 2009, 135 (4): 265-275.

[94] Wu S, Pan P, Nie X, et al. Experimental Investigation on Reparability of an Infilled Rocking Wall Frame Structure [J]. Earthquake Engineering and Structural Dynamics, 2017, 46 (15): 2777-2792.

[95] Xiang N, Alam M S, Li J. Yielding Steel Dampers as Restraining Devices to Control Seismic Sliding of Laminated Rubber Bearings for Highway Bridges: Analytical and Experimental Study [J]. Journal of Bridge Engineering, 2019, 24 (11): 1-15.

[96] Xu Y L, Kwok K C S, Samali B. Control of Wind-induced Tall Building Vibration Bytuned Mass Dampers [J]. Journal of Wind Engineering and Industrial Aerodynamics1992 (40): 1-32.

[97] Yang J N, Danielians A, Liu S C. A Seismic Hybrid Control Systems for Building Structures [J]. Journal of Engineering Mechanics, 1991, 117 (4): 836-853.

[98] Yang J N, Kim J H, Agrawal A K. Resetting Semiactive Stiffness Damper for Seismic Response Control [J]. Journal of Structural Engineering, 2000, 126 (12): 1427-1433.

[99] Yang Z J, Yao F, Ooi E T, et al. A Scaled Boundary Finite Element Formulation for Dynamic Elastoplastic Analysis [J]. International Journal for Numerical Methods in Engineering, 2019, 120 (4): 517-536.

[100] Yang J, Li J B, Lin G. A Simple Aporoach to Integration of Acceleration Data for Dynamic Soil-structure Interaction Analysis [J]. Soil Dynamics and Earthquake Engineering, 2006, 26 (8); 725-734.

[101] Yao J. Concept of Structural Control [J]. Asce Journal of the Structural Division, 1972, 98 (7): 1567-1574.

[102] Zhou F L. Seismic Isolation of Civil Buildings in the People's Republic of China [J]. Progress in Structural Engineering and Materials, 2001, 3 (3): 268-276.

[103] 白春. 考虑土—结构相互作用的煤矿采动对 RC 框架结构模型抗震性能影响与分析 [D]. 辽宁工程技术大学博士学位论文, 2020.

[104] 白久林. 钢筋混凝土框架结构地震主要失效模式分析与优化 [D]. 哈尔滨工业大学博士学位论文, 2015.

[105] 白庆涵. 装配式混凝土开缝剪力墙抗震性能研究 [D]. 北京建筑大学硕士学位论文, 2022.

[106] 包刚强, Wang E, 郝清亮, 等. 对主流有限元软件控制剪切自锁和沙漏模式的比较和研究 [C]. 第八届中国 CAE 工程分析技术年会暨 2012 全国计算机辅助工程 (CAE) 技术与应用高级研讨会, 2012: 8.

[107] 卜国雄. 高耸结构基于性能的 TMD/AMD 设计及其动力可靠度分析 [D]. 哈尔滨工业大学博士学位论文, 2010.

[108] 曹海韵, 潘鹏, 吴守君, 等. 框架—摇摆墙结构体系中连接节点试验研究 [J]. 建筑结构学报, 2012, 33 (12): 38-46.

[109] 曹海韵, 潘鹏, 叶列平, 等. 混凝土框架摇摆墙结构体系的抗震性能分析 [J]. 建筑科学与工程学报, 2011, 28 (1): 64-69.

[110] 曹海韵, 潘鹏, 叶列平. 基于推覆分析混凝土框架摇摆墙结构抗震性能研究 [J]. 振动与冲击, 2011, 30 (11): 240-244.

[111] 曹金凤, 石亦平. ABAQUS 有限元分析常见问题解答 [M]. 北京: 机械工业出版社, 2009.

[112] 曹黎媛. 结构地震响应高性能控制 [D]. 上海大学博士学位论文, 2020.

[113] 曹树谦, 张文德, 萧龙翔. 振动结构模态分析: 理论, 实验与应用 [M]. 天津: 天津大学出版社, 2001.

[114] 常虹. 采动区地基与水闸结构相互作用机理及加固技术研究 [D]. 中国矿业大学博士学位论文, 2013.

[115] 陈国兴, 陈磊, 景立平, 等. 地铁地下结构抗震分析并行计算显式与隐式算法比较 [J]. 铁道学报, 2011, 33 (11): 111-118.

［116］陈肇元，钱稼茹．汶川地震建筑震害调查与灾后重建分析报告［M］．北京：中国建筑工业出版社，2008.

［117］程庆乐，许镇，顾栋炼，等．基于城市抗震弹塑性分析的我国主要城市建筑地震风险评估［J］．地震工程学报，2019，41（2）：299-306.

［118］迟世春，林少书．结构动力模型试验相似理论及其验证［J］．世界地震工程，2004，20（4）：10.

［119］大崎顺彦．地震动的谱分析入门（第二版）［M］．北京：地震出版社，2008.

［120］邓秀泰，李天．框-桁抗震体系的基本性能［J］．世界地震工程，1994（3）：18-20.

［121］董金芝，李向民，张富文，等．基于 SMA 装置的框架—受控摇摆墙结构抗震性能试验研究［J］．土木工程学报，2019，52（4）：41-51.

［122］董金芝，张富文，李向民．框架—预应力摇摆墙结构抗震性能试验研究［J］．工程力学，2019，36（4）：167-176.

［123］杜永峰，武大洋．一种轻型消能摇摆架近断层地震响应减震分析［J］．土木工程学报，2013，46（2）：1-6.

［124］范静锋．滚动直线导轨副载荷特性和结构特点对刚度影响的研究［D］．江南大学硕士学位论文，2008.

［125］方诗圣，何敏，胡成，等．配变形钢筋 T 形截面连续梁的微混凝土结构模型试验［J］．合肥工业大学学报（自然科学版），2002，25（2）：5.

［126］高品贤．趋势项对时域参数识别的影响及消除［J］．振动、测试与诊断，1994（2）：20-26.

［127］宫婷．框架摇摆墙结构的抗震设计方法研究［D］．中国地震局工程力学研究所硕士学位论文，2015.

［128］龚向伟，贺冉．数字滤波技术在随机振动信号处理中的应用［J］．湖南城市学院学报（自然科学版），2019，28（6）：64-68.

［129］贡金鑫，魏巍巍，赵尚传．现代混凝土结构基本理论及应用［M］．北京：中国建筑工业出版社，2009.

［130］GB 50010-2010．混凝土结构设计规范［S］．北京：中国建筑工业出版社，2010.

[131] GB/T 228.1-2010.《金属材料拉伸实验第1部分：室温试验方法》实施指南[S]. 北京：中国标准出版社，2010.

[132] GB/T 50081-2002，普通混凝土力学性能试验方法标准[S]. 北京：国家质检总局，2002.

[133] GB50011-2010. 建筑抗震设计规范[S]. 北京：中国建筑工业出版社，2010.

[134] 韩兵廉，李春祥. 基于系统参数组合多重调谐质量阻尼器减震模型冲程的评价[J]. 振动与冲击，2007（2）：102-104.

[135] 何慧慧. 高耸结构TMD减振控制装置优化研究[D]. 广州大学硕士学位论文，2020.

[136] 何玉敖，李忠献. 电视塔结构地震反应的优化控制[J]. 建筑结构学报，1990，11（11）：2-11.

[137] 胡庆昌. 建筑结构抗震减震与连续倒塌控制[M]. 北京：中国建筑工业出版社，2007.

[138] 胡聿贤. 地震工程学（第二版）[M]. 北京：地震出版社，2006.

[139] 黄飒. 基于摇摆机制的消能减震框架体系研究[D]. 中国地震局工程力学研究所硕士学位论文，2018.

[140] 黄文梅. 系统分析与仿真：MATLAB语言及应用[M]. 长沙：国防科技大学出版社，1999.

[141] 黄襄云，曹京源，马玉宏，等. 钢—混凝土高层结构抗震性能振动台试验研究[J]. 地震工程与工程振动，2011，31（2）：68-74.

[142] 黄襄云，周福霖，金建敏，等. 广州新电视塔结构模型振动台试验研究[J]. 土木工程学报，2010，43（8）：21-29.

[143] 黄镇，李爱群. 建筑结构金属消能器减震设计[M]. 北京：中国建筑工业出版社，2015.

[144] 纪晓东，刘丹，Hutt C M. 新型混合联肢墙高层建筑震后可恢复力评价[C]. 中国地球科学联合学术年会会议论文集，2017：3438-3440.

[145] 江见鲸，陆新征，叶列平. 混凝土结构有限元分析[M]. 北京：清华大学出版社，2005.

［146］江巍，刘章军，吴勃．土木工程专业研究生有限单元法课程教学改革初探［J］．教育教学论坛，2020（1）：170-173.

［147］江志伟．基于摇摆墙体系的海洋平台被动控制抗震性能研究［D］．青岛理工大学硕士学位论文，2013.

［148］蒋良潍，姚令侃，吴伟，等．传递函数分析在边坡振动台模型试验的应用探讨［J］．岩土力学，2010，31（5）：1368-1374.

［149］JGJ 101-96，建筑抗震试验方法规程［M］．北京：中国建筑工业出版社，1997.

［150］JGJ 297-2013，建筑消能减震技术规程［S］．北京：中国建筑工业出版社，2013.

［151］JGJ/T 70-2009，建筑砂浆基本性能试验方法标准［S］．北京：中国建筑工业出版社，2009.

［152］JGJ101-2015，建筑抗震试验规程［S］．北京：中国建筑工业出版社，2015.

［153］JGJ3-2010，高层建筑混凝土结构技术规程［S］．北京：中国建筑工业出版社，2011.

［154］李爱群．工程结构减振控制［M］．北京：机械工业出版社，2007.

［155］李春祥，杜冬．MTMD对结构刚度和质量参数摄动的鲁棒性［J］．振动与冲击，2004，23（1）：40-42

［156］李春祥，杜冬．基于结构加速度响应控制时不同激励下MTMD性能的比较研究［J］．振动与冲击，2003，22（4）：91-93.

［157］李春祥，熊学玉，程斌．基于参数组合和加速度传递函数的最优MTMD研究［J］．振动与冲击，2001，20（3）：52-56.

［158］李春祥，张静怡．结构主动多重调谐质量阻尼器风致振动控制的最优性能研究［J］．振动与冲击，2008，27（2）：137-142.

［159］李春祥．土木工程结构不同多重调谐质量阻尼器的控制策略［J］．地震工程与工程振动，2005，25（5）：169-176.

［160］李刚，程耿东．基于分灾模式的结构防灾减灾设计概念的再思考［J］．大连理工大学学报，1998，38（1）：10- 15.

[161] 李刚，程耿东．基于性能的结构抗震设计——理论、方法与应用 [M]．北京：科学出版社，2004.

[162] 李宏男，李忠献，祁皑，等．结构振动与控制 [M]．北京：中国建筑工业出版社，2005.

[163] 李杰．设有阻尼装置的结构的分析和研究 [D]．南京理工大学硕士学位论文，2004.

[164] 李颜亭．实腹式型钢混凝土异形柱空间框架地震模拟振动台试验研究 [D]．西安建筑科技大学硕士学位论文，2016.

[165] 林鹏，卓家寿．岩质高边坡开挖爆破动力特性的传递函数研究 [J]．河海大学学报，1997，25（6）：124-127.

[166] 林新阳，周福霖．消能减震的基本原理和实际应用 [J]．世界地震工程，2002，18（3）：48-51.

[167] 刘恒，廖振鹏．结构动力学方程的显式积分格式 [J]．地震工程与工程振动，2009，29（1）：32-43.

[168] 刘建平．钢筋混凝土框架结构模型模拟地震振动台试验研究 [D]．河北工程大学硕士学位论文，2008.

[169] 刘克东．随机地震作用下剪力墙结构振动台试验研究 [D]．西安建筑科技大学硕士学位论文，2018.

[170] 刘书贤，聂伟，路沙沙，等．一种连接框架与摇摆墙的耗能连接结构：中国，201920295114.1〖HT5〗〖HT4"〗[P]．2019-05-21.

[171] 刘书贤，聂伟，路沙沙，等．一种模拟采空区建筑物不均匀沉降的实验装置及使用方法：中国，201811452316.9 [P]．2020-09-11.

[172] 刘书贤，聂伟，路沙沙，等．一种模拟煤炭采动中便于衔接的实验装置及其使用方法：中国，201811451840.4 [P]．2020-07-28.

[173] 刘书贤，聂伟，谢雨航，等．一种在地震模拟振动台试验中模拟地基不均匀沉降的装置：中国，202010241911.9 [P]．2022-03-04.

[174] 龙泽武．基于遗传算法的 TMD 系统参数分析 [D]．广州大学硕士学位论文，2019.

[175] 楼康禺．微粒混凝土受压时应力应变全曲线研究 [D]．同济大学硕士学位论文，1988.

［176］陆华纲．超高层筒体结构模型地震模拟振动台试验研究［D］．大连理工大学硕士学位论文，2002.

［177］陆伟东．基于 MATLAB 的地震模拟振动台试验的数据处理［J］．南京工业大学学报（自然科学版），2011，33（6）：1-4.

［178］吕西林，陈云，毛苑君．结构抗震设计的新概念——可恢复功能结构［J］．同济大学学报（自然科学版），2011，39（7）：941-948.

［179］吕西林，周颖，陈聪．可恢复功能抗震结构新体系研究进展［J］．地震工程与工程振动，2014，1（4）：130-139.

［180］吕西林，孟良．一种新型抗震耗能剪力墙结构——结构的抗震性能研究［J］．世界地震工程，1995（2）：22-26+39.

［181］马恒春，陈健云，朱彤，等．非对称剪力墙—筒体超高层结构的振动台试验研究［J］．结构工程师，2004，20（2）：6.

［182］马永欣，郑山锁．结构试验［M］．北京：科学出版社，2001.

［183］梅真，郭子雄，高毅超．改进遗传算法的结构随机控制系统优化分析［J］．振动工程学报，2017，30（1）：93-99.

［184］欧进萍．结构振动控制——主动、半主动和智能控制［M］．北京：科学出版社，2003.

［185］秦朝刚．装配整体式剪力墙结构抗震性能与设计方法研究［D］．西安建筑科技大学硕士学位论文，2018.

［186］秦丽．结构风振与地震响应的 TMD 控制［D］．北京工业大学博士学位论文，2008.

［187］清华大学土木工程结构专家组，西南交通大学土木工程结构专家组，北京交通大学土木工程结构专家组，叶列平，陆新征．汶川地震建筑震害分析［J］．建筑结构学报，2008，29（4）：1-9.

［188］曲哲，和田章，叶列平．摇摆墙在框架结构抗震加固中的应用［J］．建筑结构学报，2011，32（9）：11-19.

［189］曲哲，叶列平．“破坏-安全”结构抗震理念及其应用［J］．震灾防御技术，2009，4（3）：241-255.

［190］曲哲，叶列平．附加子结构抗震加固方法及其在日本的应用［J］．建筑结构，2010，40（5）：55-58.

[191] 曲哲．摇摆墙—框架结构抗震损伤机制控制及设计方法研究[D]．清华大学博士学位论文，2010.

[192] 任凤鸣．钢管混凝土框架—核心筒减震结构的抗震性能研究[D]．广州大学博士学位论文，2012.

[193] 日本建筑学会．隔震结构设计[M]．北京：地震出版社，2006.

[194] R. 克拉夫，J. 彭津．结构动力学（第2版）（修订版）[M]．北京：高等教育出版社，2006.

[195] 沈德建，吕西林．地震模拟振动台及模型试验研究进展[J]．结构工程师，2006，22（6）：5.

[196] 沈德建，吕西林．模型试验的微粒混凝土力学性能试验研究[J]．土木工程学报，2010（10）：8.

[197] 沈文涛．基于振动台试验的斜交网格—核心筒结构抗震性能分析[D]．广州大学硕士学位论文，2018.

[198] 盛谦，崔臻，刘加进，等．传递函数在地下工程地震响应研究中的应用[J]．岩土力学，2012，33（8）：2253-2258.

[199] 石亦平，周玉蓉．ABAQUS有限元分析实例详解[M]．北京：机械工业出版社，2006.

[200] 孙健杰．附加调谐质量阻尼器结构的减震性能研究[D]．江苏科技大学硕士学位论文，2017.

[201] 谭平，卜国雄，周福霖．带限位TMD的抗风动力可靠度研究[J]．振动与冲击，2009，28（6）：42-45+59+193.

[202] 滕军．结构振动控制的理论、技术和方法[M]．北京：科学出版社，2009.

[203] 王焕定，焦兆平．有限单元法基础[M]．北京：高等教育出版社，2009.

[204] 王济，胡晓．MATLAB在振动信号处理中的应用[M]．北京：中国水利水电出版社，2006.

[205] 王啸霆，曲哲，王涛．损伤可控的塑性铰支墙抗震性能试验研究[J]．土木工程学报，2016（S1）：131-136.

［206］王亚敏．多层空腔楼盖减震体系及随机动力分析［D］．武汉理工大学硕士学位论文，2015.

［207］王玉镯，傅传国．ABAQUS 结构工程分析及实例详解［M］．北京：中国建筑工业出版社，2010.

［208］温红广．装配式钢筋混凝土剪力墙连接节点抗震性能有限元分析［D］．河北科技大学硕士学位论文，2021.

［209］吴波，李惠．建筑结构被动控制的理论与应用［M］．哈尔滨：哈尔滨工业大学出版社，1997.

［210］吴玖荣，李基敏，孙连杨，等．基于遗传算法的摩擦摆 TMD 系统参数优化分析［J］．土木工程与管理学报，2018，35（5）：6-12+21.

［211］吴明．钢筋混凝土巨型框架结构振动台试验分析与研究［D］．合肥工业大学博士学位论文，2015.

［212］吴守君，潘鹏，张鑫．框架—摇摆墙结构受力特点分析及其在抗震加固中的应用［J］．工程力学，2016，33（6）：54-60.

［213］徐格宁，王建民，高有山，等．大型钢结构系统广义强度失效模式分析方法研究［J］．机械工程学报，2003（4）：39-43.

［214］徐怀兵，欧进萍．设置混合调谐质量阻尼器的高层建筑风振控制实用设计方法［J］．建筑结构学报，2017，38（6）：144-154.

［215］徐庆华．试采用 FFT 方法实现加速度、速度与位移的相互转换［J］．振动、测试与诊断，1997，17（4）：30-34.

［216］徐振宽．摩擦耗能自定心混凝土抗震墙的设计方法及地震易损性研究［D］．东南大学硕士学位论文，2016.

［217］薛建阳，翟磊，赵轩，等．传统风格建筑 RC-CFST 组合框架拟动力试验及弹塑性地震反应分析［J］．土木工程学报，2019，52（6）：24-34.

［218］杨柏坡，陈庆彬．显式有限元法在地震工程中的应用［J］．世界地震工程，1992（4）：31-40.

［219］杨迪雄，李刚．结构分灾抗震设计：概念和应用［J］．世界地震工程，2007（4）：95-101.

［220］杨罡．基于振动台试验的超高层框架-核心筒结构抗震性能分

析 [D]. 合肥工业大学硕士学位论文，2019.

[221] 杨俊杰. 相似理论与结构模型试验 [M]. 武汉：武汉工业大学出版社，2005.

[222] 杨树标，杜广辉，李荣华，等. 结构动力模型相似关系研究及验证 [J]. 河北工程大学学报（自然科学版），2008，25（3）：4.

[223] 杨树标，闫路路，贾剑辉，等. 摇摆墙刚度对框架摇摆墙结构抗震性能的影响分析 [J]. 世界地震工程，2014，30（4）：27-33.

[224] 杨政，廖红建，楼康禺. 微粒混凝土受压应力应变全曲线试验研究 [J]. 工程力学，2002，19（2）：90-94.

[225] 姚华庭. 含减振子结构巨型框架结构振动台试验与数值模拟分析 [D]. 合肥工业大学硕士学位论文，2019.

[226] 叶飞. 基于 OpenSEES 的 RC 框架结构抗地震倒塌性能分析 [D]. 湖南大学硕士学位论文，2011.

[227] 叶列平，陆新征，赵世春，等. 框架结构抗地震倒塌能力的研究：汶川地震极震区几个框架结构震害案例分析 [J]. 建筑结构学报，2009，30（6）：67-76.

[228] 叶列平，曲哲，陆新征，等. 提高建筑结构抗地震倒塌能力的设计思想与方法 [J]. 建筑结构学报，2008（4）：42-50.

[229] 叶列平. 基于系统概念的建筑结构地震破坏机制和破坏过程的控制 [J]. 工程抗震与加固改造，2009，31（5）：1-7+33.

[230] 叶涛萍. 振动台试验结构模型若干相似问题研究 [D]. 河北工程大学硕士学位论文，2013.

[231] 尤婷. 摆式调谐质量阻尼器性能优化与振动控制的研究 [D]. 上海大学博士学位论文，2020.

[232] 张富文，李向民，许清风，等. 框架-摇摆墙结构抗震性能试验研究 [J]. 建筑结构学报，2015，36（8）：73-81.

[233] 张晋. 采用 MATLAB 进行振动台试验数据的处理 [J]. 工业建筑，2002（2）：28-30+65.

[234] 张亮亮. 结构在地震作用下的振动控制分析与设计 [D]. 湖南大学硕士学位论文，2007.

［235］张敏攻，孟庆利，刘晓明．建筑结构的地震模拟试验研究［J］．工程抗震，2003，12（4）：31-35.

［236］张敏政．地震模拟实验中相似律应用的若干问题［J］．地震工程与工程振动，1997，17（2）：7.

［237］张学宾．金属环件冷辗扩成形过程仿真的研究［D］．华中科技大学博士学位论文，2008.

［238］张耀庭，刘再华，胡冗冗．新型建筑调谐质量阻尼器的实验研究［J］．工程力学，1999（1）：98-104.

［239］张宇，冯新，周晶，等．仿真混凝土不同龄期单轴动态压缩全曲线试验研究［J］．水利与建筑工程学报，2014，12（4）：7.

［240］赵子翔，苏小卒．摇摆结构刚体模型研究综述［J］．工程力学，2019，36（9）：12-24.

［241］赵作周，管桦，钱稼茹．欠人工质量缩尺振动台试验结构模型设计方法［J］．建筑结构学报，2010，31（7）：78-85.

［242］周福霖，谭平，阎维明．结构半主动减震控制新体系的理论与试验研究［J］．广州大学学报（自然科学版），2002，1（1）：69-74.

［243］周福霖．工程结构减震控制［M］．北京：地震出版社，1997.

［244］周明华．土木工程结构试验与检测［M］．南京：东南大学出版社，2013.

［245］周锡元，阎维明，杨润林．建筑结构的隔震、减振和振动控制［J］．建筑结构学报，2002，23（2）：2-12，26.

［246］周颖，卢文胜，吕西林．模拟地震振动台模型实用设计方法［J］．结构工程师，2003（3）：30-33+38.

［247］周颖，吕西林．建筑结构振动台模型试验方法与技术［M］．北京：科学出版社，2016.

［248］周颖，吕西林．摇摆结构及自复位结构研究综述［J］．建筑结构学报，2011，32（9）：1-10.

［249］周颖，吴浩，顾安琪．地震工程：从抗震、减隔震到可恢复性［J］．工程力学，2019，36（6）：1-12.

［250］周颖，于健，吕西林，等．高层钢框架—混凝土核心筒混合结构

振动台试验研究 [J]. 地震工程与工程振动, 2012, 32 (2): 98-105.

[251] 朱彤. 结构动力模型相似问题及结构动力试验技术研究 [D]. 大连理工大学博士学位论文, 2004.

[252] 朱跃峰. 基于 ABAQUS 的显式动力学分析方法研究 [J]. 机械设计与制造, 2015 (3): 107-109+113.

[253] 祝辉庆, 赵斌, 吕西林. 装配式预制混凝土框架振动台试验数值模拟 [J]. 武汉大学学报 (工学版), 2017, 50 (6): 815-822.

[254] 庄茁, 朱以文, 肖金生. ABAQUS 有限元软件 6.4 版入门指南 [M]. 北京: 清华大学出版社, 2004.

[255] 庄茁. 基于 ABAQUS 的有限元分析和应用 [M]. 北京: 清华大学出版社, 2009.